乡村振兴实用技术培训教材

绿色蔬菜栽培与病虫害防治新技术

陈先荣　戴爱梅　主编

中国农业大学出版社
·北京·

内容简介

本教材由新疆农业职业技术学院、新疆博州农业技术推广中心、新疆科创天达农业工程有限公司等单位，校、企、行三方合作，组织人员编写。在组织方式上，本教材以各类蔬菜新技术、新设备、新栽培模式及病虫害绿色防控技术等为代表，模块式项目化进行内容组织，结合关键生产技术，配备了现场图片，图文并茂，形象直观。在内容上，本教材根据设施蔬菜、有机蔬菜、绿色蔬菜产品的特殊需求，以及目前人们对阳台、天台等建筑农业环境生产需求渐增的特点，结合常见、易种植管理的蔬菜栽培内容，普及土壤污染防治及耕地安全利用技术等内容，具有较强的针对性、操作性和实用性。各项目主要从基础知识、生产管理、技术经验等方面进行阐述，针对生产中的一些难点和痛点问题进行解答，引导读者逐步了解和掌握蔬菜生产相关的知识与技能。本书可作为乡村振兴培训教材，适合广大菜农、从事种植业相关的科技人员和农业院校师生阅读参考。

图书在版编目(CIP)数据

绿色蔬菜栽培与病虫害防治新技术/陈先荣，戴爱梅主编. --北京：中国农业大学出版社，2023.10

ISBN 978-7-5655-3080-7

Ⅰ.①绿…　Ⅱ.①陈…②戴…　Ⅲ.①蔬菜园艺②蔬菜-病虫害防治　Ⅳ.①S63②S436.3

中国国家版本馆 CIP 数据核字(2023)第 192663 号

书　　名　绿色蔬菜栽培与病虫害防治新技术

作　　者　陈先荣　戴爱梅　主编

策划编辑　田树君　张　玉　　**责任编辑**　田树君

封面设计　李尘工作室

出版发行　中国农业大学出版社

社　　址　北京市海淀区圆明园西路 2 号　　**邮政编码**　100193

电　　话　发行部 010-62733489，1190　　读者服务部 010-62732336

编辑部 010-62732617，2618　　出　版　部 010-62733440

网　　址　http://www.caupress.cn　　**E-mail** cbsszs@cau.edu.cn

经　　销　新华书店

印　　刷　运河(唐山)印务有限公司

版　　次　2024 年 4 月第 1 版　　2024 年 4 月第 1 次印刷

规　　格　170 mm×240 mm　　16 开本　　15.75 印张　　291 千字

定　　价　52.00 元

编审人员

主　编　陈先荣　新疆农业职业技术学院
　　　　戴爱梅　新疆博州农业技术推广中心

副主编　张红宇　新疆博乐市农业技术推广中心
　　　　平媛媛　新疆科创天达农业工程有限公司
　　　　刘旭新　新疆农业职业技术学院
　　　　陈远良　新疆农业职业技术学院

参　编　丁志梅　新疆博州农业技术推广中心
　　　　徐艳丽　新疆昌吉州农业技术推广中心
　　　　吐尔逊娜依·迪力夏提　新疆农业职业技术学院
　　　　杨佳佳　新疆农业职业技术学院
　　　　何　梅　新疆农业职业技术学院
　　　　李　瑜　新疆农业职业技术学院

主　审　王海波　新疆农业职业技术学院

前　言

新疆蔬菜种植总面积 2022 年达 394 万亩，但蔬菜产量和种类远远不能满足市场和消费者需求，秋冬季蔬菜有很大一部分需从内地调运，因此蔬菜产业有很大的发展空间。各地以党的二十大精神为引领，牢固树立大食物观，发展设施农业，构建多元化食物供给体系，满足民众更高水平的食物和营养需求，这是推动农业供给侧结构性改革和全面推动乡村产业振兴的重要内容，是促进农业持续增效、农民持续增收的重要途径。

实施乡村振兴战略，是新时代做好“三农”工作的总抓手，科技创新已成为贯彻大食物观发展理念、破解当前农业发展中突出矛盾和问题的关键。为巩固脱贫攻坚成果以及带领广大农村地区的群众发家致富，国家制定了乡村振兴战略，要全面推进乡村振兴工作，这是“三农”工作重心的历史性转移。产业兴百业兴，实现乡村振兴要把农业发展摆在突出的位置，把产业发展摆在突出的位置。十三届全国人大常委会第二十八次会议通过《中华人民共和国乡村振兴促进法》。推进农业的高质量发展，主要包括两个方面：一方面要深入推进农业供给侧结构性改革，质量兴农、绿色兴农、品牌兴农的主旋律，推动农业由增产导向转向提质导向；另一方面要加快培育乡村产业、乡土产业，促进农村一二三产业融合发展，实现农民增收富裕、农村经济繁荣。

科学技术是第一生产力，脱贫致富终究要靠贫困群众用自己的辛勤劳动来实现。幸福不会从天降，好日子是干出来的。全面实施乡村振兴战略，需要通过扎实有效的技能培训，使贫困群众掌握一到两门致富技能，切实增强脱贫致富本领。

本教材聚焦基层农技人员，图文并茂，语言简练，通俗易懂。本教材遵循蔬菜生产规律，将生物学知识穿插在田间管理过程中，并重点阐述与生产实践密切相关的基本原理、基本过程及基本应用。本教材以项目为载体，以突出实用技术为目的，精选内容，每个项目后附有经验交流以及一些新发现、新技能和新应用。

本教材由校、企、行三方协作，共同完成，组织专业教师、种植类相关岗位资深专家、生产一线的科技人员、实践经验丰富的种植者参与教材编审，并认真听取意见和建议，使教材更具生产实用性。编写人员经过在新疆南北疆各地调研后确定编写内容，增强基础技术技能的实用性，旨在帮助大家更新知识结构，拓宽视野，进一步提高基层农技骨干的技术水平和业务能力，为提高农技推广服务的质量和效率注入新的活力，为加快转变农业发展方式、推动农业产业高质量发展、服务乡村振兴提供参考。本教材编写中参考了国内外专著、科技期刊、相关专业网站的最新科技信息和最新理念，力求体现时代特征，突出先进性、应用性和科学性。

本教材由陈先荣、戴爱梅主编。全书共分 5 个模块，每个模块下设若干项目，共有 15 个项目，多数项目下有子项目，各项目或子项目主要包含基础知识、生产管理、技术经验等方面内容，配有丰富的图片。教材编写过程中，编写人员参考和借鉴了有关专家和学者的一些资料和图片，得到了新疆农业职业技术学院的大力支持，在此对这些专家、学者一并表示衷心感谢！

由于编者水平有限，书稿中难免存在疏漏和不妥之处，敬请广大读者提出宝贵意见，以便修改完善。

编　者

2023 年 8 月

目　录

模块一

绿色蔬菜及其生产

项目一　绿色蔬菜标准化生产

一、开发绿色蔬菜的意义

随着社会经济的发展、生活水平的提高，人们日益重视自身健康和生活质量，饮食结构发生了巨大的变化，对蔬菜的需求已从数量型逐步转向质量型，要求蔬菜“优质、卫生、营养、保健、方便”。而在蔬菜生产中，农药、化肥以及激素等化学物质的过度应用，导致蔬菜食品质量下降，容易出现农药残留超标蔬菜，甚至出现食物中毒事件，农产品的安全性对提升人们的生活质量产生很大影响。因此，保证食品安全、生产绿色蔬菜满足人们的需求是当务之急。

二、绿色食品蔬菜开发的特点

绿色食品蔬菜是指遵循可持续发展的原则，在产地生态环境良好的前提下，按照特定的质量标准体系生产，并经专门机构认定，允许使用绿色食品标志(图 1-1、图 1-2)的无污染的安全、优质、营养类蔬菜的总称。达到“绿色食品”标准的蔬菜是绿色蔬菜。绿色蔬菜在生长过程中，其环境、土壤、水质、地质等是无污染的，因此是安全、优质农产品，对于人体健康是安全的，并具有应有的营养功能。从营养学角度分析，绿色蔬菜相比普通菜，其很多营养元素的含量更高，包括胡萝卜素、维生素 C、叶酸、镁、叶绿素等，其中维生素和胡萝卜素的含量尤其丰富，有助于机体健康。从产品结构分析，绿色蔬菜近年来有很大的发展，但占全国蔬菜种植面积的比例相对较小，未来人们对于绿色蔬菜的需求会进一步增大，在蔬菜市场竞争激烈的背景下，提升质量才是占据市场的有利条件，因此发展绿色蔬菜对于提高企业在蔬菜市场的占比具有很大优势。

图 1-1　A 级绿色食品标志

图 1-2　AA 级绿色食品标志

开发绿色食品蔬菜是实施可持续发展战略、保证食品安全、实现保护环境和促进经济协调发展的有效措施，也是我国经济和社会发展的必然要求，具有重要的社会意义和经济意义。

三、绿色蔬菜产业的形成及组织管理

绿色蔬菜在种植过程中，严格遵守“绿色食品蔬菜”栽培标准，遵守“自然”的生长法则，不添加对身体健康有害的杀虫剂、肥料等元素，以传统的蔬菜为主要经营目标，从宏观上进行合理地控制，以促进生态环境的发展，维护农产品的稳定。我国目前的发展趋势是以生态环境、土地和水资源的净化为主导，实施可持续发展战略。

（一）绿色蔬菜产业形成需要具备的条件

绿色蔬菜的开发必须形成产业，不形成产业，没有规模，在市场上不具备竞争力；同时，产供销“一条龙”难以形成与巩固。即使有少量绿色蔬菜产品上市，也只是作为点缀，或者满足不了消费者的需求，或者难以取得消费者的信任，流于形式，难以开拓市场。要形成产业，一般需要具备以下基本条件：

(1)人民生活水平不断提高，对蔬菜档次的提高有一定的要求与承受力。

(2)消费者对无公害蔬菜有一定的认识，通过各种方式进行宣传教育，使消费者了解蔬菜污染的现状及绿色蔬菜生产的意义，并知道绿色蔬菜的生产过程及其标准，从而提高了消费者的自我保护意识及对绿色蔬菜的信任度。在宣传工作上要准确，实事求是，不要夸张，要把科学道理讲明白，寓科学普及于宣传之中。

(3)选择好适于开发绿色蔬菜的生产基地，产品或产品的主要原料产地必须符合绿色蔬菜的生态环境标准,即绿色蔬菜产品的生产区域内没有工业企业的直接污染,以及水域、上游、上风口均没有污染源对该区域构成污染威胁;该区域内的大气、土壤质量及灌溉用水均符合绿色蔬菜的大气标准、土壤标准及水质标准。

(4)建立起一套绿色蔬菜从严管理的制度与办法,不仅种植过程要严格,而且产后各环节,如包装、贮运、加工等都要严格,并需要有一套管理制度与办法,其中重要的是以维护商标信誉为中心建立起的检测制度及产供销"一条龙"的管理制度。

(二)蔬菜绿色食品标志的申请及管理

1.申请人应具备条件

(1)申请人必须要能控制产品生产过程,落实绿色食品生产操作规程,确保产品质量符合绿色食品标准要求;

(2)申报企业要具有一定规模,能承担绿色食品标志使用费;

(3)乡、镇以下从事生产管理、服务的企业作为申请人,必须要有生产基地,并直接组织生产;乡、镇以上的经营、服务企业必须要有隶属于本企业,稳定的生产基地;

(4)申报加工产品企业的生产经营需1年以上。

2.蔬菜绿色食品标志的申请程序

(1)申请人填写绿色食品标志使用申请书,一式两份,报所在省绿色食品管理部门;

(2)省绿色食品管理部门委托通过省级以上计量认证的环境保护监测机构;

(3)省绿色食品管理部门对申请材料进行初审;

(4)中国绿色食品发展中心会同权威的环境保护机构,对上述材料进行审核;

(5)中国绿色食品发展中心对质量和卫生检测合格的产品进行综合审查,并与符合条件的申请人签订绿色食品标志使用协议。

绿色食品标志有效期为3年,绿色食品标志有效期满,需要继续使用绿色食品标志的,标志使用人应当在有效期满3个月前向省级工作机构书面提出续展申请。省级工作机构应当在40个工作日内组织完成相关检查、检测及材料审核。初审合格的,由中国绿色食品发展中心在10个工作日内做出是否准予续展的决定。

(三)绿色蔬菜产品的管理

作为日常餐桌上的主要食品,我国绿色蔬菜基地发展越来越快,规模化、设施化水平越来越高。但是，在蔬菜产品的生产、销售过程中，在利益驱使下，有些蔬菜基地容易一味追求产量和外观，放松内部生产管理，忽视生产质量控制，造成蔬菜产品内在质量不稳定，带来食品安全隐患，给食品质量追溯造成困难。为健全绿色蔬菜标准体系，加强绿色食品蔬菜与加工品、有机食品蔬菜、地理标志农产品蔬菜认证管理，推进食用农产品达标合格证制度，生产经营者要建立完善的质量控制与组织管理体系，保障蔬菜食品安全，促进企业自身发展。

1. 完善绿色蔬菜基地的生产和技术条件

绿色蔬菜基地的生产和技术条件，是质量控制与管理的前提和基础。要按照《绿色食品　产地环境质量》(NY/T 391—2021)完善绿色蔬菜基地的生产、技术条件。根据绿色蔬菜基地的生产和技术条件，制定规范的《绿色蔬菜种植技术规程》。

(1)合理布局，选择无污染的自然栽培环境。洁净的自然栽培环境和安全无污染的生产过程是生产绿色蔬菜的基本保证。绿色蔬菜基地建设应统筹规划，合理布局，选择在大气、水体、土壤中的有害物质含量在国家标准以下，远离工厂、矿区和城镇的乡村建立绿色蔬菜生产基地，产地环境符合《绿色食品　产地环境质量》(NY/T 391—2021)的规定。

(2)完善生产设施。要因地制宜，实行蔬菜的设施化栽培。设施栽培是在相对可控制的条件下进行的蔬菜生产，可以实现生产的规模化、集约化、标准化和工厂化。

(3)选择蔬菜品种。根据当地的气候条件、栽培季节、栽培方式及市场需求，选择适应性品种和高产优质抗(耐)病虫的品种。选用抗(耐)病虫的蔬菜品种，可减少或避免某些病虫害的发生，减少农药的施用和污染，是最经济、最符合绿色蔬菜生产要求的有效措施。

(4)采用无污染的农业技术措施。实行科学的耕作制度，通过深耕晒地、熟化土壤、轮作换茬、间作套种、养地用地相结合等多种方式，协调营养生长与生殖生长的平衡，不断提高土壤肥力。采用科学的施肥方法，重施有机肥。要执行绿色食品生产《绿色食品　肥料使用准则》(NY/T 394—2021)。

(5)采用安全的植物保护措施。采用物理防治方法，设置防虫网、进行物理诱杀或驱避等；采用生物防治方法，是发展绿色蔬菜生产优先选择的措施。利用天敌昆虫、害虫的天敌微生物以及其他以昆虫性激素治虫、鸟类、蛙类等消灭害虫；利用生物制剂等抑制或杀死病菌。

(6)病虫害的化学防治方法。要执行绿色食品生产《绿色食品　农药使用准则》(NY/T 393—2020)，选择高效、低(无)毒、低残留的农药。在进行化学防治时，应注意严格控制农药的施用量、浓度、次数及施药方法；应严格掌握各种农药的安全间隔期。

2.完善管理组织机构，明确职能职责

考核质量目标，严格执行作业指导书，加强过程质量控制，成品抽样及检查。制度完善的管理组织机构，应加强员工质量意识，提高质量管理水平。

3.建立记录管理制度

建立记录管理制度，对记录进行控制，以证明产品、过程符合要求，为绿色产品管理体系的有效运行提供依据。要明确记录的归口管理部门，可归口办公室负责。由归口管理部门制定记录格式，建立记录清单，并保存所有记录档案。各部门负责各自记录，在次年一月之前将上一年的记录整理交归口管理部门。

4.绿色蔬菜生产的内部检查

定期对绿色蔬菜种植、销售及生产管理过程进行实地的内部检查，是质量控制与管理的重要内容，对保证绿色蔬菜生产目标的全面实现，维护生产技术规程、管理规章制度的有效性、严肃性，对基地的持续健康发展都具有十分重要的作用。检查过程遵循的依据是绿色认证标准、绿色产品标准或规范、检查作业指导书、生产单位的绿色管理体系文件等。

5.绿色蔬菜的质量跟踪

绿色蔬菜的质量跟踪是为保证绿色蔬菜生产的完整性，根据生产要素，将各个生产组、生产单元，逐一编号，建立相应档案，通过生产全过程的详细记录，实现从种植到采收各个环节的质量跟踪：通过规范的条码标签，完成种植、收购、运输、贮藏、包装出货直至销售的各个环节的连接，使绿色蔬菜从基地种植、收购、运输、储存、包装出货到最终消费市场全程监控，实施溯源管理，最终产品如果出现问题，都能查找到问题的根源，从而得到有效处理和改进。

四、绿色食品农药使用准则

绿色食品农药选用应符合《绿色食品　农药使用准则》（NY/T 393—2020）的规定。

（一）农药选择

（1）所选用的农药应符合相关的法律法规，并获得国家在相应作物上的使用登记或省级农业主管部门的临时用药措施，不属于农药使用登记范围的产品（如薄荷油、食醋、蜂蜡、香根草、乙醇、海盐等）除外。

（2）AA级绿色食品生产应按照NY/T 393—2020附录A中A.1的规定选用农药，A级绿色食品生产应按照NY/T 393—2020附录A的规定选用农药，提倡兼治和不同作用机理农药交替使用。

（3）农药剂型宜选用悬浮剂、微囊悬浮剂、水剂、水乳剂、颗粒剂、水分散粒剂和可溶性粒剂等对环境友好型剂型。

(二) 农药使用规范

(1)应根据有害生物的发生特点、危害程度和农药特性,在主要防治对象的防治时期,选择适当的施药方式。

(2)按照农药产品标签或按 GB/T 8321.10—2018 和 GB 12475—2006 的规定使用农药,控制施药剂量(或浓度)、施药次数和安全间隔期。

(三) 绿色食品农药残留要求

(1)按照规定允许使用的农药,其残留量应符合 GB 2763—2021 的要求。

(2)其他农药的残留量不得超过 0.01 mg/kg,并应符合 GB 2763—2021 的要求。

五、健全绿色农产品标准体系,加强“三品一标”认证与管理及销售

“三品一标”农产品是指绿色食品、有机农产品、地理标志农产品和承诺达标合格农产品。其中绿色食品分为 A 级绿色食品和 AA 级绿色食品。

(一)健全绿色农产品标准体系

农业绿色发展是生态文明建设的重要组成部分,也是全面推进乡村振兴的必然选择。绿色发展是现代农业发展的内在要求,对保障国家食物安全、资源安全和生态安全,维系人民群众福祉和保障子孙后代永续发展具有重大意义。近年来,绿色优质农产品供给与城乡居民消费结构快速升级的要求不相适应,我国农业到了必须加快转型升级、实现绿色发展的新阶段。

标准引领发展。新时期必须加快健全完善农业绿色发展标准体系,来指引、规范、约束农业生产发展方式向绿色方向转变。建立和完善绿色蔬菜质量及安全控制生产技术体系,制定完善与产地环境质量、农业投入品质量、农业产中产后安全控制、农产品质量等相关的农业绿色发展环境基准和技术标准。引领蔬菜产业走上一条产出高效、产品安全、资源节约、环境友好的农业现代化道路,打造促进农业绿色发展的强大引擎。重点在以下几个方面加快标准研究和制定工作:

1.产地环境保护方面

重点制定农田污染控制和监测管理标准、耕地土壤污染治理及效果评价标准,耕地质量监测和等级评价技术规范、有机肥替代化肥及测土配方施肥技术规范、病虫害统防统治和全程绿色防控技术规范、农药风险评估技术标准体系、农业投入品电子追溯技术规范、新地膜标准、地膜使用全回收、消除土壤残留等技术标准。

2. 生产过程控制方面

重点制定种植污染防控技术标准，病虫害防控技术规范，“三品一标”农产品生产过程控制技术规范，水肥一体化及喷灌、微灌、管道输水灌溉等农业节水技术标准，低碳、低耗、循环、生物替代防治示范技术规范等。

3. 蔬菜农产品质量安全方面

重点农产品中农药残留的限量规定及其检验方法与规程，果蔬预冷、储藏保鲜、物流配送、包装等标准，农产品收贮运环节防腐剂、保鲜剂、添加剂等合理使用准则和限量标准等。

（二）加强蔬菜产品“三品一标”认证与管理及销售，助力乡村产业振兴

1. 加强认证管理

加强绿色食品、有机农产品、地理标志农产品认证管理（图 1-3、图 1-4），进一步推广运用农产品追溯体系，提高绿色农产品市场认可度，促进绿色农产品消费。强化农业品牌建设和农产品市场监管，规范和完善绿色农产品市场，建立绿色农产品市场价格实现机制，推进绿色优质农产品优质优价，建立健全生态产品价值实现机制。

图 1-3　绿色食品蔬菜包装箱
（张红宇供图）

图 1-4　绿色食品蔬菜贴标销售
（张红宇供图）

（1）突出认证创建。聚焦蔬菜重点产业开展认证，大力推广绿色蔬菜标准化生产，严格认证登记审查把关，大力提升农产品“三品一标”认证质量。

（2）强化证后监管。落实农产品“三品一标”（图 1-5、图 1-6）、生产经营单位现场检查、企业年检、市场监察、例行抽检、风险预警等监管制度。推动农产品“三品一标”企业全面试行食用农产品达标合格证＋追溯二维码制度。

（3）抓好品牌创建。构建以县级农产品区域公用品牌为龙头，企业品牌为支撑，国家、省、市级农业龙头企业产品品牌为主体，“三品一标”农产品、名特优新农产品品牌为基础的新疆农产品品牌创建机制，完善管理体系和营销体系，

图 1-5　绿色食品与有机农产品标志

图 1-6　农产品地理标志和承诺达标合格证

引导农产品品牌建设持续健康发展。

2. 拓宽绿色农产品营销渠道

推动批发市场、超市、电商设立绿色农产品销售专区专馆专柜，引导企业和居民采购消费绿色农产品。

(1)巩固扩大省内市场

①进一步拓宽市场直销渠道。组织农产品批发市场、产业化龙头企业、大型连锁超市、物流企业、电商平台等市场主体到蔬菜产业基地考察对接，签订订单协议，建立稳定的产销关系。以零地租、零佣金形式在省内重点农产品批发市场、连锁超市等设立“三品一标”农产品专柜，在社区、居民小区布局建设贫困地区农产品平价生鲜超市，依托现有社区、居民小区便利店开设“三品一标”产品直营窗口，鼓励盒马鲜生、京东生鲜、苏宁小店等现代生鲜零售商在城市社区、地铁站、写字楼等地设立智能提货柜、贩菜机、冷鲜柜等。

②开展绿色农产品销售公益活动。充分发挥工会组织作用，根据蔬菜产区主导“三品一标”产品集中上市时间，广泛发动党政机关、企事业单位、社会团体

等，主动、优先购买“三品一标”特色优质农产品。

(2)加快拓宽疆外市场

①强化内地援疆协作。充分发挥对口援疆省市各类资源，把拓宽新疆农产品销售渠道纳入对口援疆政策框架，推动疆内农产品生产基地、农业专业合作社与对口帮扶省市公共机构建立长期稳定供货关系，争取在援疆城市主要农产品批发市场、连锁超市设立新疆“三品一标”农产品销售专区(专柜)。

②大力发展订单农业。充分发挥各级政府驻外机构作用，加强与北京、上海农产品批发市场，广州、深圳、重庆等国内重点批发市场和农产品加工、销售龙头企业对接，争取在新疆设立直供直采基地，发展订单农业。

③积极推进农产品进内地。大力推广新疆农产品进奥运会、军运会、大运会经验，争取在全国各地超市建设新疆农产品销售专区，搭建生鲜食品半成品加工、包装、配送生产线。支持在产地建立农产品进部队综合服务平台，承担新疆农产品进内地品质升级、包装设计、品牌打造等工作。

(3)大力发展农村电商

①加快推动农产品上行。推广“互联网＋农产品进城”电商扶贫模式，引导蔬菜生产乡镇、村电商服务站(点)和农户构建利益联结机制，打造高品质农产品上行基地，组织开展上行农产品包装、品牌打造和产品质量溯源建设，保障上行农产品品质。加强与电商频道精准对接，继续深化与阿里、京东、苏宁等电商平台合作，引进培育适合新疆发展的农村电商市场主体，推动电商与产销对接深度融合，持续推动新疆农产品上行。

②提升电商服务支撑能力。大力推广成熟电商销售模式，完善电商供应链。将县、乡、村快递物流中心、创业园区、电商(大数据)企业、农产品加工中心、集配中心功能向当地电商服务中心(站、点)聚合，提高各级电商运营中心(站、点)服务能力。

③培育壮大农村电商主体。积极引进省外专业电子商务运营公司入新疆发展，与“三品一标”农产品生产、加工企业签订长期合作订单。支持传统农产品流通企业应用电子商务拓展营销渠道，鼓励涉农中小微企业、市场经销户、创业人员在各类电商平台开设网店，支持大型农批市场、连锁超市等运营主体开办网上商城，拓展网络批发零售业务。

④完善农村物流配送体系。加快推进“快递下乡”工程，整合邮政、供销、快递等物流通道资源和村镇服务网点、便民站点等现有公共服务资源，实现多站合一、服务同网、信息共享。加大电子商务进农村综合示范工作对农村邮政、快递等物流配送设施的支持力度，推进电子商务与快递物流协同发展，畅通扶贫产品“最初一公里”物流通道。

【经验交流】

1. 什么是"三品一标"农产品?

"三品一标"农产品是指绿色食品、有机农产品、地理标志农产品和承诺达标合格农产品。其中绿色食品分为A级绿色食品和AA级绿色食品。

2. 什么是绿色食品蔬菜?

绿色食品蔬菜是指遵循可持续发展的原则,在产地生态环境良好的前提下,按照特定的质量标准体系生产,并经专门机构认定,允许使用绿色食品标志的无污染的安全、优质、营养类蔬菜的总称。

3. 绿色食品蔬菜生产中如何选择使用农药?

(1)所选用的农药应符合相关的法律法规,并获得国家在相应作物上的使用登记或省级农业主管部门的临时用药措施,不属于农药使用登记范围的产品(如薄荷油、食醋、蜂蜡、香根草、乙醇、海盐等)除外。

(2)AA级绿色食品生产应按照NY/T 393—2020附录A中A.1的规定选用农药,A级绿色食品生产应按照NY/T 393—2020附录A的规定选用农药,提倡兼治和不同作用机理农药交替使用。

(3)农药剂型宜选用悬浮剂、微囊悬浮剂、水剂、水乳剂、颗粒剂、水分散粒剂和可溶性粒剂等环境友好型剂型。

4. 为进一步助力乡村产业振兴,如何健全"三品一标"农产品标准体系与认证管理?

加强"三品一标"农产品认证管理,大力推行农产品承诺达标合格证制度,进一步推广运用农产品追溯体系,提高"三品一标"农产品市场认可度,促进"三品一标"农产品消费。强化农业品牌建设和农产品市场监管,规范和完善"三品一标"农产品市场,推进"三品一标"优质农产品优质优价。

(1)突出认证创建。聚焦蔬菜重点产业开展认证,大力推广绿色蔬菜标准化生产,严格认证登记审查把关,大力提升农产品"三品一标"认证质量。

(2)强化证后监管。落实农产品"三品一标"生产经营单位现场检查、企业年检、市场监察、例行抽检、风险预警等监管制度。推动农产品"三品一标"企业全面试行食用农产品达标合格证+追溯二维码制度。

(3)抓好品牌创建。构建以县级农产品区域公用品牌为龙头,企业品牌为支撑,国家、省、市级农业龙头企业产品品牌为主体,"三品一标"农产品、名特优新农产品品牌为基础的新疆农产品品牌创建机制,完善管理体系和营销体系,引导农产品品牌建设持续健康发展。

5. 如何大力发展农村电商?

(1)加快推动农产品上行。推广"互联网+农产品进城"电商扶贫模式,引导蔬菜生产乡镇、村电商服务站(点)和农户构建利益联结机制,打造高品质农产品上行基地,组织开展上行农产品包装、品牌打造和产品质量溯源建设,保障上行农产品品质。加强与电商频道精准对接,继续深化与阿里、京东、苏宁等电商平台合作,培育引进适合新疆发展的农村电商市场主体,推动电商与产销对接深度融合,持续推动新疆农产品上行。

(2)提升电商服务支撑能力。大力推广成熟电商销售模式,完善电商供应链。将县、乡、村快递物流中心、创业园区、电商(大数据)企业、农产品加工中心、集配中心功能向当地电商服务中心(站、点)聚合,提高各级电商运营中心(站、点)服务能力。

(3)培育壮大农村电商主体。积极引进区外专业电子商务运营公司入新疆发展,与"三品一标"农产品生产、加工企业签订长期合作订单。支持传统农产品流通企业应用电子商务拓展营销渠道,鼓励涉农中小微企业、市场经销户、创业人员在各类电商平台开设网店,支持大型农批市场、连锁超市等运营主体开办网上商城,拓展网络批发零售业务。

(4)完善农村物流配送体系。加快推进"快递下乡"工程,整合邮政、供销、快递等物流通道资源和村镇服务网点、便民站点等现有公共服务资源,实现多站合一、服务同网、信息共享。加大电子商务进农村综合示范工作对农村邮政、快递等物流配送设施的支持力度,推进电子商务与快递物流协同发展,畅通扶贫产品"最初一公里"物流通道。

项目二　绿色蔬菜防控技术集成

随着设施蔬菜的发展,蔬菜产业已成为带动农民增产增收的新亮点产业。设施蔬菜绿色防控技术是一项系统工程,既要了解设施内特殊的气候条件和各种作物的栽培特点,又要掌握各种天敌和害虫的生活规律和生物学特性。只有将各种因素调节到最有利于作物生长和最有利于天敌发挥作用的状态,才能取得较好的防治效果。设施蔬菜重茬种植现象越来越普遍,导致设施内病虫害种类增多,如果不采取防控措施,可能导致损失严重,甚至绝产。而保护地栽培环境封闭,化学农药降解难度大,污染严重。故采用绿色防控技术对病虫进行全程防控可以减少化学农药的使用、保障蔬菜质量安全、提高蔬菜品质,是推进绿色植保的有效途径。

一、绿色蔬菜栽培技术要点

绿色防控技术主要包括生态调控技术、生物防治技术、理化诱控技术和科学用药技术四大类。具体到蔬菜病虫害全程绿色防控技术体系，可归纳为无病虫育苗、产前消毒预防、产中科学防控和产后残体无害化处理四个部分。通过大力推广绿色防控技术，有力地控制了农药的超标使用，遏制了农业面源污染，减轻了对生态环境的破坏。

1. 严格选择栽培环境

在实际生产中，对蔬菜的栽培技术要求较高。首先要选择合适的土壤和环境栽培条件。既要保证植物的生长，又要保证周围的生态条件，才能保证蔬菜的产量。在保证蔬菜产量的同时，还要保证其产品质量。要注意周围的生态，并要方便运输，以保障蔬菜的高效运送和保障消费者吃上新鲜的蔬菜。

在栽培时一定要仔细观察周围的自然条件是否符合蔬菜品种的生产需求，能够充分发挥自然条件的优势，减少蔬菜栽培管理过程中的成本投入。在种植前，栽培人员需要对当地的实际情况进行调查和研究，以保证种植区域的 3 km 范围之内没有严重的污染问题。同时还需要针对土壤成分进行仔细分析，了解土壤内的有机物含量，分析其是否能够为蔬菜的生长发育提供充足的营养成分。此外还需要观察在附近是否拥有便利的灌溉条件以及施肥条件，能够提升后期栽培管理水平，保证绿色蔬菜栽培种植活动不会受到外界因素的过多影响。对于绿色蔬菜栽培来讲，空气质量也是重要的自然因素，需要观察区域内空气的质量水平，并监测空气污染问题。

2. 严格挑选蔬菜种子

在栽培过程中，品种选择对蔬菜品质及产量有很大的影响。需要对当地流行的病虫害问题进行分析，尽量挑选抵抗流行病虫害能力较强的作物品种，以控制病虫害的出现概率，避免病虫害问题大面积流行。在确定蔬菜品种之后，需要对蔬菜种子进行挑选，保证种子处于健康的状态，这样才可以避免后期出现病虫害问题。高质量的种子能够适应各种不同类型的自然环境，故其生产产量以及品质基本可以得到保障。

在进行播种之前需要对蔬菜种子进行适当处理，包括通风晾晒、浸泡、杀菌，并采用相应的药剂，这样能够提高种子质量以及抵抗病虫害的能力，以提高种子发芽概率。在播种前的 5～7 d 需要对蔬菜种子进行晾晒，种子晾晒时间需要保持在 48～72 h。另外，在幼苗生长期，要对受害的幼苗进行筛选，以预防病害的扩散。

3. 强化水肥管理

根据作物的生长特性，在以往的基础上进行肥料、灌溉等方面的工作。施肥和浇水要结合蔬菜在不同时期的需要。在实施绿色蔬菜生产中，施肥之前应进行土壤养分监测，依据试验数据进行合理的配施，并掌握好肥料用量，以达到对养分的充分利用。过量的肥料会造成土壤板结，导致植株的品质下降。施肥量要根据具体的土地条件及蔬菜的生长需要来确定。有机肥和农家肥的配比应该是合理的，要尽可能地选择低浓度的化肥，这样才能提高土壤的养分利用率，同时也能确保蔬菜的质量。在沼气技术条件允许的情况下，可以选择沼液和沼渣作为肥料，效果会更优。

在绿色蔬菜灌溉管理中，对于水的要求有所差异，需要水中能够含有较多的氯化物，每 1 kg 水中其含量需要保持在 0.5～250 mg，氟化物的含量则应当低于 3 mg。同时还需要观察在水中是否存在重金属元素，保证水中重金属元素的含量在 0.1 mg/m^3 以下。如果水中含有的有害物质过多，很有可能会影响蔬菜品质，使其表面出现有害物质。此外，需要对灌溉次数进行合理控制，虽然蔬菜对于水的需求较多，但是不需要进行连续灌溉，在定植缓苗后的 7～10 d 不需要浇水，之后可以结合降雨情况对灌溉的次数进行调整。

4. 有机基质无土栽培技术

在老菜区和土壤条件较差的蔬菜产区，为了解决土传病虫害为害严重和土壤问题，可开发利用当地废弃资源，进行有机基质无土栽培（图 1-7、图 1-8）。有机基质配方有：炉渣 6 份、碎刨花 4 份；炉渣 6 份、蛭石 4 份；炉渣 4 份、蛭石 4 份、碎刨花 2 份；废菇渣 4 份、炉渣 6 份。这种栽培生产方式，操作简单、节肥、省工、省力；比土壤栽培节水 124%以上；利用当地的废弃资源作为栽培基质，用有机固态肥取代传统的营养液，可有效地控制土传性病害，生产的蔬菜产品可达到绿色食品的标准；设施系统的一次性投资比营养液栽培降低成本 80%以上；上述有机基质配方比用草炭土成本降低 60%以上。

图 1-7 有机基质无土栽培

图 1-8 立体式有机基质无土栽培

5. 调节设施环境，减少发病机会

调节控制好设施内的环境条件对于培育健壮的植物群体，增强蔬菜作物本身的抗病虫能力，提高产量、改善品质是极为重要的。

根据不同蔬菜作物种类、生育期、光照条件、设施类型及昼夜的不同，进行设施内温度条件调节。同时，不可忽视土壤温度的调节控制。对设施生产来说，土壤温度的调节比空气温度的调节更为重要。尤其是在晚秋、冬季和早春，更应满足蔬菜作物对土壤温度的要求，否则植株生长不良，易得病。如早春日光温室番茄定植后的温度调节管理方法为：定植前 15 d 进行高温闷棚，以进行消毒和提高土壤温度；番茄幼苗定植后，缓苗期间应保持较高的室温，以促进缓苗，室温不超过 30 ℃不放风；缓苗后白天保持光合作用最适温度 25～28 ℃，夜间 15 ℃左右；进入结果期后，白天保持 25～28 ℃，夜间 7～13 ℃，地温以 20 ℃左右最适宜。温度的高低是靠放风（图 1-9、图 1-10）时间的长短、风口的大小以及揭盖草苫时间的早晚等来调节的。

图 1-9　拱棚腰部放风

图 1-10　中午温室顶部放风

6. 无纺布应用技术

保护地栽培应用农用无纺布保温幕帘，以阻止滴露直接落在作物茎叶上引发病害，并且有潮湿时吸潮、干燥时释放湿度的微调作用，从而达到控制和减轻病害的效果。在早春、晚秋，无纺布用于在作物上浮面覆盖，可起到透光、透气、降湿、保温、阻隔害虫侵害、促进增产等作用。适用范围：预防由设施滴露引起的灰霉病、菌核病以及由低温冻伤引起的绵疫病、疫病等病害，兼用于防虫，可起到类似防虫网的作用，还兼有良好的保温、防霜冻效果。技术应用在冬季、早春与晚秋，常用在设施的天膜下，安装保温防滴幕帘，白天拉开，增加棚室的透光度，兼释放已吸收的湿气；晚上至清晨拉幕，保温、防滴、吸潮，起到辅助防病作用。采用农用无纺布直接浮面覆盖，应用在冬季、早春与晚秋季节的保护设施或露地上（图 1-11），可省去支架的麻烦。用农用无纺布做成育苗桶（图 1-12）进行育苗，达到保温、防霜冻、促进生长、增加产量、延后市场供应、辅助避虫等目的，与防虫网相比更具实用性，对新播种的秧苗有保墒促进发芽、培育壮苗的作用。

图 1-11　农用无纺布覆盖蔬菜上

图 1-12　农用无纺布做成育苗桶

7.银灰色膜避害控害技术

利用蚜虫、烟粉虱对银灰色有较强忌避性的特点，可用银灰色地膜覆盖蔬菜(图 1-13)或在田间悬挂银灰色膜条(图 1-14)来驱避害虫，预防病毒病。该技术适用于夏、秋季蔬菜田，设施蔬菜田。应用此技术在蔬菜田间避虫，每 667 m^2 铺设银灰色地膜 5 kg，或将地膜裁成 10～15 cm 宽的膜条悬挂于大棚内作物上方（高出植株顶部 20 cm 以上），膜条间距 15～30 cm，纵横拉成网眼状，使害虫降落不到植株上。温室大棚的通风口也可将银灰色膜条悬挂成网状。如防治白菜蚜虫，可在白菜播种后立即搭 0.5 m 高的拱棚，每隔 15～30 cm 纵横各拉 1 条银灰色膜条，覆盖 18 d 左右，当幼苗有 6～7 片真叶时撤棚定植。

图 1-13　采用银灰色地膜覆盖防治蚜虫

图 1-14　悬挂银灰色膜条防治蚜虫

二、设施蔬菜病虫害绿色防控技术

1.农业措施

(1)选择抗病品种，培育壮苗。选择高产、抗病、优质品种，实行工厂化育苗，加强苗期管理，培育无病虫壮苗，这是做好生物防治的基础。培育壮苗，可提高作物的抗病力，减少病害防治次数，为天敌创造良好的环境条件。培育无病虫苗，可减少天敌的投放量，降低防治成本，更容易使天敌和害虫在较低水平上达到平衡。

(2)轮作换茬，减少病源物。对设施蔬菜实行2～3年轮作倒茬，可以有效减轻土传病虫害的发生和蔓延。增施彻底腐熟有机肥，防止带入病虫。增施有机肥可改善土壤的通透性、增加土壤有机质的含量。

(3)调控棚室内温湿度。设施温度应控制在白天20～30 ℃，夜间在15 ℃以上，温度过低或过高都会影响天敌的成活率和作用的发挥。因此，要采用滴灌、膜下暗灌、延长放风时间、加大放风口等措施，调控棚室内温湿度。特别是要改传统大水漫灌方式为膜下滴灌或暗灌，降低棚室内湿度，减少病害发生。

(4)棚室土壤消毒。在夏季休闲期(7月、8月)，先清除棚内作物残体及杂草，结合整地，施入农家肥，足水浇灌，使田间最大持水量达到60%，用地膜覆盖，密闭温室顶膜，连续15～20 d密闭闷棚，使土壤温度升至55～70 ℃，杀死土壤中的各种有害生物，同时还可改良土壤。

(5)棚室闷棚。可在早春或晚秋夜温不低于15 ℃，白天闭棚温度能超过35 ℃时进行。关闭棚室通风口，使棚内温度保持在28 ℃以上的时间越长越好，当室内温度低于25 ℃时开棚降温降湿，避开病虫适宜温度区，可有效降低病害发生。

2. 生物防治

(1)丽蚜小蜂、斯氏钝绥螨防治温室白粉虱、烟粉虱等。保护地蔬菜栽培易发生烟粉虱等害虫危害，作物定植后，对植株上的烟粉虱进行监测，田间每株平均在2头以下时悬挂丽蚜小蜂蜂卡(图1-15)或释放斯氏钝绥螨(图1-16)，可有效控制其危害。在定植一周后或者棚室内单株平均0.5头白粉虱或烟粉虱时，开始释放丽蚜小蜂。释放时将丽蚜小蜂的蜂卡挂在植株中上部的分枝或叶片上，每次每1 m^2 释放1.5～3.0头，每7～10 d释放1次，连续释放3～4次。

(2)食蚜瘿蚊、瓢虫(卵)(图1-17)、草蛉(茧)、蚜茧蜂防治蚜虫(图1-18)。定植7～10 d后，加强监测，发现害虫即可释放天敌。食蚜瘿蚊按0.3～0.5头/m^2，隔7～10 d释放1次，连续释放3～4次。瓢虫(卵)按1.5头/m^2，隔7～10 d释放1次，连续释放2～3次；草蛉(茧)按0.50～0.75头/m^2，隔7～10 d释放1次，连续释放2～3次；蚜茧蜂按3～6头/m^2，隔7～10 d释放1次，连续释放3次；也可采用预置法，在作物定植的同时，将带有麦蚜的麦苗和食蚜瘿蚊一同放置棚内，可随时控制棚内菜蚜。

图 1-15　悬挂丽蚜小蜂蜂卡

图 1-16　释放斯氏钝绥螨

图 1-17　瓢虫(卵)防治蚜虫

图 1-18　蚜茧蜂防治蚜虫

(3)巴氏新小绥螨(图 1-19)、黄瓜新小绥螨、小花蝽防治蓟马类害虫。定植7～10 d 后,加强监测,发现害虫即可释放天敌。小花蝽按 0.5～0.6 头/m^2,隔7～10 d 释放 1 次,连续释放 2～4 次;黄瓜新小绥螨或巴氏新小绥螨按每株 5～10 头释放,3 周后按每株 20～30 头再释放 1 次。

(4)捕食螨(黄瓜新小绥螨、巴氏新小绥螨、智利小植绥螨等)防治害螨。智利小植绥螨(图 1-20)以对叶螨捕食能力最强而著称,通常每头智利小植绥螨能捕食叶螨 5～30 头,一般情况下大棚 3～6 头/m^2,严重处 20 头/m^2,可有效防治叶螨。定植 1～2 周后开始加强监测,在发现每叶有 2～3 头成螨(单株成螨200 头以下)时释放智利小植绥螨,释放 27～36 头/m^2,掌握智利小植绥螨与叶螨的比例为 1∶(50～100)。初发生的叶螨多为局部发生,应尽早发现,对发生较重的部位重点释放。

(5)BT 制剂防治鳞翅目害虫。BT 制剂对鳞翅目害虫有较强的杀灭作用,

图 1-19 释放巴氏新小绥螨卡

图 1-20 释放智利小植绥螨

具有很强的胃毒作用，可用于防治烟青虫、斜纹夜蛾、菜青虫、棉铃虫、玉米螟、食心虫等。使用时期为产卵盛期至 2 龄幼虫期前。

3. 诱杀

利用昆虫的趋光性和趋色性特点进行诱杀，能有效降低虫口基数，控制害虫种群数量，是重要的物理诱控技术。利用昆虫的趋色性制作各类有色粘虫板，在害虫发生前诱捕部分个体监测虫情，在防治适期诱杀害虫。特殊类群的昆虫对蓝紫色有显著趋性，一些习性相似的昆虫对某些色彩有相似趋性。蚜虫类、粉虱类趋向黄色、绿色；叶蝉类趋向绿色、黄色；有些寄生蝇、种蝇等偏嗜蓝色；有些蓟马偏嗜蓝紫色，但有些蓟马嗜好黄色；夜蛾类、尺蠖蛾类对色彩比较暗淡的土黄色、褐色有显著趋性。色板诱捕的多是日出性昆虫，墨绿、紫色等色彩过于暗淡，引诱力较弱。色板与昆虫信息素组合可以叠加二者的诱效，在通常情况下诱捕害虫、诱集和指引天敌的效果优于色板或信息素。

生产上普遍应用的有黄板诱杀蚜虫、粉虱类（图 1-21）；蓝板诱杀蓟马、部分寄生蝇、种蝇（图 1-22）等；黑板诱杀韭蛆成虫等。趋光性诱杀的单灯控制半径为 90～100 m。蚜虫诱捕使用黄色粘板，于 9 月中下旬至 11 月中旬，将蚜虫性诱剂与粘板组合诱捕性蚜，压低越冬基数。春、夏期间，在成蚜始盛期、迁飞前后，使用色板诱捕迁飞的有翅蚜，色板上附加植物源诱捕剂更好。在蔬菜田里，色板高于作物 15～20 cm，放置 15～20 块/667 m^2。春季越冬，在粉虱羽化始盛期至盛期，使用黄色粘板诱捕飞翔的粉虱成虫，或在粉虱严重发生时于成虫产卵前期诱捕孕卵成虫。蔬菜大棚内，20～30 d 更换 1 次色板。色板上附加植物源诱捕剂效果更好。蓟马诱捕使用蓝色粘板，在蓟马成虫盛发期进行诱捕，使用方法同蚜虫类诱捕。蝇类害虫诱捕使用蓝色粘板或绿色粘板，诱捕蝇类害虫的雌、雄成虫。

图 1-21 黄板防治蚜虫

图 1-22 蓝板防治蓟马、蝇类害虫

4.防虫网防虫

在保护地蔬菜设施上覆盖防虫网，基本上可免除甜菜夜蛾、斜纹夜蛾、菜青虫、小菜蛾、甘蓝夜蛾、银纹夜蛾、黄曲条跳甲、猿叶虫、蚜虫、烟粉虱、豆野螟、瓜绢螟等20多种主要害虫的危害，还可阻隔传毒的蚜虫、烟粉虱、蓟马、美洲斑潜蝇传播数十种病毒病，达到防虫兼控病毒病的良好效果。根据期望阻隔的目标害虫的最小体型，选择合适的防虫网目数。一般生产上常选用20～25目的白色或有银灰条的防虫网。在栽培上防虫网还兼有透光、适度遮光、抵御暴风雨冲刷和冰雹侵袭等自然灾害的作用，可创造适宜作物生长的有利条件。

在害虫发生前覆盖防虫网，然后再栽培蔬菜，才可以减少农药的使用次数和使用量。为防止覆盖后防虫网内残存虫口发生意外危害，覆盖之前必须进行杀灭，如清洁田园、清除前茬作物有残虫的枝叶和杂草等田间中间寄主，对残留在土壤中的虫、卵进行必要的药剂处理。

设施防虫网、膜结合(图1-23)，即保留设施大棚天膜不揭除，只在棚室四周的通风口及出入门口装上防虫网，覆盖防虫网时四周应盖严、压牢，杜绝害虫从网隙中潜入网内，还要防止防虫网被风吹开或刮掉。全网覆盖(图1-24)，即在设施少的地区，为扩种夏秋季半保护地叶菜，通过架设支架与拉托网绳，再全覆盖防虫网栽培叶菜避虫，双网(防虫网与遮阳网)配套使用。这种类型主要在盛夏高温、强光照的条件下使用，上面天网用遮阳网阻挡强光降温，四周侧面用防虫网覆盖，防止害虫侵入为害，实现了兼顾遮光、避雨、防虫的目的，是一项有效、节本、实用的避虫治病栽培技术，还避免了网膜结合、全网覆盖的闷热通风不良、易引发软腐病的缺陷。

5.药剂科学防治

(1)生物农药防治　通常在害虫点片发生或盛发初期施药，可选用植物源或微生物源杀虫、杀螨剂。粉虱类可选用矿物油、球孢白僵菌和乙基多杀菌素

图 1-23　设施防虫网、膜结合

图 1-24　全网覆盖的防虫网

等药剂；害螨类可选用矿物油、藜芦碱、浏阳霉素等药剂；蚜虫类可选用藜芦碱、鱼藤酮、除虫菊素、苦参碱等药剂；蓟马类可选用乙基多杀菌素等药剂。细菌性病害可以用农用链霉素、新植霉素 4 000 倍液防治；用农抗 120 抗生素 500 mL/667 m^2 可防治蔬菜枯萎病、炭疽病等多种病害。

(2)化学防治　必须科学合理地使用化学农药，达到控害护益、保产保质、保护农田环境的目的。既要防治病虫危害，又要减少对天敌的杀伤和对环境的污染，使上市蔬菜中的农药残留量控制在 GB 2763—2021 的规定范围内。推广使用烟剂熏棚。烟雾剂防治技术，具有省工、省时、省药、残留量低、防效高等特点，如 22%敌敌畏烟剂可有效熏杀蚜虫、红蜘蛛、白粉虱等；45%百菌清烟剂防治白粉病等；硫黄粉拌锯末点燃熏蒸防治白粉病等。有条件的温室大棚可悬挂硫黄熏蒸器。

【经验交流】

1. 高温闷棚防治病虫技术

高温闷棚是一种安全、简单实用的防病控虫方法。在棚室蔬菜作物定植或播种前 20 d 左右，将棚室内前茬蔬菜的病株、残体彻底清除干净，施足基肥，深翻 25～30 cm，浇一遍透水，用上茬旧膜（将破洞补好）封闭棚室升温，连续高温闷棚室 20 d 左右。

据试验测定，高温闷棚室时 5～25 cm 耕作层土壤温度最低为 28 ℃，最高可达 53 ℃，平均为 37.5 ℃。虽然温度均未超过病虫、杂草等有害生物的致死温度，但长时间持续高温，形成较高的抑制积温，使耕作层高温高湿缺氧，导致多种有害生物死亡，从而减少土壤中菌核病、枯萎病、软腐病、根腐病、青枯病、疫病等病原菌的数量，降低地下害虫的虫口密度，减轻多种杂草的为害。高温闷棚室时，棚室内的空间温度最低为 44 ℃，最高可达 58 ℃，平均为 50.5 ℃，基本达到了有害生物的致死温度，可长时间控制棚室内病虫的为害。经高温闷棚处理后，适量施用有益的生物菌肥，控病效果更佳，并应严格控制有害生物的侵入。

2. 频振式杀虫灯诱控技术

(1)技术原理 杀虫灯是利用昆虫对不同波长、波段光的趋性进行诱杀，以有效压低虫口基数，控制害虫种群数量。可诱杀蔬菜、玉米等作物上13目67科的150多种害虫，杀虫谱广，诱虫量大，诱杀成虫效果显著，害虫不产生抗性，对人、畜安全，有利于田间生态平衡，而且安装简单，使用方便。常用的杀虫灯因电源不同可分为交流电供电式和太阳能供电式等，也有根据光源不同分类的。

(2)挂灯高度 交流电供电式杀虫灯接虫口距地面80～120 cm(叶菜类)或120～160 cm(棚架蔬菜)；太阳能灯接虫口距地面100～150 cm。

(3)控制面积 交流电供电式杀虫灯两灯间距120～160 m，单灯控制面积13 333.4～20 000 m^2(20～30亩)；太阳能供电式杀虫灯两灯间距150～200 m，单灯控制面积20 000～33 330 m^2(30～50亩)。

(4)开灯时间 挂灯时间为4月底至10月底，诱杀鞘翅目、鳞翅目等害虫的适宜开灯时间为20时至次日2时。

(5)收灯与存放 杀虫灯冬天不用时最好撤回进行保养。收灯后将灯具擦干净再放入包装箱内，置于阴凉干燥的仓库中。灯收回后还要对固定螺栓进行上油预防生锈，蓄电瓶要每月充两次电以保证其使用寿命。

(6)注意事项 ①接通电源后请勿触摸高压电网，灯下禁止堆放柴草等易燃品。②要使用集虫袋，袋口要光滑，以防害虫逃逸。③使用电压应为210～230 V，雷雨天气尽量不要开灯，以防电压过高；每天要对接虫袋和高压电网的污垢进行清理，清理前一定要切断电源，顺网进行清理。④太阳能供电式杀虫灯在安装时要将太阳能板调向正南，确保电池板能正常接收阳光；蓄电池要经常检查，电量不足时及时充电。⑤使用频振式杀虫灯不能完全代替农药，应根据实际情况结合其他防治方法应用。

3. LED新光源杀虫灯诱控技术

(1)技术原理 LED(发光二极管)新光源杀虫灯是利用昆虫的趋光特性，设置昆虫敏感的特定光谱范围的诱虫光源，诱导害虫产生趋光、趋波兴奋效应而扑向光源，光源外配置高压电网将害虫杀死，使害虫落入专用的接虫袋，达到杀灭的目的。可诱杀以鳞翅目和鞘翅目为主的多种类型的害虫成虫，如棉铃虫、菜蛾、夜蛾、食心虫、地老虎、金龟子、蝼蛄等。通过白天太阳光照射到太阳能电池板上，将光能转换成电能并储存于蓄电池内，夜晚自动控制系统根据光照亮度自动亮灯、开启高压电极网进行诱杀害虫工作。

(2)悬挂高度　灯柱高度(杀虫灯悬挂高度)因不同作物高度而异。一般悬挂高度以灯的底端离地(即接虫口到地面的距离)1.2～1.5 m为宜,如果植株较高,挂灯位置最好高于作物20～30 cm。

(3)田间布局　有两种方法:一是棋盘状分布,适合于比较开阔的地方;二是闭环状分布,主要针对某块受害较重的区域,防治目的是防止害虫外迁。如果安灯区地形不平整,或有物体遮挡,或只针对某种害虫特有的控制范围,则可根据实际情况采用其他布局方法,如在地形较狭长的地方,采用小“之”字形布局。在棋盘状和闭环状分布中,各灯之间和两条相邻线路之间间隔以单灯控制面积计算,如单灯控制面积为20 000 m^2(30亩),灯的辐射半径为80 m,则各灯之间和两条相邻线路之间间隔160 m。

(4)开灯时间　以害虫的成虫发生高峰期,即19时至次日3时开灯为宜。

(5)注意事项　安装时要将太阳能板面向正南,确保电池板能正常接收光照,蓄电池要经常检查,电量不足时要及时充电;及时用毛刷清理高压电网上的死虫、污垢等,保持电网干净;使用LED杀虫灯不能完全代替农药,应根据实际情况与其他防治方法相结合使用。

项目三　菜田土壤生态安全消毒活化技术

一、土壤培肥改良与治理修复

近年来,土壤被严重污染,土壤修复被很多地方提上日程。土壤修复,顾名思义就是将有毒有害的污染物转化为无害的物质,改善土壤环境,保护农作物健康生长。

1. 土壤生态安全消毒

由于蔬菜生产地块有限,土壤连作障碍不可避免,可以采用春季土壤旋耕与施用生物菌肥相结合,秋季采用机械深耕辅助冬灌的生态安全土壤消毒技术。在每年开春土壤解冻后,结合春季地块旋耕施用生物菌肥,使肥料与土壤充分混合;秋季茬口作物收获后,彻底清除作物残体和杂草等,并铺施有机物料和添加有机物料速腐剂,深翻整地后进行灌水,提高土壤有机质含量,改善土壤理化性质。

随着菜田连年栽培,缺少轮作,土壤中真菌(如镰刀菌、疫霉菌、轮枝菌等)、细菌(如青枯菌、欧氏杆菌)、根结线虫、土传病毒、地下害虫(如蛴螬、金针虫)等病虫害发生越来越严重。土壤比重很大，因此施药很困难，传统的接触性药剂很难分布均匀，防效有限。而利用土壤消毒技术的熏蒸剂在土壤中呈一种气体的状态，容易均匀分布到土壤的各个角落，有效地杀死土壤中的有害生物。同时熏蒸剂分子量小，易降解，因而无农药残留问题，对地下水的污染也很小。

2. 修复土壤肥沃力

土壤肥沃力包括土壤生物、物理、化学肥力，其中微生物是土壤肥沃力的主要组成部分。生活在土壤中的微生物能够促进有机质的产生，提高土壤活力，维持作物根系生长所需要的能量。在土壤修复中，通常使用微生物肥料，提高土壤的有机质含量，增加土壤的微生物活性，促进作物生长。

3. 调节土壤的酸碱度

土壤酸碱度(pH)对作物具有不同的影响，偏酸或偏碱都会抑制作物生长。不同作物对土壤的酸碱度要求是不同的，如果 pH 不适合作物生长，就会导致作物减产。调节土壤酸碱度常见的是治理土壤酸化和土壤次生盐渍化，这是由于我国大面积不合理的种植和化肥过量施用，使土壤酸化和次生盐渍化日益严重。

二、土壤微生物菌肥(剂)活化技术

微生物菌肥又称生物肥，是一种从自然界中分离出的由微生物和微生物产生的一系列有益微生物及其代谢产物。凡是具有微生物活性的生物产品，都可以叫作微生物肥料。微生物菌肥可以直接或间接利用的作为肥料来施用，具有提高肥料利用率、增加肥料的有效性和作物抗逆性等作用。

微生物菌肥作为一种高效、低成本、生态环保的新型肥料，已逐步走入人们的视线。我国微生物肥料的研制和应用已有长足的进步，但与国际平均水平相比，目前国内的微生物肥料应用效力还远远不足，广大农民对其认识程度尚低，用量和应用范围也远不如传统化肥。目前中国 20 多个省份已开始使用微生物肥料，特别是华中地区比较多，华北、西北使用的比例较低，华南、东北地区使用最少。中国微生物肥料在 30 余种农作物中得到了全面的应用，尤其是在禾谷中使用最多，其次是油料类和纤维类作物。不同的作物，其生理特性、作用环境、接种方式等都会有很大的差别，从而影响到其使用的效果。

在蔬菜种植中，微生物菌群能为作物提供丰富的营养物质、增强对外界环境的适应能力，从而提高农作物的质量和产量。微生物菌肥具有活化土壤菌群、促进作物根系生长发育、改善土壤理化性状等作用。微生物菌肥有着化学肥料无法比拟的优越性，对提高产品质量、增加作物产量以及环境保护方面都具有显著的效果。针对菜田土壤特点和各地主栽蔬菜，可集成示范技术，包括微生物菌肥(剂)种类、施用时期、施用方法、施用量等在内的土壤活化技术,促使土壤有益微生物群落显著增加,土壤肥力显著提高。

1.微生物菌肥的种类

我国的微生物肥料研究始于豆类作物对根瘤菌的接种。早期主要应用的是大豆和花生根瘤菌,在 20 世纪中期以后才陆续引进的硅酸盐菌和自生固氮菌、“5406”抗生菌肥料以及 VA 菌根等抗菌材料。在 20 世纪后期,人们相继采用了生物钾、复合氮肥等物质,并将其用作主要的肥料。近年来,人们将微生物菌肥与有机肥、化肥等有机肥料结合在一起,用于农业生产,微生物菌肥领域出现了一种新型的固氮菌、钾菌和有机肥料,它们可以用作基本肥料。目前需要推广精细化的微生物菌肥施用技术。

微生物菌肥主要包括复合微生物肥料、固氮微生物肥料、解钾微生物肥料。这些微生物菌肥的增产效果各有不同,复合微生物肥料的增产效果较好。

微生物菌肥往往不能被直接吸收,只能依靠微生物的生命活动,通过直接或间接地化肥分解,从而提高作物的抗性和作物的品质,增加作物的产量,并为其提供足够的养分。因此,微生物菌肥虽然有很多优点,但还不能彻底替代常规化肥。通过施用微生物菌肥,可以在一定程度上降低常规化肥用量,提高化肥利用率,从而改良土壤结构,提高有机质含量。因此,要有针对性地将一定数量的微生物肥料施用到土壤中,以保证其发挥作用。

2.微生物菌肥的施用方法

(1)施用微生物菌肥时要注意与化肥、农药、微量元素的相互作用。化肥会导致土壤板结、盐渍化,影响作物的正常生长,而且化肥、农药长期残留在土壤中会对作物造成伤害,严重时会影响作物的生长发育。在蔬菜作物收获前 15 d 或采收后 2～3 d 施用微生物菌肥,可以有效降低土壤中化肥、农药的残留对作物造成的损害。

(2)施用时应根据土壤墒情、作物的生育期和土壤肥力情况来选择施用次数,一般施用次数为 3～5 次。蔬菜根系浅,不宜一次性大量施用,宜分批次多次进行,一般间隔 7～10 d 施用,随后根据土壤墒情适当增加施用次数。施用时应注意与土壤混合均匀,防止出现烧根现象。

(3)微生物菌肥必须经腐熟后施用,不能直接施用,以免影响肥效。将微生物菌肥与农家肥按比例混合施入大棚土壤中,由于有机质被土壤吸附后不会被蔬菜根系吸收利用,所以要进行深翻才能被作物吸收利用。施用生物菌肥时,应尽量均匀、缓慢地施用于根系附近或蔬菜行旁。建议采用喷施与冲施相结合的方式,即在施用微生物菌肥时,先将微生物菌肥冲施于土壤,后随水冲施于蔬菜行旁,最后喷施于蔬菜根部,既能充分发挥微生物的肥效,也能有效减少化肥的残留，对蔬菜健康生长有明显的帮助。

(4)将微生物菌肥直接撒施在作物根系附近，或者将微生物菌肥均匀撒在作物根部附近，距离根系 5～10 cm，深度为 10～15 cm，可使肥料充分溶解并渗透到作物根系附近，从而达到增施微生物菌的目的。如果土质黏重，微生物无法繁殖，会导致死亡。因此施用微生物菌肥前，要充分清除土层中的病菌，增加土壤中微生物菌群数量，预防病害的发生。

(5)需要注意的是，微生物菌肥的释放期较长，一般要 2～3 d，所以要做好田间管理工作，确认有效菌株数量和施用浓度。当蔬菜作物生长到一定程度，会出现抗逆性。但在土壤缺乏营养的条件下，会出现植株矮小、叶片黄化、作物生长缓慢等现象，严重时会导致植株死亡。因此使用微生物菌肥时应注意使用浓度，可与有机肥料配合使用。有机肥应充分腐熟后施用，不可与碱性肥料或农药混用。若施入的是不溶性化肥，可用喷施的方法，直接喷施微生物菌肥。

3. 施用时注意事项

(1)精确的应用条件判断。在具体的种植过程中，使用微生物菌肥要正确判断其适用条件。在进行作物播种的时候，首先要对平地进行处理，土壤肥力是平地床层治理的关键技术，必须要施足底肥。根据规范的播种施肥要求施用有机肥料；然后通过翻地，保持松软的土壤；接着消毒土壤，清除杂草，杀灭害虫。

(2)肥料使用方法的合理选用。在微生物菌肥施用时，要依据土壤的实际使用情况，作物种类的选择等，确定菌肥的用量，同时要考虑到不同的产量和质量。由于要按照土壤的具体条件来决定产量，在施微生物肥料时，要严格按照施肥的流程，如拌种、穴施、积肥、追肥、粘根、种肥、粘蔓等。施肥的原则是节约时间、节约劳动力和节约成本。

(3)明确化肥配比。微生物菌肥本身并不能满足作物的需要，需要微生物将其分解，从而保证作物的产量和质量。因此必须将微生物菌肥、有机肥、化肥等有机结合起来，以最大限度地避免化肥在施用中出现的各种限制，从而提高化肥的利用率。同时，通过不同化肥的合理配比，可以有效提高作物的产量和质量。

(4)对各种微生物进行最大限度的利用。为了保证微生物菌肥的施用质量，提高施用效果，必须充分应用各种微生物菌肥，例如解钾微生物菌肥、菌根微生物菌肥、复合微生物菌肥等。不同的微生物菌肥往往会产生对应的作用环境，任何一种微生物菌肥都能不同程度地提高作物的产量和品质，需要进行具体研究，发挥菌肥的最大效用。

(5)土壤 pH 不同，适宜的有机菌肥种类也不同。有机菌肥也有 pH，菌又有真菌、细菌之分。中性和微酸性土壤宜施细菌性有机菌肥。碱性土壤宜施丝状微生物的藻类有机菌肥，施用后能固定空气中的氮，帮助利用其他状态存在的氮素养分。土壤中微生物种类很多，数量也很多，大部分微生物对作物的生长发育、土壤的团粒结构、物质循环都有很大影响，还能分解有机质和矿物质，释放出的营养元素供作物吸收利用。酸性土壤施了碱性有机菌肥，酸碱中和降低了肥效，也使菌种受到伤害。有些菌是需氧性很强的菌种，如放线菌、霉菌类等，如果施在土壤板结透气性差的土壤中，别说发酵繁殖，菌种本身都难以成活。

（6）对化肥施用地点的全面了解。应充分考虑当地的气候、土壤状况，选用适宜的微生物肥料，以使其真正发挥作用。但是，由于土壤质地较差，微生物群落数量少，施用微生物肥料往往不能取得很好的效果。为了有效地防止资源的浪费，其他化肥的选择和利用必不可少。

（7）掌握施肥量。如果施用过多的微生物肥料，会增加作物和土壤中的微生物含量，从而使作物获得过多的营养。因此，需要加强对施肥量的试验，针对不同施肥量的使用效果提供最佳的使用设计方案。

三、菜田土壤有机质提升技术

一般而言，在耕作条件相对成熟的地区，农业管理措施对土壤有机质含量的提升和积累影响最为显著，其主要受施肥、田间管理和土地利用等方面因素影响。研究发现，与不耕种相比，施肥可有效提升土壤有机质含量，而不施肥或化肥条件下对作物种植土壤有机质的消耗具有显著的促进作用。

1.稳定传统农家肥的积制

传统农家肥除了有丰富的有机质，还含有少量的氮磷钾，在保障重金属含量不超标和高温杀死有害虫卵的前提下，是改良土壤和提高农产品品质的优质肥料。从降低农业面源污染、提升耕地质量出发，积极引导农民按照有机-无机相结合的原则，增加传统农家肥的积制和施用。不同施肥模式下，以有机肥代替部分化肥，可有效促进土壤有机质含量提升并能稳定提高产量，且作物产量与有机质含量间存在显著的正相关关系。在施肥模式下，土壤有机质含量整体表现为增加变化，土壤有机质含量及其活性随土层深度的增加而降低。

2.推广秸秆生物反应堆技术

在设施内采用“秸秆生物反应堆”模式，提高地温，增加二氧化碳、增强光合作用，抑制土壤次生盐渍化，同时实现蔬菜废弃物循环利用和田园清洁生产。每年土壤有机质含量增加0.2%～0.3%，理化性质显著改善。

3.大力提倡秸秆还田

施加秸秆和绿肥可有效提升土壤有机质含量，且对作物产量增产效果好。

利用蔬菜残茬等废弃物，在秋季经秸秆粉碎机粉碎处理后与畜禽粪便、菌剂等混合翻堆发酵，生产出绿色高效有机肥用于蔬菜生产，抑制土壤次生盐渍化，同时实现蔬菜废弃物循环利用和田园清洁生产。每年秸秆资源总量大约有100万t，还田主要形式有直接还田、过腹还田、堆沤还田等。稻草、玉米秸秆主要作为大牲畜（牛、马）的饲料，过腹后作为农作物的底肥进行还田。小麦秆、油菜秆多数是作为填圈，通过牛、马的踩踏发酵作为基肥使用，有一部分通过机械翻压或覆盖还田。秸秆还田措施，根茬＋1/3秸秆还田和根茬＋秸秆全量粉碎耕翻还田，可以提高土壤有机质含量。

4.推广轮作间作，培肥地力

土壤根区采用间作模式，土壤有机质含量增加大于单作模式。免耕措施下土壤有机质含量和全氮、速效钾等含量得到提高，土壤有机质含量在中坡位和下坡位处含量表现更高。绿肥种植品种主要有光叶紫花苕、箭舌豌豆、蚕豆等品种，种植方式主要是用光叶紫花苕、箭舌豌豆与小麦实行分带轮作，蚕豆有一部分是与油菜进行套作，一部分为单作。在利用方式上，光叶紫花苕、箭舌豌豆主要是在盛花期压青，再种植玉米，而蚕豆是在鲜豆收获后把豆秆直接翻压入田中种植水稻。

5.增施商品有机肥

随着农业面源污染治理压力加大，化肥使用量零增长成为刚性目标，增施有机肥-化肥减量增效得到大力推广。但商品有机肥因为价格较高，施用量较大，在农村劳动力日渐紧缺情况下，农户自行购买数量少，目前主要用于蔬菜、果树、茶叶和中药材等经济作物，大田作物施用商品有机肥很少。

6.施用酸性土壤调理剂改良酸性土壤

土壤过酸或过碱对于作物根系的生长有显著不良影响，且与土壤中各种养分的有效性有很强的相关性。土壤酸碱性不适宜的设施蔬菜地块需要使用石灰或者硫黄等物质对土壤进行改良。土壤碱度过高的地块，常采用高位泥炭、椰糠、松针土、蚯蚓肥等酸性的有机介质，硫酸亚铁、石膏、硫酸铵、硫酸钾、过磷酸钙等酸性的化学肥料来进行碱性土壤改良。

四、盐碱化土地治理与修复

土地盐碱化是指土壤底层或地下水的盐分随毛管水上升到地表，水分蒸发后，使盐分积累在表层土壤中的过程（图1-25）。盐碱化土壤是地下水向上运动将盐分累积到地表形成的。形成土壤盐碱化的要素包括：地下水中要含有一定盐分；地下水距离地表要浅；存在地下水上升的动力，如蒸发等作用力。在气候干旱和地下水位高（高于临界水位）的地区，容易形成土壤盐渍化。地下水含有一定的盐分，如其水面接近地面，而该地区又比较干旱，则由于毛细作用上升到地表的水蒸发后，便留下盐分在土壤中。经过日积月累，土壤含盐量会逐渐增加，形成了土壤盐碱化；对于很多地势低洼、没有排水出路的地区，当洼地水分蒸发后，盐分残留在此处，也形成盐碱地（图 1-26）。

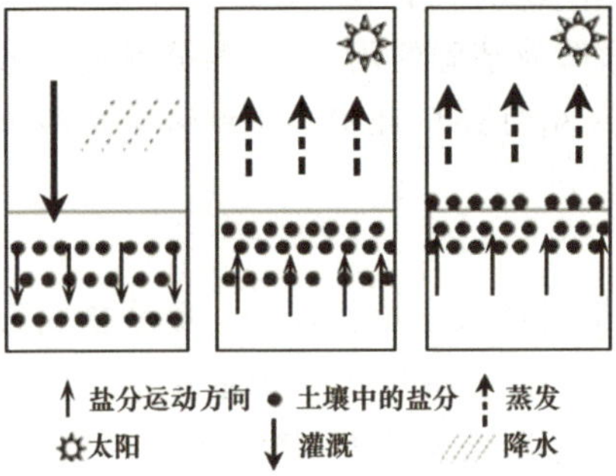

图 1-25　土壤盐碱化示意图

图 1-26　盐碱地土壤

五、盐碱化土壤改良

1. 土壤盐碱化危害

土壤盐碱化不仅对农作物生长发育产生危害，而且使土壤物理性恶化，地下水矿化度提高，水变苦，地下水源不能充分利用。同时使大片土地荒芜，农耕地减少，土壤中水、肥等因素互不协调，影响农作物产量。如土壤板结与肥力下降；不利于农作物吸收养分，阻碍作物生长。

2. 盐碱化土壤改良措施

（1）物理改良　平整土地、深耕晒垡、及时松土、抬高地形、微区改土。

（2）水利改良　灌排配套、蓄淡压盐、灌水洗盐、地下排盐。如结合各地不同自然条件和地形部位的特点，建立排灌系统，灌溉使土壤中盐分溶解于水中，通过在土壤中渗透，自上而下地把表土层中的可溶性盐碱洗出去，然后由排水沟排除。

（3）化学改良　施用石膏、磷石膏、过磷酸钙、腐殖酸、泥炭、醋渣等。如施用石膏及其他化学改良物可收到较好效果。如碱化土壤或碱土中含有大量苏打及代换性钠，致使土壤分散，呈强碱性，引起土壤物理性状不良。改良这类土壤除了消除多余的盐分外，主要应降低和消除土壤胶体过多的代换性钠和强碱性，在国外多施用大量的石膏、硫酸亚铁（黑矾）、硫酸、硫黄等，可起到降低土壤碱性、协调和改善土壤理化性状的作用。

（4）生物改良　种植水稻、种植耐盐植物田菁等，使用微生物菌肥等。植树造林对改良盐土有良好的作用，林带可以改善农田小气候，降低风速，增加空气温度，从而减少地表蒸发，抑制返盐。

六、绿色蔬菜生产土壤条件

1. 绿色蔬菜生产土壤要求

蔬菜生产特点是生长迅速，单产高，水肥需求强度大，因此相比大田作物，蔬菜对土壤条件的要求要高一些。进入21世纪，随着农业科技的进步，业界越来越重视蔬菜产业的绿色发展，土壤的可持续种植，并利用新科技推广“一控双减”技术，即控水、减肥、减药。

(1)壤土　沙质或偏沙质土壤，优点是排水好、易耕作、高透气性，但往往地力差，保水保肥力差。黏重或偏黏土壤，优点是肥力较好，保水保肥力好，但其缺点是排水不良、透气性差，易板结、僵苗，不易耕作。只有处于二者之间的壤土，才是生产蔬菜的首选。

(2)土质肥沃　良好的蔬菜生产土壤管理技术，会在科学施肥和养土意识下，不断地熟化土壤，实现可持续发展，而不会出现土壤障碍。优良的蔬菜土壤标准肥力为：有机质介于2.5%～3.5%，碱解氮大于140 mg/kg，有效磷大于90 mg/kg，速效钾大于150 mg/kg，代换性镁350 mg/kg，代换性钙0.15%，同时含有一定量的有效态微量元素，如铜、锌、铁、锰、钼、硼。

(3)土层深厚　蔬菜根系发达，生长量大，要求土层深厚，熟化土层的厚度在40 cm以上为最佳。

(4)团粒结构(图1-27)　团粒结构好的土壤保水保肥力好，稳定地温的功能强大，又具有良好的透气性。这要求土壤的三相达到合适的比例，固相40%、气相28%、液相32%。土壤容重最佳在1.1～1.3 g/cm^3。

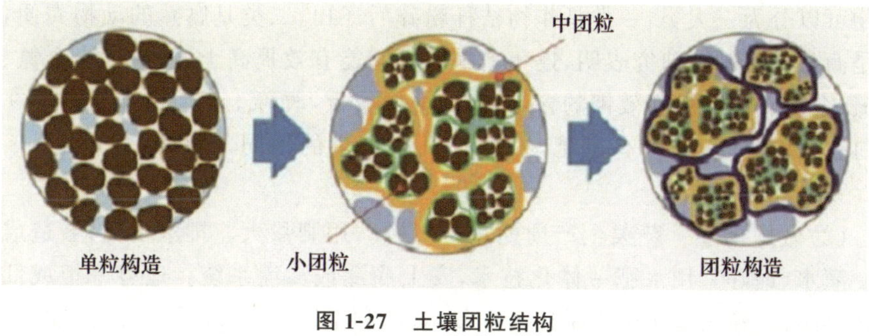

图1-27　土壤团粒结构

(5)适合的盐度和pH　盐分含量低于0.2%，土壤微酸性至中性，多数蔬菜适宜在pH 6.0～6.8的土壤中生长。

2.土壤条件对蔬菜吸收养分的影响

(1)土壤温度　温度一方面能促进土壤有机质的矿化,供给蔬菜养分;另一方面也能促进蔬菜的新陈代谢,增强蔬菜的呼吸,有利于蔬菜对养分的吸收。温度过低、过高,对蔬菜生长均有不良影响。在一定的温度范围内,蔬菜根部吸收养分随土壤温度的提高而加快,这是因为适温有利于蔬菜根系生长发育和土壤中养分的转化与移动。在低温时蔬菜容易出现缺磷,应注意磷肥使用。

(2)土壤通气性　土壤通气好坏直接影响到蔬菜根部生长与养分吸收。蔬菜根系的正常生命活动,要求土壤空气中含氧量大于10%。当含氧量低于10%时,生长量就急剧下降,养分吸收也受到影响。土壤空气中含氧量不足对养分吸收的影响因营养元素而异,其影响大小的顺序为:钾>钙>镁>氮>磷。因此,当土壤通气不良时,容易出现缺钾症状,应重视钾肥使用。

(3)土壤酸碱度　不同品种的蔬菜对土壤酸碱度要求差别较大,多数蔬菜适宜微酸至中性土壤,但豆科蔬菜、大白菜等不适宜酸性土壤,土壤偏酸容易发生根肿病。碱性土壤下马铃薯容易发生疮痂病。调节蔬菜生长的适宜土壤环境是蔬菜正常生长发育最基本的要求,酸性土壤应施石灰,碱性土壤或石灰性土壤应施石膏或硫黄加以改良。土壤酸碱度不仅影响蔬菜生长,还影响土壤微生物活性及土壤养分。土壤中有效氮以中性时含量最多。

(4)土壤水分　呈溶性状态的养分才能通过质流或扩散到蔬菜根系表面被蔬菜吸收,水分不足会影响土壤中养分的扩散速率。但土壤水分过多,容易引起养分流失。土壤含水量为田间持水量60%~80%时,蔬菜根系可正常生长,养分的吸收也可顺利地进行。

3.蔬菜生产所需优良土壤的培育

(1)增施有机肥(图1-28)　有机质丰富的土壤最适合蔬菜生产,增施的有机物可以分为三大类:一类是作物秸秆粉碎后还田,二类是腐熟的动物粪便,三类是商品有机肥。研究表明,连年增施有机肥能有效提高土壤有机质、全氮、碱解氮、全磷、速效磷、速效钾的含量,降低土壤容重,改善土壤通透性。推荐在换茬口整地的时间,施入有机肥,根据有机质含量的不同,施用有机肥1~3 t/667 m^2。

(2)做好排灌　蔬菜生产周期短,产量高,用肥量大。排水不良,会造成渍害。灌水,最好采用水肥一体化技术,安上滴灌或渗灌系统。地势平坦或低洼的蔬菜园区,建议蔬菜生产采用高畦栽培,以利于排水,浇水采用滴灌方式。

(3)水肥一体化(图1-29)　水肥一体化的优势就是省水,省肥,省工,省心。随着技术的进步,几乎所有类型的肥料都可进行滴灌,如无机肥、有机肥、菌肥、防治地下地上害虫的农药等。由于滴灌的用水量精准,用肥量可控,只是针对作物根区进行灌溉，效率大大提升，对土壤的保护做到极致，是培育土壤的优良技术之一。

图 1-28　设施大棚增施有机肥

图 1-29　设施水肥一体化

(4)合理轮作　长期种植一种蔬菜作物，会因根系累积的毒素(自毒作用)造成重茬病，产量质量下降，不利于土壤保持优良性状。合理轮作，利用不同种类蔬菜作物的生长特点，相互补充，可达到培育土壤的效果。

七、蔬菜生产中的主要污染源及防治措施

在蔬菜生产过程中，过量施用化肥、使用未经无害化处理的有机肥、滥用农药、使用污水灌溉、使用城市垃圾等是造成蔬菜产品污染的主要原因。生产中，应通过选择产地，选择适宜蔬菜种类(品种)，合理使用农药，合理施肥，采用轮作、间作、套种模式，收获后及时保鲜加工、加强监管等方式解决蔬菜污染问题。

1. 蔬菜生产中的主要污染源

(1)过量施用化肥　在蔬菜生产中，过量施用化肥的现象非常普遍，在设施栽培中尤为突出。例如有些地方在种植大蒜等蔬菜时，除了每 667 m^2 使用 80～100 担(50 kg/担)粪尿水外，还施用 250 kg 碳酸氢铵作基肥，后期再追施磷酸二铵 25～40 kg。过量施用化肥造成土壤恶化，耕性下降，盐渍化程度加重，地下水源和蔬菜产品受到污染。大量化肥施入土中，一方面，部分肥料因淋溶作用进入地下水，特别是氮素化肥，因其高移动性，施入越多，淋溶越多，使地下水不同程度氮化而受污染；另一方面，过量施用氮素化肥，使蔬菜产品含有大量的硝酸盐，硝酸盐随蔬菜产品进入人体，给人体健康造成很大的威胁。

(2)有机肥未经无害化处理　蔬菜上常用的有机肥，主要有圈肥和人畜粪尿，这类肥料虽富含营养，但也含有大量微生物，其中不乏病菌和寄生虫卵，这些未经无害化处理的有机肥，施入菜地直接污染蔬菜产品。食用这些被污染的

蔬菜，就有可能致病，特别是生食时问题更加严重。

(3)滥用农药　蔬菜种类多、茬口多，因而病虫害种类也多。菜农防治病虫，不采用综合防治，而单一地靠化学农药，并且为了确保防效，随意加大用药量和用药次数，一般5～7 d用1次，甚至2～3 d用1次，也不讲安全间隔期，头天用药第二天就采收，有时甚至使用高毒、剧毒农药，例如使用国家严禁在蔬菜上使用的剧毒农药3911、甲基1605等。滥用农药，会使蔬菜产品农药残留超标，也会造成农药中毒现象，而且严重污染土壤和地下水源，造成更大范围的环境污染，为害人民群众的身体健康。

(4)使用污水灌溉　污水主要源于城市和工矿的下水道，既有城镇居民的生活污水，又有医院的污水，还有轻工企业排出的污水。污水成分复杂，既有肥料成分，又有病原菌，还有铬、汞、铅等重金属离子。因此，用污水灌溉的为害也很严重。所以，不经无害化处理的污水不能用于农田灌溉，更不能用来浇菜地。

2.蔬菜生产中污染的防治措施

(1)蔬菜生产地的选择　根据蔬菜生产对大气、水、土壤等条件的要求，蔬菜产地应选择远离工厂、医院、矿区、生活区、交通主干线、垃圾场，所选蔬菜产地环境要素的相关污染物检测值不超出国家有关标准。

(2)蔬菜种类(品种)选择　生产中，不同蔬菜对重金属富集能力存在明显差异，如白菜、韭菜等对土壤汞比较敏感，菠菜、胡萝卜等对土壤砷比较敏感。不同蔬菜的抗病虫能力差异也非常明显。因此，生产上应根据蔬菜种类(品种)特性、当地居民对蔬菜的习惯性消费结构、产地环境质量、生产技术水平等因素，选择低富集硝酸盐、重金属、高抗病虫三者兼备的蔬菜种类(品种)。

(3)合理施肥　根据不同蔬菜的需肥规律，实行测土配方施肥，杜绝过量施用化肥。以腐熟的有机肥为主，适量配施化肥，有机肥用量要占肥料总用量的50%以上。有机肥要经过无害化处理，特别是畜禽粪便，要经过堆制或沼气发酵。近地面生长的蔬菜，如叶菜类，不能用未经腐熟的尿水作追肥。菜地施用的有机肥主要是圈肥和人粪尿，都必须进行无害化处理。具体办法是：圈肥应堆沤，人粪尿应进沼气池发酵，达到无害化标准后才能使用。圈肥堆沤的方法有4种，分别是自然堆沤、覆肥堆沤、加生物制剂和发酵仓堆沤，以后2种办法最好，因其堆制时间短，堆制场所无臭味、无蝇蛆，堆沤添加的生物制剂主要是EM(有效微生物群)。

(4)合理使用农药　蔬菜的病虫害种类很多，防治方法多样，但须遵守一个总的安全用药原则，即贯彻预防为主、防重于治、综合防治的植保方针，农艺措施、生物防治、物理措施、化学措施并用，尽量少用农药。若一定要使用农药，应首选生物农药，次选高效低毒、低残留的化学农药，坚决不用国家明令禁止使用的农药。在施用农药时，浓度要准确，而且必须交替用药，用药后必须过了安全间隔期再采收产品。无公害蔬菜还必须在符合无公害环境条件的产地，按照无公害操作规程组织生产。

(5)加强通风透光　光照充足有利于提高蔬菜中的硝酸还原酶活性，降低蔬菜硝酸盐累积；同时，也有利于蔬菜生长健壮，提高其抗病虫能力，因此，要注意通风透光，大棚蔬菜要及时揭盖棚膜保持棚内空气流通。

(6)轮作、间作、套种　实行轮作套种，科学安排茬口，可减轻病虫害为害。在水旱轮作模式下，前作种水稻有利于土壤中的镉等形成难溶性沉淀物，减轻其对后作蔬菜的为害。

(7)蔬菜收获后要及时保鲜加工处理　蔬菜收获后，其体内聚集的硝酸盐会在某些细菌的还原作用下变成亚硝酸盐。亚硝酸盐对人体有直接和潜在的为害，其直接为害是急性中毒。亚硝酸盐可以与食物或胃中的仲胺类物质作用转化为亚硝胺，亚硝胺具有强烈的致癌作用，所以蔬菜收获后要及时保鲜加工处理。

(8)加强监管　加强蔬菜生产过程的监管力度，建立农药施用监测体系，实行从菜田到餐桌的全过程监管，确保蔬菜产品的安全。对蔬菜产品实行卫生准入制度，从根本上解决生产过程中的污染问题。

【经验交流】

1. 设施蔬菜连作障碍有哪些特征？

(1)土壤板结　土壤板结是导致蔬菜根系生长不良、生理问题增多、抗性下降的主要原因之一。因土壤本身黏粒含量高、有机质补充不足、长期或单一地偏施化学肥料、农户地膜清理不干净、长期采用大水漫灌、翻耕过于精细等，导致土壤耕作层缺乏有机质，结构不良，干燥后受内聚力的作用使土面出现变硬现象。

(2)土壤盐渍化和酸化　土壤盐渍化是目前设施栽培过程中普遍存在的现象，在种植过程中土壤会出现青、红、白霜。相关资料显示，青霜是由于土壤含氮量过高，红霜是由于土壤中磷、铁含量高，白霜也俗称“返白碱”，是土壤中钾、钠、钙、镁与氯离子、硫酸根离子、碳酸根离子等发生化学反应形成的化合物析出结晶。盐分浓度过大严重影响设施蔬菜的正常生长发育，导致植株矮小、果实僵化等现象发生，严重时甚至出现绝收，使得设施蔬菜的产量和品质大幅度降低。在设施栽培过程中，肥料投入量大，而大部分营养元素无法完全被植株利用、菜农忽略微量元素的投入，氮、磷、钾大量元素超常规施入，但施入的肥料中只有少量氮、磷元素被作物吸收，大量的氮、磷元素残留在土壤中，形成硝酸根离子和硫酸根离子，从而加速了土壤的酸化。同时，氮元素大量消耗，但碳元素含量增加，土壤中有机质用量少、土壤有机质含量较低，也在一定程度上加速了土壤的酸化，土壤 pH 和全盐含量随种植年限的变化呈现出相反的趋势。

(3)蔬菜病虫害严重　土传病虫害是作物连作障碍最突出的表现(图 1-30、图 1-31)。有调查结果表明，存在作物连作障碍的地块，其中有 70%左右连作障碍是由土壤传染性病虫害引起的，设施蔬菜周年生产，病虫害没有越冬时间，适宜蔬菜生长的高温高湿也为病虫害生长繁殖提供了有利条件。另外，同一作物或近缘作物连续种植后，同种病害有了生存的寄主和繁殖场所，在土壤中大量繁殖，导致病原菌的数量不断增加。加上菜农盲目追求产量和眼前利益，大量地喷施农药和化肥，使得病害产生了耐药性，土壤中病原的拮抗菌减少，更加重了土传病虫害的产生。

图 1-30　辣椒重茬病害严重

图 1-31　西瓜连作障碍

(4)土壤环境恶化　大量研究发现，在经济利益的驱使下，超量和不平衡使用化肥加剧了温室土壤养分失衡。设施栽培蔬菜生长速度快，需肥水量比较大，菜农在蔬菜种植过程中，没有经过科学的测土配方，而是为了产量盲目地使用氮、磷肥来促进作物生长，从而导致土壤中氮、磷元素超标。磷元素超标产生的磷酸根离子与土壤中的阳离子生成难溶性的磷酸盐，导致土壤板结。氮元素的超标加剧土壤酸化。加上设施栽培中雨水对土壤的淋溶作用降低，造成土壤板结或者团粒结构破坏。重茬现象普遍，导致土壤内养分分布平衡失调，某一种类蔬菜对营养元素的吸收具有一定的偏爱性，长期连续种植同一种类的蔬菜必然会导致土壤中某些养分缺失。还有土壤中离子间的拮抗作用、土壤生物群落的变化、植物的自毒作用等，使土壤养分失调、不平衡，从而使得土壤环境恶化。

2.设施蔬菜连作障碍产生的原因有哪些？

(1)长期覆盖 设施蔬菜种植几乎常年覆盖，长期无法得到雨水的淋溶，农户超标施入的肥料富集成矿物质元素而无法随雨水流到土壤深层。设施大棚内温度高，按照“盐随水来，盐随水走”的规律，在水分蒸发的过程中，土壤中的矿物质随水分蒸发到地表，土壤的矿化作用明显加剧，更加快了土壤表层盐分浓度的升高。

(2)化肥使用超标 大多菜农种植全凭经验，在设施蔬菜种植过程中过量施入化肥，导致大部分矿物质离子无法被作物吸收而富集，离子间的拮抗作用使其他植物所需营养也无法被作物吸收，从而土壤养分储存量大幅度上升，导致土壤盐渍化严重，团粒结构被破坏，造成土壤板结。比如氮肥施入过量会消耗大量的有机肥，从而影响土壤的团粒结构，改变土壤性状；磷肥过量时，产生的磷酸根离子和土壤中的阳离子结合，产生难溶盐，造成土壤板结。

(3)土壤中养分不均衡 不同种类的蔬菜吸收土壤中营养元素的种类、数量及比例不同，再加上菜农种植过程中施肥不均衡，普遍存在重施氮、磷肥现象。这些主、客观因素导致土壤中养分不均衡，部分离子大量存在但不被作物吸收，部分作物需要的元素又得不到补充，比如钙、镁、硼、锌等微量元素不足。土壤养分的不均衡加速土壤酸化，导致土壤板结加重。

(4)有机肥施用方法不合理 目前粪肥已成为大棚蔬菜生产的主要基肥之一，菜农为了使用方便，经常将人和动物的粪便晒干或者未经腐熟直接施入土壤中，使杂草滋生，带入大量的病菌、虫卵。长期大量施用未腐熟的有机肥同样会影响土壤的理化性质，导致土壤盐分积累，影响作物生长等。也有资料显示，有机肥在分解腐熟的过程中会形成大量的有机酸(草酸等)和二氧化碳，致使土壤进一步酸化。

(5)灌溉技术不合理 由于水质及种植成本等多种因素，本地设施蔬菜种植基本没有采用滴灌等精准灌溉方式，菜农大部分采用开沟灌溉法。这种粗放式的灌溉方法，加上设施温度较高，土壤表面的水分蒸发量大，盐分随土壤集聚到土表，导致土壤次生盐渍化加重。

(6)耕作层过浅 在设施栽培过程中，由于设施的限制，大型旋根机无法入内，再加上近年来劳动力成本上涨，大部分农户采用小型旋耕机对设施土壤进行翻耕操作，导致设施土壤的耕作层变浅，土壤深层的养分得不到补充。长期浅耕会使土壤理化性状改变，团粒结构被破坏。

(7)植物的自毒 土壤中残留的蔬菜根系、枯枝残叶的分泌物及腐解物为有害菌提供了充足的营养和寄主，同时对同种或者同科植物产生抑制作用，下一茬栽培同一种作物时，病原菌会迅速侵染作物并大量繁殖，从而使得土传病害增加。

3. 土壤生态安全消毒技术有哪些?

对于连作障碍严重的土壤,采用以高温闷棚和生物熏蒸为核心的生态安全土壤消毒技术。

(1)高温闷棚　在夏季上茬作物收获后,清除作物残体,在棚内铺施有机物料和撒施化肥,添加有机物料速腐剂,深翻整地后进行灌水,然后地面覆膜并封闭棚室,闷棚 25～30 d。通过密闭高温,可以杀死土壤中大部分有害生物,使土传病虫害发生率降低 30%以上,同时可提高土壤有机质含量,改善土壤理化性质。

(2)生物熏蒸　由于土壤消毒主要采用熏蒸剂,需要专门的设备将熏蒸剂均匀施于土壤中,常用的施药方法有以下几种:

①生物熏蒸技术。应用生物熏蒸剂,如辣根素,进行消毒是绿色环保的土壤消毒新技术。设施土壤起垄后,用棚膜覆盖地表,然后滴灌清水润湿土壤后滴入 20%辣根素水乳剂 3～5 L/667 m^2,密闭地膜 3 d,揭开地膜 1～2 d 后即可播种或定植作物。用辣根素做土壤熏蒸处理可以有效杀灭土壤中多种微生物、害虫、根结线虫等,具有防控多种土传病害的综合效果,对环境安全,无污染,可用于有机、绿色农产品生产。

在夏季晴天日照时间长、气温高时,将新鲜的家禽粪便或牛粪、羊粪,加入稻秆、麦秆等,与土壤充分混合后,再盖上塑料布,可显著提高土壤温度,并产生氨,因而具有杀死土壤病原菌和线虫的双重效果。

②注射技术。手动注射,主要适用于一些液态的熏蒸剂,如氯化苦、1,3-二氯丙烯、二甲基二硫、碘甲烷等药剂,其方法是采用专用的注射器,将药剂每间隔一定的距离,注入 20～30 cm 深的土壤中。

机械注射与手动注射法相似,但主要采用动力机械进行注射,其安全性和施药效率大为提高。

③混土施药技术。主要是将一些固体的药剂,如棉隆微粒剂、氯化苦颗粒剂等先均匀撒于土壤表面,然后通过机械与土壤混合均匀。

④分布带施药技术。主要是将常温下是气体的熏蒸剂用特制的小孔管道施于土壤中。施药前,将具孔的小管道用塑料布覆盖,四周用土壤压实。然后用减压阀连接药瓶与小管道,将药剂施于小管道中,药剂在小管道中挥发,通过小孔分布于土壤中。

⑤化学灌溉施药技术。主要是采用现有的滴灌系统,先用塑料布将滴灌系统四周密封住,通过负压吸取药液或将药液混合均匀后,用注射器将混合均匀的药液注入滴灌系统中。由于该法施药人员不直接接触药剂,对施用者非常安

全，并且药剂分布均匀，效果良好。

⑥臭氧消毒技术。臭氧消毒法有两种：一种是先用塑料布将土壤覆盖，然后将臭氧气体直接施于塑料布下面；另一种是将臭氧溶于水中，臭氧随水流进行消毒。该技术仍在发展之中。

⑦厌氧消毒技术。土壤厌氧消毒技术的操作方法：首先给土壤添加一定量的碳源，促进土壤微生物数量的快速增长，增加土壤呼吸作用；然后覆盖氧气不渗透塑料膜，通过滴灌系统保持一定的田间持水量。加入土壤中的有机碳在微生物的作用下分解，产生大量的有机酸和一些有机挥发物，同时消耗大量的氧气，形成一个厌氧的环境，从而达到对土壤病原微生物和杂草的防治效果。

⑧蒸汽消毒技术。蒸汽消毒主要是依靠蒸汽机产生的热蒸汽来达到杀灭土传病害的目的。该法近年来的发展还包括采用负压蒸汽消毒法，进一步提高蒸汽机的效率和增加蒸汽消毒的深度。由于该法消毒后只要冷却均可栽种作物，在苗床和花卉栽培中应用最为广泛。

⑨热水消毒技术。热水消毒是将过滤的 70～95 ℃热水，通过热水管或喷孔施于土壤表面。由于热水消毒改变了土壤的理化性质，如脱盐和氮的矿化作用，作物的产量增加显著。

⑩太阳能消毒技术。太阳能土壤消毒是指在高温季节通过较长时间覆盖塑料薄膜来提高土壤温度，以杀死土壤中包括病原菌在内的许多有害生物。由于该方法操作简单、经济实用、对生态友好，其研究和应用日益受到人们的重视。

⑪火焰消毒技术。对一些有机质含量低的沙性土壤，采用火焰消毒技术，可取得很好的效果。该技术是在短时间内产生 1 000 ℃的高温，在一个面罩下，火焰喷射到地面，使绝大多数病原菌的细胞死亡，对寄生性种子植物，如列当也有很好的效果。火焰喷射器使用的燃料是煤油或丁烷。

模块二

蔬菜育苗新技术

项目一　蔬菜常规育苗

子项目一　蔬菜漂浮育苗

集约化育苗是蔬菜生产的基础，培育健康、高品质种苗对提高蔬菜抗性、品质和产量具有重要意义。漂浮育苗技术以漂浮穴盘为容器(图 2-1、图 2-2)，采用育苗基质代替土壤，具有节省场地、方便管理、节约用种量、出苗一致性高、节约移栽时运苗工作量等优点。漂浮育苗技术目前用于茄果类、瓜类、甘蓝类、白菜类、芥菜类、莴苣类蔬菜育苗。

图 2-1　96 孔漂浮育苗盘

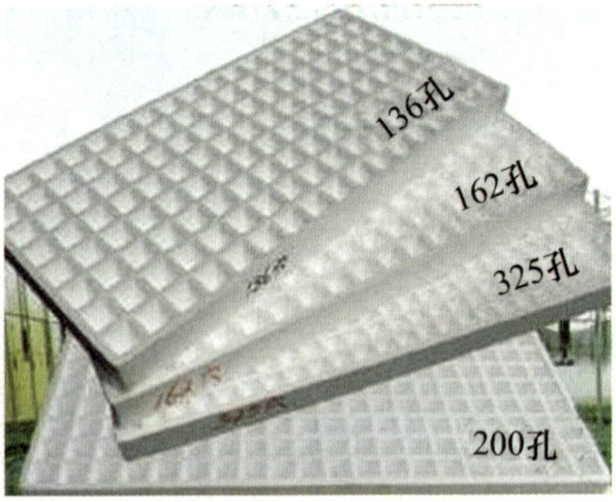

图 2-2　不同规格漂浮育苗盘

一、育苗设施建造

1. 育苗棚的制作

育苗棚按形状大小可分为日光温室、连体棚、独体棚、大棚(图 2-3)、中棚(图 2-4)、小棚(图 2-5)等。根据育苗需要及地形情况，可自行安排棚的大小。外形规格、棚架材料可根据实际情况决定，要求棚架牢固，棚膜用无滴膜，门窗易于开启，且可满足通风降温要求，有条件的可加装 40 目防虫网、遮光率为 70%～80%的遮阳网。

图 2-3 漂浮育苗大棚

图 2-4 漂浮育苗中棚

图 2-5 漂浮育苗独立小棚

2. 漂浮池建造

选择背风向阳、地势平坦、地下水位低、远离建筑物、交通方便、补水便利的地块，育苗棚四周必须设置隔离带，禁止闲杂人员和禽畜进入。育苗池为长方形，长和宽根据棚和盘的规格灵活掌握，池内缘与苗盘间留 1～2 cm 的间隙，便于育苗盘取放，且减少阳光直晒滋生藻类。育苗池以红砖、水泥砖、泡沫砖等材料砌筑池埂，池深 10～20 cm，池底水平纵向倾斜 0.1%，底部平整拍实，用除草剂和杀虫剂喷洒池底，垫厚 0.10～0.12 mm 的黑色薄膜铺底防渗漏，两端设进水口和出水口，出水口与底部持平或略低。漂浮池大小依据育苗设施内部大小和漂浮盘尺寸确定，宽度以刚好放入整数漂浮盘为宜，对长度不作要求；漂浮池之间需预留人行便道和操作台（图 2-6）。

图 2-6 简易漂浮池预留人行便道

育苗池制作好后，应于播种前 2～3 d 蓄水，水深 3～5 cm，以不超过 6 cm 为宜，其后检查是否漏水，再添加相应的营养液。

二、穴盘消毒和装盘

1.穴盘选择

依据蔬菜种类和商品苗标准，选择适宜孔径的穴盘。较常用的为 162 孔和 200 孔的发泡聚苯乙烯泡沫漂浮盘（图 2-2），规格为长×宽×高＝66.5 cm×34 cm×（5.5～6.5）cm。宜使用与穴盘压板或精量播种器械配套的标准漂浮穴盘。

2.消毒和基质装盘

育苗前对漂浮池、育苗盘进行消毒（图 2-7、图 2-8）。将 84 消毒液按照 1∶100 的浓度进行稀释，喷洒漂浮池；育苗漂浮盘新制作的可直接使用，不需消毒。使用 1 年以上的漂浮盘必须进行消毒处理，首先清除盘上的残留物，然后采用以下方法之一消毒：①用 1%的生石灰水浸泡 1 d 左右，然后用清水冲洗干净至无气味；②用 15%次氯酸钠溶液喷洒或浸泡育苗盘，用塑料薄膜密封 24 h，然后用水冲洗干净；③直接用 0.05%～0.10%高锰酸钾溶液喷洒或浸泡育苗盘 1 h，再用清水冲洗干净备用。

漂浮育苗要求基质容重较轻、肥沃、疏松、透气，可以用泥炭、草炭土混合珍珠岩配制；还可就地取材，利用香菇废菌糠混入多种有机和无机肥料，堆沤发酵腐熟后过筛备用；或采用蔬菜育苗专用基质，基质消毒后进行预湿，含水量保持

图 2-7　漂浮池摆盘

图 2-8　漂浮池和苗盘消毒

在 35%～40%，装填后刮除多余基质，使各个孔格清晰可见。采用穴盘压板或精量播种器械压穴后播种，压穴深度 0.5～2.0 cm。

三、播种

根据商品苗销售的目标市场或订单市场，优选抗病、优质、高产蔬菜品种。每穴播 1 粒或 2 粒种子，播种深度 0.5～1.0 cm，播后覆盖基质。盖种分两种方式。一种是将竹筛装入少量基质，在播好种的盘上来回筛盖，以刚好盖住孔穴，不现种子即可，不可将基质盖得过厚，以免种子难于出苗。这种筛盖的方式适合于种子较小的蔬菜等。另一种盖种方式适合于种子直径较大的，即播完种后再装填基质，最后用木板刮去盘面多余的基质，露出盘格，可以减少盘面滋生藻类。辣椒、茄子种子播种前需进行催芽，结合发芽需求，温度宜控制在 25～30 ℃，时间 1～5 d，50%以上种子露白时即可播种。

四、漂浮盘入池

装盘播种盖种后，清理盘四周及底部的基质，及时放入已加水和营养液的育苗池中自然吸透水。

1. 注水投放漂浮盘

育苗水源应符合《农田灌溉水质标准》(GB 5084—2021)，宜选择无污染的地下水、泉水、井水等，以防发生病害。一般在播种前 2～3 d 进行注水，播种当天将育苗盘放入漂浮池中，注水深度 5～10 cm。

2. 营养液配制

根据蔬菜种类，选用不同类型的肥料。茄果类、瓜类蔬菜选用三元复合肥(N-P-K 为 15-15-15)，叶菜类蔬菜选用高氮低磷中钾型复合肥(N-P-K 为 22-8-15)，每 1 m^3 水中加复合肥 350 g 为宜，在投放漂浮盘之前加入漂浮池中并混匀。

五、苗期管理

1. 温度湿度管理

苗期设施内相对湿度控制在 60%～80%，温度白天保持在 18～30 ℃、夜间 13～20 ℃，保障充足光照，防止幼苗徒长。在整个育苗阶段的前期以调控温度促出苗整齐为主，中期以调控温度促根为主，后期以调控温度蹲苗为主。从出苗到真叶出现，以保温为主，棚内温度低于 15 ℃，应及时采取保温措施。而高于 30 ℃，应及时采取通风、换气、遮阴、喷水等方法降温，防止高温烧苗，下午及时盖膜。

采用小棚育苗的，要在拱棚两侧对称剪开高约 10 cm、宽约 20 cm 的扁圆形通风孔，每隔 50 cm 开启一对，从而避免出苗时晴天升温过快对小棚幼苗造成不利影响。

2. 水肥管理

当育苗池中水分因蒸发低于固定水位 2 cm 时，及时补水至固定水位，以保持营养液正常浓度(图 2-9、图 2-10)。育苗过程中，若发现水位短时间内较快下降，应检查水池薄膜是否漏水。若是薄膜漏水，应及时更换薄膜，同时按原标准补充育苗专用肥。

图 2-9　育苗池水位根据需要调整

图 2-10　及时补水至固定水位

3. 补苗、定苗

当幼苗真叶长 1 cm 左右时进行补苗、定苗，保持每穴 1 苗。掌握适宜的补苗、定苗时间，幼苗过小会影响成活率，幼苗过大会影响整齐度。

4. 控苗(图 2-11)

当幼苗出现徒长情况，可用叶绿素(P2-37)等生长调节剂 10 g 兑水 60 kg 进行喷雾控苗。幼苗定植前排放营养液进行控苗。

5. 炼苗(图 2-12)

定植前炼苗以提高幼苗定植后的成活率。移栽前 3～5 d 将育苗盘架空于育苗池上方,或移栽前 7～10 d 排干育苗池中的水分,进行断肥、断水炼苗,适当增加光照,同时逐渐加大育苗棚通风量,循序渐进揭膜炼苗。炼苗时以中午幼苗发生萎蔫、早晚能恢复为宜。一般要求长出新根、叶色淡绿时移栽。

图 2-11　控苗

图 2-12　炼苗

6. 成苗要求

幼苗整齐健壮,子叶完整,叶色浓绿,无病斑,根系发达,根系和基质抱团不散。

六、主要病虫害防治

病害防治坚持"农业防治、物理防治、生物防治为主,化学方式为辅"的原则。注重设施内排湿通风、加强光照,在齐苗和 2 叶期,各喷 1 次 75%百菌清可湿性粉剂 1 000 倍液,预防根腐病、猝倒病、立枯病、霜霉病等。发现病害后及时喷药防治,可用 40%氟菌・霜霉威水剂 400 倍液喷雾防治霜霉病,共喷 2～3 次,每次间隔 7～14 d;可用 43%氟菌・肟菌酯悬浮剂 1 000 倍液喷雾防治白粉病,共喷 2～3 次,每次间隔 7～14 d。注意不可以在正午高温时喷药。

苗期虫害主要有蚜虫、小菜蛾、菜青虫等。可采用搭建防虫网、遮阳网,设施内放置蓝板和黄板等方法防治虫害。必要时采取化学防治,如喷施 10%吡虫啉可湿性粉剂 2 000 倍液。

【经验交流】

漂浮育苗常见问题及控制措施有哪些?

(1)育苗盘放入苗池中不吸水　在装盘前,先检查盘底孔眼是否堵塞;装盘时,基质不能太干,一般以手捏成团,手松散开为宜;装盘时基质不能装得太松散，上下基质要紧密接触，不能有空隙，可在操作过程中，先把盘内的基质装满后，用食指和中指按一下，不能按得太深，只要便于播下种子即可，然后盖上基质。盘装好后，应马上放入苗池。

(2)育苗池中长青苔　在装好的苗盘放入苗池前，可放入适量的硫酸铜(根据说明用)控制青苔；棚内不能太潮湿，根据实际情况和需要及时进行通风。

(3)冷害　主要采用适时播种防冷害，根据当地的气候和实践经验，总结出不同蔬菜漂浮育苗最佳播种时间，适时播种，而提前播种会遇低温烂种。

(4)烧苗　若棚内温度超过 30 ℃，注意揭开棚的两头和中间通风，防止烧苗。

子项目二　泥炭营养块育苗

蔬菜集约化育苗方式主要有泥炭营养块育苗和穴盘育苗两种。

蔬菜泥炭营养块育苗块是以优质泥炭为主要原料，根据作物苗期养分需求规律，辅以缓释配方肥，采用定向回弹压缩技术先进工艺压制而成，集基质、营养、调酸、控病、容器于一体，可为各类蔬菜作物种苗生长创造良好的环境条件，简化了育苗程序，提高了秧苗质量。泥炭块育苗技术可以节省传统育苗方法中的取土、配肥、消毒、装钵等烦琐工序，克服费种、费工、病害多等诸多问题，适用于一家一户育苗和小规模商品化育苗。

一、苗床准备

做宽度为 1.2～1.4 m，长约 5 m，深约 10 cm 的苗床，苗床底部整平压实，铺一层塑料薄膜，四周延伸到畦埂上。

二、选用适宜规格的营养块

小粒种子的蔬菜如西红柿、茄子等，宜选用圆形小孔 40 g 的营养块；大粒种子的蔬菜如西瓜、黄瓜、甜瓜等，宜选用圆形大孔 40 g 的营养块；苗龄较长的蔬菜，宜选用圆形单孔 50 g 的营养块；采用嫁接育苗的蔬菜，宜选用圆形双孔 60 g 的营养块。

三、摆块胀块

将泥炭营养块平摆在苗床内(图 2-13)，间距 1～1.5 cm，播种前必须将营养块浇透水，先对摆放好的营养块自上而下雾状喷水 1～2 次(图 2-14)，薄膜有积水后停喷，积水吸干后再喷，反复 5～6 次(约 30 min)，再用小水流从苗床边缘灌水到淹没块体。水吸干后再灌 1 次，直到营养块完全疏松膨胀(细铁丝扎无硬芯)且苗床无积水后打孔(图 2-15)，放置 12～24 h 后进行播种，播后盖种(图 2-16)。吸水膨胀后的营养块比较松软，暂时不要移动或按压。注意，培育 60～90 d 的长龄苗，不用铺薄膜，直接将营养块铺在苗床上。

图 2-13　泥炭营养块平摆

图 2-14　摆块浇水

图 2-15　胀块后打孔待播

图 2-16　播后盖种

四、播种出苗

用常规方法处理种子，提前将种子催芽，露白 70%时播种。营养块完全膨胀后，放置 4～5 h 后开始播种，种子平放穴内，上覆 1～1.5 cm 厚的蛭石或用多菌灵处理过的细沙土，切忌使用重茬土覆盖，适度镇压。低温季节盖地膜保温保湿，高温季节盖遮阳网降温保湿。高温育苗或苗龄较长时应先在块间填充约 1/3 块高的无菌土，以便保水护根。约 70%的苗破土时揭膜。

五、幼苗管理

揭膜后要少量浇水，采用小流水从营养块间或苗床边缘缓慢浇水，使水分自下而上渗入块体，切忌苗床长时间积水。播后要保持营养块水分充足，定植前停水炼苗。喷水时不能大水浸泡，但可以在薄膜上保持适量存水，喷水时间和次数根据温度灵活掌握。育苗早期要加强管理，防止徒长，一般不需打药防病。成苗期注意增加光照、通风、浇水，浇水要见干见湿，并可适当发挥以水控苗的作用，根据生长情况，应及时倒苗排稀，以利于培养均衡壮苗，其他管理同常规。

六、定植

由于营养块营养面积较小，定植时间要比营养钵适当提前，只要根系布满营养块，白尖嫩根稍外露(图 2-17、图 2-18)，就要及时定植，防止根系老化。定植前 7～10 d 低于适温 5 ℃并停水炼苗，定植时带块移栽，块上盖土 1～2 cm。定植后浇 1 次透水，利于根系下扎，正常管理无缓苗期。定植时保护好营养块带基移栽，定植后的管理同普通营养钵育苗。

图 2-17　根系布满营养块

图 2-18　白尖嫩根稍外露

【经验交流】

1. 压缩泥炭营养块育苗，培养的苗有些为什么不长？

要确保无产品质量问题，购置前仔细查看选择的泥炭块产品是否是正规厂家生产的。建议采用正规厂家生产的产品。

2. 泥炭营养块育苗如何做好苗期管理？

采用泥炭营养块育苗时，主要是加强水分和温度管理，幼苗生长期，环境温度不宜过低。苗期无须施肥、追肥，因为育苗块中已含有各种营养成分，营养基内配加的多元缓释营养,既能满足植物对不同元素的要求,也能有效满足幼苗前后不同时期对植物营养的需要。育苗块营养基中的多元缓释肥,前期不会烧苗,后期不会脱肥。苗期尤其要加强水分管理,因为育苗块是完全独立且裸露在空气中,空气干燥或育苗环境温度高,极易造成块体失水,影响幼苗正常生长。营养基可直接移栽,带基定植,不伤根,无须缓苗。

项目二 蔬菜嫁接育苗

一、瓜类蔬菜插接法嫁接育苗关键技术

(一)设施与材料

1.设施

使用 8 m 宽,长度不限的单体塑料大棚(图 2-19),或连栋温室(图 2-20)作育苗保护地设施,容易为嫁接苗提供正常生长必需的温度、湿度与光照条件。

图 2-19 单体塑料大棚

图 2-20 连栋温室

2.材料

准备 50 孔聚苯乙烯塑料穴盘(图 2-21)或直径 8～9 cm 的塑料营养钵(图 2-22)、平盘或 200 孔穴盘作育苗器具,基质使用市场销售的专用育苗基质(图 2-23),嫁接用工具包括嫁接刀片(图 2-24)、嫁接夹(图 2-25)、嫁接针(图 2-26)及消毒酒精棉。用 75%医用酒精消毒。

3.砧木品种

砧木采用高抗枯萎病、嫁接亲和性好、不影响品质的白籽南瓜品种,如日本雪松、京欣砧 3 号、新土佐、长寿砧木、金刚铁甲等。

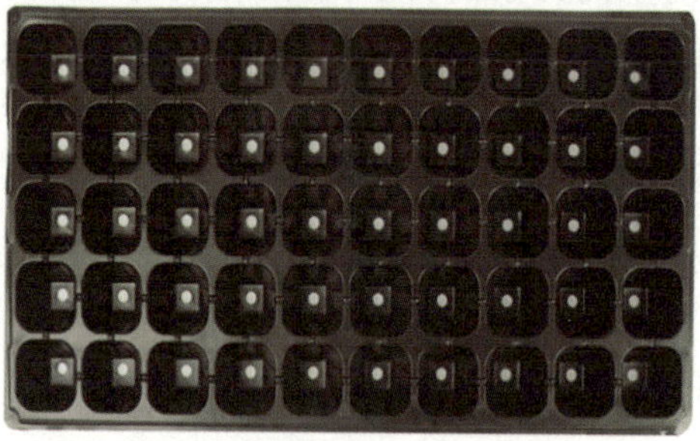

图 2-21　50 孔聚苯乙烯塑料穴盘

图 2-22　塑料营养钵

图 2-23　育苗基质

图 2-24　嫁接刀片

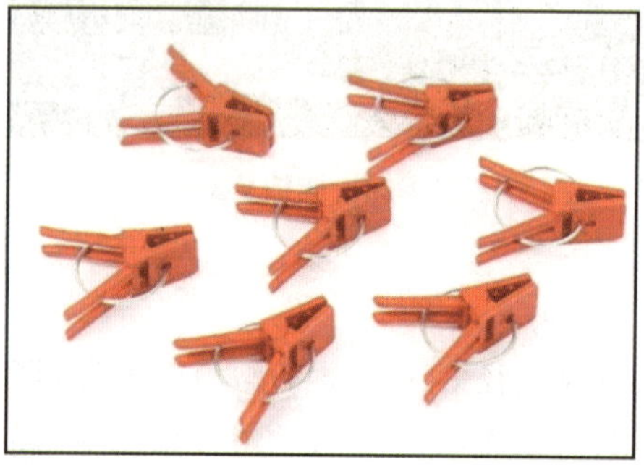

图 2-25　嫁接夹

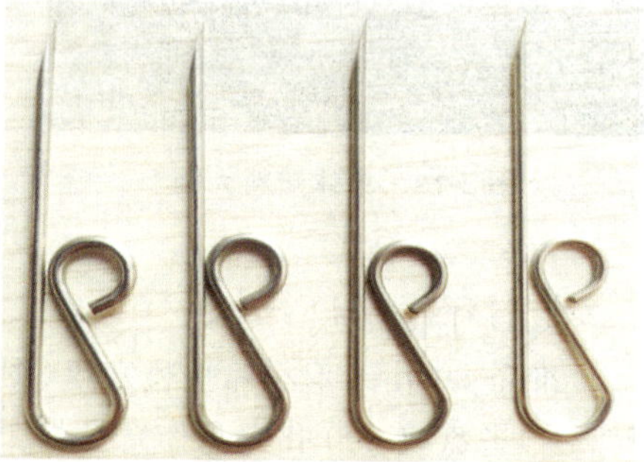

图 2-26　嫁接针

4. 接穗品种

选用适合当地种植习惯与气候特点的品种。如西瓜早熟品种选用红玉、梦驼铃、京欣系列、伊选、先锋、美都等，中熟品种选用抗二、大果王，晚熟品种选用安农 2 号、懒汉王、昌农勿杈、金城五号等。甜瓜选用西州蜜 25 号、耀龙 25 号、西州蜜 17 号、至爱等。

（二）播种

1. 播种期

根据本地气候特点与栽培季节选择适播期。一般以定植期往前推算 45 d 左右开始播下砧木种子，约 7 d 后再播接穗种子，薄皮甜瓜采用插接法时接穗与砧木同时播种。一般从砧木播种后 12～13 d 进行嫁接。

2. 种子处理

种子应提前进行处理，接穗与砧木处理方法相同。精选种子，去除秕籽、烂籽，晒种 1 d，夏季防止暴晒伤种。一般采用温水浸种，使用铁桶等大小合适的容器，装一半开水及一半凉水并混匀（温度 55～60 ℃为宜），将种子放入混合后的温水中浸泡，自然冷却后继续浸泡 4～6 h，沥干备用。如果要针对性预防病害，也可以使用多菌灵、高锰酸钾、福尔马林等药剂进行消毒。

3. 苗床准备

春季嫁接苗床以保温为目标，在大棚中间位置建立苗床，苗床下挖（低于垄面 10 cm 以上），铺 1 层农膜，上面铺设地热线，地热线排列间距外密内疏，再撒 1 层育苗基质，基质盖住地热线，然后将育苗穴盘或育苗营养钵置于基质上即可。夏秋季嫁接苗床以降温为目标，一般要求大棚具有降温设备或使用专业的具有温度、湿度、光照调节功能的育苗室，否则不易成功。

4. 穴盘播种

平盘或 200 孔穴盘用于播种接穗，50 孔穴盘或塑料营养钵用于播种砧木。育苗基质拌入 50%多菌灵可湿性粉剂 500 g/m^3，装入育苗容器，将沥干的种子点播到容器中，每穴 1 粒，平盘可采用撒播方式，尽量撒播均匀。砧木种子播种时可按同一角度与方向摆放种子，方便后期嫁接时按同样角度顺序嫁接操作。春季育苗播种后将容器整齐摆放到苗床上，浇透水，覆盖微膜。在苗床上搭建小拱棚，密闭大棚，地热线通电加温，气温过低时还可以采用多层覆盖增温。

（三）嫁接前管理

嫁接前管理主要目的是培育出健壮的接穗与砧木。春季播种后要增温保湿，通过地热线与多层覆盖均匀加温，保持苗床温度 28～30 ℃，出苗前盖紧微膜保湿，70%以上幼苗出土即可揭开微膜，通过小拱棚保温保湿，全部出苗后保持苗床温度 20～25 ℃，适当降低湿度。管理期间苗床过干可适当洒水，发现病害及时喷施 30%噁霉灵水剂 1 000 倍液。夏秋季播种后关键是降温保湿，通过多种手段保持苗床达到适宜的温度，温度过高，极易形成高脚苗，不利于嫁接操作。嫁接前 3～5 d 开始炼苗，春季主要是降温降湿，可降低 5 ℃左右；夏秋季主要是增温降湿，可增加 5 ℃左右。

（四）嫁接

1. 嫁接时期

砧木第 2 片真叶刚露出，接穗第 1 片真叶刚露出时为嫁接适宜时期，一般砧木播种后 12～13 d 进行嫁接。

2. 嫁接准备

提前准备好嫁接刀片、嫁接夹、嫁接针及消毒酒精与棉花，将酒精倒入棉花作为消毒棉，并搭建嫁接操作台、配好简易操作坐凳，将接穗与砧木苗盘或营养钵提前 1 d 浇水后，按苗数 1∶1 比例摆放到操作台上，嫁接工人使用消毒棉擦拭手与相关嫁接工具后，即可开始嫁接操作。

3. 贴接法

贴接法是将接穗与砧木茎部反向削切，形成切面后贴合在一起的一种嫁接方法。用嫁接刀沿砧木一片子叶叶柄方向向斜下方削切掉心叶及另一片子叶，形成约 0.8 cm 的切面，在接穗子叶下约 1 cm 处向下斜切形成约 0.8 cm 的切面，将砧木与接穗的斜切面互相靠拢贴紧，用嫁接夹夹紧即可。注意接穗的削切角度，刀片应沿着 2 片子叶展开的方向切，最终嫁接苗接穗子叶与砧木剩余 1 片子叶呈 T 字形为佳(图 2-27)。

图 2-27　贴接法嫁接过程

续图 2-27

4. 插接法

插接法是将接穗茎部削成针状，将砧木钻 1 个小孔，再将接穗插入砧木小孔的一种嫁接方法。用嫁接针剔掉砧木心叶，然后沿 1 片子叶叶柄方向向斜下方插入砧木茎，深度约 0.7 cm，以不插破茎对面表皮为宜。用嫁接刀在接穗子叶下约 1 cm 处向下斜切形成约 0.7 cm 的切面，在砧木上抽出嫁接针，迅速将接穗插入砧木针孔即可。操作速度宜快、动作宜轻，接穗切面尽量深入砧木针孔，紧密贴合。注意接穗的削切角度，刀片应沿着 2 片子叶展开的方向下切，最终嫁接苗接穗 2 片子叶与砧木 2 片子叶呈十字形为佳(图 2-28)。

图 2-28　插接法嫁接过程

续图 2-28

5. 劈接法

采用劈接法嫁接时，砧木需要比接穗大，因此砧木一般比接穗早播 5～7 d。嫁接时先用刀片挑去砧木苗的生长点，从子叶中间一侧自上往下剖开长约 1 cm、深约茎长一半的小口，此操作既不能伤及子叶，又不能全部劈开，同时还需切面平滑成直线。然后把西瓜苗小心地从扁平方向离子叶约 1 cm 处两侧稍斜下切，切面长 0.5～1 cm，使之成楔形。使砧木切口稍微裂开，从上往下送入接穗，如受阻力，不能硬插，可用手指带动进入，以免切口变形，插后外侧应对齐，两子叶方向一致，最后用塑料夹夹住（图 2-29）。西瓜、甜瓜、黄瓜均可采用劈接法，采用该嫁接法接口的接触面大，易愈合，不易早衰，适合长季节栽培。

图 2-29　劈接法嫁接过程

（五）嫁接后管理

1. 嫁接苗摆放

在苗床上铺 1 层微膜，少量洒水，将带钵嫁接苗或整盘嫁接苗迅速、整齐摆放，上面再覆盖 1 层微膜，上下两层薄膜周边合拢，形成保温保湿的被子夹层，然后按适宜的温度、湿度、光照、时间要求进行管理（表 2-1）。

2. 温度

嫁接后温度是嫁接苗成活的关键因素，是管理的重点内容，也是最难控制的环境条件。管理要点是前高后低，尤其嫁接后 7 d 内是关键时期，要求白天温度 25～28 ℃，晚上 20～22 ℃，7 d 后可适当降低温度，春季嫁接定植前 3～5 d 炼苗，白天温度 20～24 ℃，晚上 12～15 ℃。春季嫁接主要是采取密闭、地热线加热、多层覆盖等措施增温，夏季嫁接主要是采取遮阳网、风机、湿帘等措施降温或专业的自动控温育苗室保持适宜温度。如果嫁接苗初期温度高于 36 ℃或低于 12 ℃，将显著影响成活率。

表 2-1　嫁接后管理参数

<table>
<tr><th>时间</th><th>温度</th><th>湿度</th><th>光照</th><th>其他</th></tr>
<tr><td>3 d 内</td><td rowspan="2">白天 25～28 ℃
晚上 20～22 ℃</td><td rowspan="2">95％～100％</td><td>全部遮光</td><td rowspan="2"></td></tr>
<tr><td>3～7 d</td><td>逐步见光</td></tr>
<tr><td>7 d 后</td><td>白天 25～28 ℃
晚上 20～22 ℃</td><td>75％～80％</td><td>逐步全部见光</td><td rowspan="2">嫁接苗不再萎蔫后酌情浇施肥水</td></tr>
<tr><td>定植前 3～5 d</td><td>白天 20～24 ℃
晚上 12～15 ℃</td><td>50％～60％</td><td>全部见光</td></tr>
</table>

3. 湿度

嫁接后湿度是影响嫁接苗成活的第二个关键因素，管理要点也是前高后低。嫁接后 3 d 内将湿度控制在 100％ ，3～7 d 适当通风降低湿度到 80％～90％，7 d 后进一步扩大通风降低湿度，到 10 d 后湿度稳定在 50％～60％。通过双层微膜将嫁接苗夹在中间，形成了被子夹层效果，通过短时间揭开微膜降湿，相对比较容易控制。湿度过低不利于嫁接伤口愈合，过高则易于产生病害，宜控制在适宜范围内。

4. 光照

光照是嫁接苗管理三要素的最后一个关键因素，要求相对宽松一些。可以使用黑色地膜完全遮光，实践中一般将遮阳网覆盖在小拱棚上遮光，总体原则是前暗后明。嫁接后 3 d 内紧密遮盖，保持暗黑环境，3 d 后早、晚揭开遮阳网短时见光，7 d 后只在中午遮盖避光，10 d 后可不再遮盖遮阳网。

5. 自生根与分蘖

自生根表示嫁接苗接穗茎斜切面上长出了须根，并伸入砧木髓腔内，随着嫁接苗生长，须根将一直向下生长直到接触土壤，导致抗枯萎病失效，出现假嫁接现象，对于假嫁接苗，不能作为正常嫁接苗使用。切除砧木生长点时的残留容易生长出侧芽形成分蘖，发现后应及时手工抹除，防止其快速长大而最终影响接穗的正常生长。

6. 病害防治

嫁接后常见病害包括猝倒病、立枯病、灰霉病等。猝倒病、立枯病用 30％噁霉灵水剂 1 000 倍液或 20％甲基立枯磷乳油 1 200 倍液喷雾防治，灰霉病用

40%嘧霉胺悬浮剂 1 200 倍液喷雾防治。

(六)出圃

嫁接苗达到适宜定植期时用专用转运箱出圃、运输,供大田定植。嫁接苗出圃壮苗标准:嫁接伤口愈合好,接穗 2 叶 1 心,茎粗 3.5～4.0 mm,苗高 8～10 mm,叶片绿,无病斑,砧木粗壮,子叶健壮,根系发达。

二、瓜类蔬菜双断根嫁接育苗技术

(一)品种选择

1. 砧木品种

吐鲁番市多选用南瓜砧木,品种为新土佐、长寿砧木、金刚铁甲等,也有使用野生西瓜作为砧木的,面积不大。

2. 西瓜品种

早熟品种如红玉、梦驼铃、京欣系列、伊选、先锋,中熟品种如抗二、大果王,晚熟品种如安农 2 号、懒汉王、昌农勿杈、金城五号等。

(二)播前准备

1. 育苗盘选择

选择 32 孔或 21 孔穴盘,穴盘长 53.5 cm、宽 27 cm;或口径 10 cm 的营养钵。

2. 营养土配制

使用穴盘育苗,可直接购买商品育苗基质;使用营养钵育苗,可用未种瓜类 3～5 年的无病干燥园土、优质腐熟羊粪粉碎过筛后,按 1∶3 或 1∶4 比例充分拌匀,装入穴盘或营养钵。

(三)种子处理

1. 砧木种子处理

浸种　使用 70 ℃热水烫种,不断搅拌,待水温降至 30 ℃停止搅拌,用多菌灵、普力克溶液或 10%磷酸三钠的水溶液浸种消毒,浸种 6～8 h 后,清洗干净沥干水分待用。

催芽　使用 800～1 000 W 地热线铺成催芽床,提前加热至 30 ℃,然后将沥干水分的种子均匀摊铺催芽。控温仪温室控制在 28～32 ℃,26 h 即可出芽。4～5 h 翻种 1 次,保证种子受热均匀。

2. 西瓜种子处理

浸种　使用 55 ℃温水烫种,不断搅拌,降到常温后清洗 2～4 次。使用 72.2%普力克配制成 1 000 倍液浸种 30 min,再在室温下浸种 8 h。

催芽　捞出种子沥干水分后置于28～32 ℃温床上催芽，24 h后开始出芽，48 h即可基本出齐。

3. 播种

确定播期　为了使砧木和接穗都达到理想的嫁接状态，要确定好各自的播期，通常是在砧木出齐后开始处理西瓜种子。

南瓜播种　种子露白(胚根长2 mm)后及时播种。均匀播在整理好的苗床上，覆地膜，搭建小拱棚。出苗前育苗床温度保持在25～30 ℃，不超过30 ℃。50%出苗时揭地膜，出苗后白天温度保持在20～25 ℃，夜间不低于15 ℃。嫁接前1～2 d，选用64%杀毒矾500倍液或75%百菌清600倍液喷雾防病。

西瓜播种　种子露白(胚根长2 mm)后及时播种。出苗前，育苗床温度保持在25～32 ℃，夜间保持在18～20 ℃。出苗后，白天温度保持在20～25 ℃，夜间温度保持在15 ℃。嫁接前1～2 d，南瓜第一片真叶长至铜钱大小，西瓜子叶半开半合、叶色由黄转绿，即最佳嫁接时期。双断根嫁接操作方便，可组织安排流水线作业，切南瓜苗(含运苗)、拔西瓜苗(含洗苗)、切接穗、嫁接、栽苗同时进行。

(四)嫁接过程

1. 切南瓜苗

嫁接前将南瓜苗拦腰切断，子叶以下胚轴留5～7 cm，整齐装入纸箱中运至嫁接温室中待用。

2. 南瓜掐心

嫁接前，先去除砧木生长点，注意掐心不宜太干净，要留下一段0.5 cm叶桩，保护嫁接后的接穗苗不易被碰掉。

3. 切接穗

要求左手轻轻合拢西瓜两片子叶，平摊在左手食指上，右手握刀片，在离子叶节0.3～0.5 cm处，由子叶端向根端削成楔形面，削面的长度与角度与嫁接针刚好吻合。

4. 顶插接

左手托着砧木，右手握住嫁接针，嫁接针的楔面向下从靠近一侧子叶的正面斜向下插向另一片子叶的背面，深度以不戳破下胚轴表皮、从外面隐约可见嫁接针为宜。然后右手拇指和食指拿好接穗，右手中指和无名指夹出嫁接针，随手把削好的接穗插入砧木孔中，使砧木与接穗切面紧密吻合，同时使砧木与接穗子叶呈十字形。

5. 栽苗

栽苗时，穴盘或营养钵水要浇透成稀泥状，嫁接好的瓜苗即接即插，每穴或每钵1株，插完后及时喷药消毒。消毒完毕，迅速盖好底膜，及时扣严小拱棚和上好遮阳网。

(五)嫁接后的管理

1. 湿度

嫁接后小拱棚湿度要求达到95%以上，2～3 d内不通风。4～5 d后在9～10时或16～17时棚内湿度较高时，开始短时间通风换气。此时揭开底膜后即可看到穴盘或营养钵的表面长满了洁白的不定根。以后逐渐增加通风量和通风时间，降低小棚内的空气湿度。嫁接成活后可进入正常湿度管理，如接穗出现凋萎，适当喷水后及时盖好小拱棚保湿，半小时内可恢复。

2. 温度

刚嫁接时，温度以白天26～28 ℃、夜间24～25 ℃为宜，晴天小拱棚内的温度会上升到30 ℃以上，可用遮阳网等遮盖降温，夜间注意加温。嫁接4～5 d后开始通风换气进行降温，以后随着日数的增加、接口的愈合，转入一般苗床的温度管理。

3. 光照

嫁接当天和次日要求严密遮光，第三天早晚除去覆盖物，见弱光30～40 min。以后逐渐延长光照时间，7 d后只在中午遮光，10 d后恢复一般苗床管理。看天气情况，阴雨天少遮光或不遮光。

4. 抹芽

成活后及时摘除砧木萌芽，注意不要伤及接穗。出苗前，通常要除萌芽3～4次。

5. 施肥

密切注意嫁接苗长势，成活后追肥一次，叶面喷施0.2%～0.3%尿素或0.2%～0.3%磷酸二氢钾。

6. 炼苗

为了使嫁接苗尽快适应外界栽培环境，应在出苗前7～10 d开始炼苗。通过逐渐加大放风量实现，如遇放风过度出现叶子萎蔫，可适当喷水进行缓苗。

三、双砧木双贴法嫁接方法介绍

双砧木嫁接采用双贴法，当接穗第一片真叶充分展开，砧木第一片真叶长0.5 cm左右时，为嫁接的最佳时间。嫁接前育苗盘少浇水，将黑籽南瓜、砧木和西瓜从营养钵取出，然后将两种砧木分别去掉一片子叶和生长点，沿一片子叶的下部向上斜切一刀，斜面约呈30°，切口长0.5 cm左右，切面要平，削切时要求一刀到位，操作要快。而后在接穗子叶下1.5～2.0 cm处，选择相对的两个侧面呈30°向下斜切，两个切口对称且长约0.5 cm，再将两个砧木的切面与接穗的两个切面靠一侧对齐，对好后用嫁接夹固定。

四、砧木和接穗品种介绍

1.砧木品种介绍

(1)长瓤瓜　抗枯萎病，亲和力强，嫁接后生长良好，坐果稳定，对西瓜品质无不良影响。长瓤瓜是适于西瓜早熟栽培的嫁接砧木品种，但耐热、耐寒性较差，容易早衰。

(2)圆葫芦　大葫芦的变种，果实圆形或扁圆形，生长势强，根系深，耐旱性强，适于高温季节西瓜栽培的砧木，但抗病性一般。

(3)相生　由日本引进的西瓜嫁接专用砧木，是葫芦的杂交一代。抗枯萎病，嫁接亲和力强，耐涝，较耐瘠薄，低温下生长好，坐果稳定，是适于西瓜早熟栽培的砧木品种。

(4)超丰F1　中国农业科学院郑州果树研究所培育的西瓜嫁接专用砧木，为葫芦杂交种，杂交优势突出，不仅高抗枯萎病，抗重茬，叶部病害也明显减轻，植株生长健壮，根系发达，吸收水肥能力强，共生性好，具有耐低温、耐热、耐湿、耐干旱的特点，嫁接西瓜坐果早而稳，对西瓜品质无不良影响。在辽宁、河南、安徽等地应用比较普遍。

(5)皖砧1号　葫芦杂交种，根系发达，对土壤适应性和抗逆性强，嫁接亲和力好，共生亲和力强，下胚轴粗壮，嫁接容易成活。

(6)圣砧2号　由美国引进的西瓜专用砧木，葫芦杂交种，高抗枯萎病、炭疽病和根结线虫病，嫁接亲和力、共生亲和力都比较好，克服了嫁接后出现厚皮、瓜形不正和变味等缺点，对西瓜品种无不良影响。

(7)皖砧2号　中园南瓜和印度南瓜的杂交种。根系发达，吸收能力与耐低温能力强，长势旺，易徒长，适于早春栽培应用，或作小型西瓜砧木。

(8)京欣砧1号　也称京欣砧冠，国家蔬菜工程技术研究中心选育，瓤瓜与葫芦杂交的西瓜砧木一代杂种。嫁接亲和力好，共生亲和力强，成活率高。嫁接苗植株生长稳健，株系发达，吸肥力强。种子千粒重140g左右。种子发芽容易，出芽快而整齐，发芽势好，出苗壮，苗下胚轴较短粗且硬，实秆不易空心，不易徒长，便于嫁接。适宜早春栽培，也适宜夏秋高温栽培。主栽地区是华南地区。

(9)京欣砧4号　国家蔬菜工程技术研究中心选育，中国南瓜种间杂交的西瓜砧木一代杂种。该品种嫁接亲和力好，共生亲和力强，成活率高。种子浅黄色，千粒重80～100 g。发芽容易，发芽整齐，发芽势好，出苗壮。后期耐高温抗早衰，生理性急性凋萎病发生少。对果实品质影响小。适宜早春和夏秋西瓜嫁接栽培。适合全国保护地和露地早熟嫁接栽培。

(10)青研砧木 1 号　山东省青岛市农业科学研究所研制的一代杂交种。抗枯萎病效果达到 100%，有较好的嫁接亲和力和共生亲和力。该砧木较耐低温，嫁接苗定植后前期生长快，蔓长和叶片数较多，有较好的低温伸长性和低温坐果性，有促进生产和提高产量的效果，对西瓜品质无影响。该品种还适于嫁接黄瓜和甜瓜。

(11)新土佐(早生新土佐)　由日本引进，为印度南瓜和中国南瓜的杂交一代。是南瓜中较好的西瓜砧木。与西瓜的亲和力强，较耐低温，嫁接后长势强，抗枯萎病、早熟、丰产。但与三倍体、四倍体西瓜亲和力差。

(12)庆发西瓜砧木 1 号　黑龙江省大庆市西瓜研究所选育的西瓜优良砧木。与西瓜嫁接亲和力好，共生亲和力强，嫁接后愈伤组织形成快，成活率高，植株生长势强，根系发达。嫁接苗在低温下生长快，坐果早而稳，高抗枯萎病，耐重茬，叶部病害也明显减轻。该砧木根系发达，生长旺盛，吸肥力强。种子灰白色，种皮光滑，籽粒稍大，千粒重 125 g。

(13)皖砧 3 号　野生西瓜，与栽培西瓜嫁接亲和力好，共生亲和力强，嫁接后不会引起植株徒长，对西瓜品质无不良影响，适于为生长强的西瓜作砧木。

(14)勇士　由台湾农友种苗公司引进，用非洲野生西瓜育成的杂交一代，抗枯萎病，耐低温，嫁接苗生长快，坐果早而稳。对西瓜品质影响小。可作早春大、中棚栽培西瓜的嫁接砧木，也可作夏秋西瓜嫁接专用砧木。

(15)GKY　甘肃省农业科学院育成的西瓜嫁接砧木一代杂种。属于野生西瓜类型。长势旺盛，分枝能力强，抗逆性强，耐旱，耐瘠薄，耐寒，抗枯萎病，对炭疽病和疫病有较强的抗性。嫁接亲和力强，生产的西瓜无异味。

2. 接穗品种介绍

接穗品种按当地种植习惯、消费习惯和销售市场西瓜进行选择。

(1)美都西瓜　鲜食中熟杂交种。常温下开花至果实成熟约 40 d，一般单瓜重 5 kg 以上。果实圆球至高球形。果皮绿色，覆有墨绿条纹。如果实膨大期遇低温，果皮底色和条纹会加深。果肉桃红色，甜而多汁，中心可溶性固形物占 11%～12%，边部可溶性固形物占 8%～9%。果皮较 8424 西瓜略硬，较耐储运。幼苗期及生长前期长势弱，遇低温抗性差，易发病死棵。低温期留果易果实空心厚皮。

(2)安农 2 号西瓜　杂交种。鲜食。全生育期 80～95 d，苗期长势弱，后期长势强。果实发育期 32 d 左右，果实长椭圆形，皮绿色，覆有深墨绿色条带，瓤大红色，单瓜重 6～9 kg。中心可溶性固形物占 11.5%～12.5%，边部可溶性固形物占9.0%～10.0%，果皮硬度中等，肉质口感酥脆、多汁、口感好。抗枯萎病，耐旱性一般，不易空心，不厚皮。耐低温弱光性中等。

(3)金城五号西瓜　鲜食杂交种。生育期105 d，果实椭圆形，浅绿色底，深绿色锯齿状条带，皮厚小于1.3 cm，平均单果重7.3 kg左右，果肉红色，质酥脆，汁液丰富，口感甜爽，商品性好；籽粒小，浅褐色，千粒重19 g；中心可溶性固形物占12.5%，边部可溶性固形物占9.7%，梯度小；果皮密度大，硬韧度高，极耐贮运。汁多甜爽，质脆酥，籽小，不倒瓤。高抗枯萎病，高抗炭疽病，在连续阴雨天能正常生长，耐低温弱光性强。

(4)花籽型纯品甜王西瓜　中熟，花皮短椭圆形，条纹清晰美观，长势稳健，坐果后30 d左右采收，皮色翠绿，果脐小，大红瓤，甜脆爽口，中心糖度14，单瓜重8～12 kg，皮薄抗裂耐贮运，适合东南亚及我国大部分地区种植，是我国华北、华东、东北地区甜王的主要栽培品种，高品质，售价高，深受广大消费者青睐，是国内第一个可以在北方地区大量栽培的甜王品种。

(5)西州蜜25号　西州蜜25号杂交种子扁椭圆形，种壳淡黄色，千粒重32～34 g。苗期长势健旺，中期长势较强，后期长势一般，不易衰老。叶片大，较厚，色绿，叶心形，最大叶为21.9 cm×29.4 cm。节间长9.5 cm，茎粗0.8～1.0 cm，主蔓长2.3～2.5 m。雌花为两性花，第1雌花着生于第3节子蔓上，此后雌花着生节位不间断。极易坐果，一般选择9～12节坐瓜。嫩果为绿色，成熟时为浅绿色。果实椭圆形，果形指数约为1.22，平均单果质量2.0 kg，麻绿底，网纹细密全，果肉橘红，肉质细、松脆，蜜甜、风味好，肉厚3.1～4.8 cm，中心可溶性固形物占15.6%～18%。667 m^2产量2 000～2 700 kg。植株长势健壮，不易疯长，易管理，耐热耐湿，抗枯萎病，抗蚜虫。中熟品种，全生育期春茬115～125 d，秋茬95～105 d，果实发育期53～58 d(新疆鄯善露地种植40～45 d、春季日光温室40～45 d、秋季日光温室50 d)。

(6)西州蜜17号甜瓜　杂交种。厚皮型。果实发育期50～57 d，果实椭圆形，果皮黑麻绿底，网纹中密全，果肉橘红，肉厚3.2～4.7 cm，中心可溶性固形物占15.2%～17.0%，边部可溶性固形物占12.0%，肉质细、松脆，风味甜蜜、爽口，平均单果重2.5 kg左右。植株生长势较强，茎蔓粗壮，易坐果。耐热耐湿，抗枯萎病、抗蚜虫，中抗白粉病、霜霉病。

(7)农甜3号甜瓜　杂交种。植株生长势强，露地栽培条件下，全生育期94 d，果实发育期春季日光温室40～45 d、秋季日光温室50 d，露地种植40～45 d，易坐果，整齐，果皮硬韧，无裂果现象，单瓜重3.2 kg，果实短椭圆形，果皮黄色，细密网。果肉橙色，肉质酥脆，风味佳。皮肉厚4.7 cm，中心可溶性固形物可达 17%，边部可溶性固形物占 11.4%。中抗白粉病，抗霜霉病。适合新疆部分露地种植。

【经验交流】

1. 西瓜嫁接栽培的好处有哪些？

(1)防止土传病害　西瓜枯萎病的病原菌是镰刀菌属中的西瓜专化型真菌，称为西瓜导管型镰刀菌。病菌从根毛顶端细胞间或根部伤口侵入，进入维管束在导管内发育，分泌果胶酶和纤维素酶，破坏细胞，阻塞导管，干扰新陈代谢，致使西瓜植株萎蔫、中毒而枯死。西瓜嫁接时主要利用对这种枯萎病菌具有免疫功能的同科异种的瓠瓜、南瓜及野生西瓜作砧木，以西瓜为接穗，通过嫁接达到防止土传病害的目的。

(2)增强生长势　由于嫁接换根，植株获得了抗病机能，新陈代谢旺盛，特别是发达的根系促进了全株生长势的增强。主要表现在根系生长旺盛，养分吸收力增强，最终促进地上部健壮生长。

(3)提高抗逆性　不同砧木有不同的抗逆性。例如，南瓜砧在低温下有良好的伸长性，因而在冬春保护地栽培中常选用南瓜作砧木，以提高接穗的耐低温性。南瓜砧具有抗盐性，这对于设施栽培具有特殊意义。因为棚室大部分时间处于封闭或半封闭状态，得不到雨水的淋洗和渗透，而且水分从地表蒸发时，盐基上升集聚在土壤表层，越积越多，易造成土壤盐渍化。而采用南瓜作砧木进行嫁接，由于南瓜根系膜稳定性好，根系活力强，对钾、钙、镁吸收多，降低了膜脂过氧化作用和质膜透性，使抗盐性提高，这对保护地栽培的丰产稳产起到了重要作用。

(4)增加产量　许多试验证明，西瓜嫁接栽培显著增产。蔬菜嫁接后，其根系生长得到促进，生理活性增强，吸收与合成功能得到改善，抗病性和抗逆性提高，生长势旺盛，为产量的形成奠定了生理基础。

2. 西瓜插接法嫁接对西瓜苗和砧木苗分别有哪些要求？

西瓜插接法嫁接是在砧木苗茎的顶端插孔，将削好的西瓜苗茎插入嫁接孔内后，组成嫁接苗。为保证砧木苗茎能够顺利插孔，防止砧木苗茎被插裂，砧木苗茎应当较西瓜苗茎粗一些。但砧木苗茎也不可过粗，否则砧木苗茎的空腔过大，插接时容易将西瓜苗穗插入砧木苗茎的空腔内，影响嫁接效果。两瓜苗的具体大小要求如下：

西瓜苗：两片子叶展开，心叶未露出或初露；苗茎粗壮、坚挺，苗茎高 3～4 cm，苗茎粗为砧木苗茎粗的 1/2～2/3。

砧木苗：两片子叶充分展开，第 1 片真叶露大尖或展开至 5 分硬币大小；苗茎粗壮、坚挺、色深，苗茎稍粗于西瓜苗，地上茎高 4～5 cm。

3.西瓜嫁接如何正确选择砧木?

(1)砧木与西瓜的亲和力强，才能保证嫁接成活率高,嫁接成活后植株生长健壮,发育良好,不易出现结瓜期急性凋萎现象。

(2)提高砧木抗枯萎病能力,可最大限度地减少因枯萎病造成的死棵。

(3)砧木对不良条件适应能力强,耐低温、耐旱、耐瘠薄、耐盐碱等。

(4)对西瓜的品质和风味影响小,不易出现厚皮、空心、黄筋、口感变差等不良现象。目前生产上常用的西瓜砧木主要有南瓜、瓠瓜、葫芦。

模块三

蔬菜的采收、商品化处理及安全溯源技术

项目一　蔬菜的采收与商品化处理

商品蔬菜，是指蔬菜达到了采收标准，并经过采后处理、检验，适合上市销售的蔬菜。蔬菜采收是蔬菜生产的一个重要环节，对提高产量，降低储运损耗，保持和改进产品品质，防治感病腐烂有直接的影响。

蔬菜产品采收中最重要的环节是采收标准、采收时期和采收方法的确定，具体采收操作时间也影响采后储运。同时，对商品蔬菜进行采后处理和包装，不仅便于蔬菜产品的运输，延长产品质量和寿命，适于净菜上市和超市销售的要求，方便消费，还增加蔬菜产品附加值，提高产品的无公害程度和品牌效应，利于推动蔬菜产业化。

一、蔬菜产品的采收时期

采收时期的确定主要取决于成熟度、市场情况和生产目的、市场需求。采收技术因蔬菜种类不同而异。一般来讲，采后就直接打算上市的成熟度可以高一些。反之，成熟度就要低一些。

二、蔬菜产品的采收标准

1. 硬度标准

经常用的成熟度标准是根据产品器官的硬度变化来确定的。由于蔬菜食用的部位不同，性质差异很大，成熟度的要求也不一致。硬度采收标准有不同的含义：一是表示蔬菜产品没有过熟过软，能耐储藏、耐运输、耐装卸，如番茄、辣椒等采收时要求有一定的硬度，成熟度太低食用品质就会不佳；二是表示蔬

菜发育良好，充分成熟，达到采收的质量标准；三是硬度过高表示食用品质下降，如莴笋、芥菜采收应在叶变硬之前，豌豆、四季豆和甜玉米都应在幼嫩时采收，硬度过高食用品质反而会下降。

2. 地上部生长情况标准

地上部生长情况、种子色泽、产品外表色泽、形态等也可以作为判定蔬菜成熟度、确定采收时期的标准。如马铃薯，当地上部分开始枯黄时，说明地下产品已经充分成熟，此时采收最为适合；番茄红熟初期即可采收催熟，远销时应该在绿熟期或者变色期采收。罐藏或者制酱的番茄宜在充分成熟期采收。

3. 其他标准

如马铃薯块茎皮易脱落，是成熟的象征；甜玉米在籽粒上有乳汁，穗丝变褐色时采收；以采收干种子为目的的菜豆，宜在荚壁变干但尚未裂开时采收；绿叶菜类如散叶莴笋，以植株有一定大小陆续采收为宜。

三、蔬菜产品的采收方法

由于蔬菜种类多，采收技术复杂，不同蔬菜产品对成熟度要求各异，不同蔬菜的采收方法各不相同，大致分徒手采收（图 3-1）、手工工具采收（图 3-2）、机械化采收（图 3-3）3 种。供鲜食的、多次采收的蔬菜必须有选择地采摘，且要避免机械损伤，以防运销过程中腐烂，多用手工采收。长蔓的豆类、瓜类及无限生长型的番茄等用支架栽培的，成熟期分散，产品部位及形状、大小差异很大的，带刺或者过软不耐碰的，都无法用机械采收。短蔓的豆类、瓜类，矮生的瓜类等结果部位集中，成熟期相对一致，果皮较厚而硬，能一次性采收的各种果菜，以及花椰菜、莴笋、豌豆等适合机械化采收。采收时间适宜在早晨至上午露水散尽时。

图 3-1　徒手采收

图 3-2　手工工具采收

图 3-3　机械化采收

四、蔬菜产品的采后处理技术

蔬菜产品的采后处理技术主要包括蔬菜产品的预冷、整理和清洗、涂被和催熟，以及分级等，可保持或改进产品品质，提高商品价值，减少浪费，增加效益，提高市场竞争力。不同的蔬菜品种所需的采后处理项目也不尽相同。

1. 预冷

预冷是指通过人工制冷的方法迅速除去蔬菜采收后带有的大量田间热，以延缓蔬菜的新陈代谢，保持新鲜状态。目前，国际上通常采用的预冷方法有冷风预冷（图 3-4）、真空预冷（图 3-5）、水预冷（图 3-6）和接触冰预冷（图 3-7）等，发达国家主要采用前两种。冷风预冷又分普通冷库预冷、送风式冷库预冷和差压式预冷 3 种。水预冷最常见的有浸水法、淋水法和流水法 3 种方式，但有许多不便之处，因而使用很少。真空预冷是在 0.6 kPa 低压下，借助于植物体内水分蒸发而冷却的一种方式，比较适用于叶类蔬菜。接触冰预冷常常是与长途运输结合在一起，将冰和菜按一定的比例和方式一起装在火车或汽车上进行冷却，适用于较耐低温的叶类菜（如芹菜和韭菜）。但这种方式也有不足之处，即

图 3-4　冷风预冷

图 3-5　真空预冷

装冰后，蔬菜货物的装载量会减少，冰融化后容易导致蔬菜的腐烂。

图 3-6　水预冷

图 3-7　接触冰预冷

预冷的目的是降低温度，但温度也不能降得过低，一般要求在 0 ℃以上，否则，结冰会使组织死亡。此外，有些蔬菜，如黄瓜、甜椒等的温度不能低于 10 ℃。

2. 整理和清洗

采收后，要进行整理，去掉叶类菜的老黄叶，根菜类的须根等不能食用部分(图 3-8)。清洗主要是洗掉表面的泥土、杂物和农药等(图 3-9)。但有的蔬菜不能水洗，如马铃薯水洗后就不耐贮运。蔬菜经过清洗后一定要晾干表面水分。

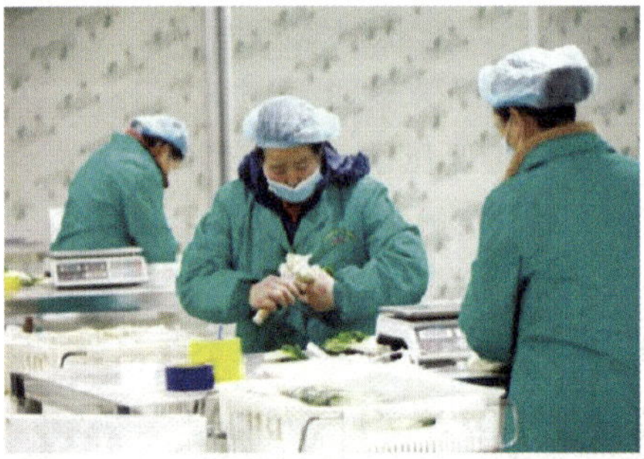

图 3-8　蔬菜整理

图 3-9　蔬菜清洗

通过整理和清洗后的“净菜”应符合下列标准：无残留农药；茎叶类菜无菜根；无枯黄叶；无泥沙；无杂物。

对各类蔬菜的“净菜”要求：

香料类，包括葱、蒜、芹菜等，不带泥沙、杂物，但可保留须根。

块根(茎)类，包括芋头、马铃薯、姜、红白萝卜等，去掉茎叶，不带泥沙。但红白萝卜可留少量叶柄。

瓜豆类，包括节瓜、西葫芦、黄瓜、冬瓜、南瓜、苦瓜、丝瓜、金瓜、菜豆、荷兰豆等，不带茎叶。

叶菜类，包括白菜、卷心菜、芥菜、茼蒿、生菜、菠菜、苋菜、西生菜、西洋菜、芥蓝、藤菜、小白菜等，不带黄叶，不带根，去菜头或根。

花菜类，包括菜花、西兰花等，无根，可保留少量叶柄。

芽菜类，包括大豆芽、绿豆芽等，去豆衣。

3. 涂被和催熟

(1)涂被　在水果的采后处理上很常见，主要是涂蜡和液态膜。发达国家在番茄和甜椒等果菜类的果实上涂蜡，抑制呼吸，防止水分蒸发和病菌侵染。

(2)催熟　主要是针对某些季节栽培的少数蔬菜品种，如秋季栽培番茄，后期温度较低，要从生理成熟达到商品成熟，需要进行人工催熟才能完成。目前多采用乙烯利处理，用 0.2%乙烯利浸果，浸后稍晾干，用薄膜覆盖密闭，保持 28 ℃，3～4 d 催熟。

4. 分级

分级是产品商品化、标准化的重要手段，并便于产品的包装和运输及市场的规范化管理。产品收获后根据大小、色泽、重量、成熟度、新鲜度、感病或机械损伤情况等商品性状，按照不同销售市场所要求的分级标准进行大小或品质分级。

分级的目的有两个：一是达到商品标准化；二是做到不同等级果实合理利用，达到效益最大化。

蔬菜的分级全国尚未有统一的标准，果蔬的分级主要根据品质和大小来进行，具体的分级标准因果蔬的种类和品种不同而异。品质等级一般是根据产品的形状、色泽、损伤及有无病虫害状况等分为特等、一等和二等。大小等级则是根据产品的重量、直径、长度等分为特大、大、中和小(常用英文代号 XL、L、M 和 S 表示)。

分级方法主要有人工分级(图 3-10)和机械分级(图 3-11)两种。

(1)人工分级　形状不规则和容易受伤的产品多用人工分级，如叶菜类蔬菜、草莓和蘑菇等；形状规则的产品也可用人工分级，如苹果、柑橘、番茄和马铃薯等；人工分级时应该首先熟悉分级标准，可用分级板、比色卡等作为分级参照物；人工分级效率较低，误差也较大，但机械伤较少。

(2)机械分级　机械分级常与挑选、洗涤、干燥、打蜡和装箱一起进行。

由于产品的形状、大小和质地差异很大，难以实现全部过程的自动化，一般采用人工与机械结合进行分选。

图 3-10　人工分级

图 3-11　机械分级

目前应用较多的是形状(大小)和重量分选机,近年来还开发了颜色分选机。

五、蔬菜的包装

蔬菜作为商品,应该有一定的包装,这是蔬菜商品化处理的一个重要环节,对保证蔬菜商品的质量有重要的作用。随着蔬菜商品生产发展和流通日趋商品化,人们对包装的要求也越来越迫切。合理的包装,可减轻贮运过程中的机械损伤,减少病害蔓延和水分蒸发,保证商品质量。包装一般分两大类,一类是运输包装(即流通过程中的包装),另一类是商品包装(即蔬菜在销售时的小包装)。近年来,运输蔬菜虽然实行了包装,但包装物粗糙,包装方法仍比较落后。蔬菜小包装上市在部分大城市开始试行,形成规模尚需时间。

1. 运输包装

目前,我国的运输包装种类很多,主要有板条箱(图 3-12)、竹筐(图 3-13)、塑料箱(图 3-14)、纸箱(图 3-15)、泡沫箱(图 3-16)和尼龙网袋(图 3-17)等。板条箱是运输果菜比较好的一种形式,但造价高,不易回收。竹筐多用于各类叶菜、花椰菜、菜豆和蒜薹运输包装,这在缺少冷藏车的条件下,是比较适合的。应根据不同蔬菜种类选择不同形状和大小的竹筐,还应在筐内衬一至二层清洁的纸屑或牛皮纸,以避免损伤。塑料箱是短途汽车运输比较理想的包装,几乎适用于各类蔬菜,它强度高,耐挤压,不易损伤,能很好地保护蔬菜商品质量。纸箱也逐渐成为比较普遍的包装容器,适用于多种蔬菜的包装运输,但在没有预冷和保温车的条件下,不宜使用纸箱包装。纸箱包装应避免雨淋、浸泡和结霜,最好选用具有防潮性能的瓦楞纸箱。麻袋(图 3-18)和编织袋(图 3-19)一般适合于不怕挤压的根茎类蔬菜,或一些体积小、重量轻的蔬菜,比如马铃薯、大蒜头、洋葱和萝卜。

图 3-12 板条箱

图 3-13 竹筐

图 3-14 塑料箱

图 3-15 纸箱

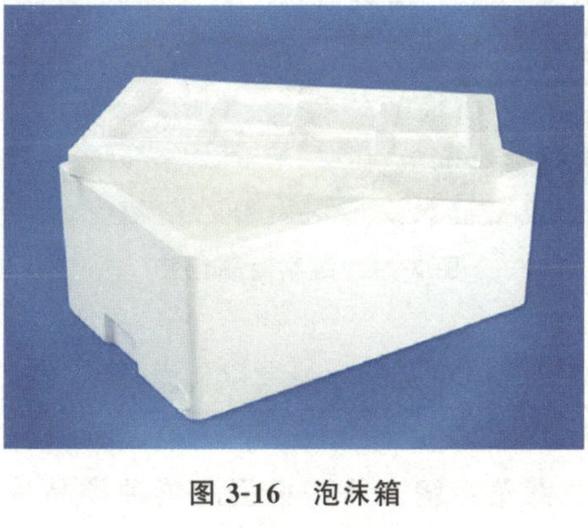
图 3-16 泡沫箱

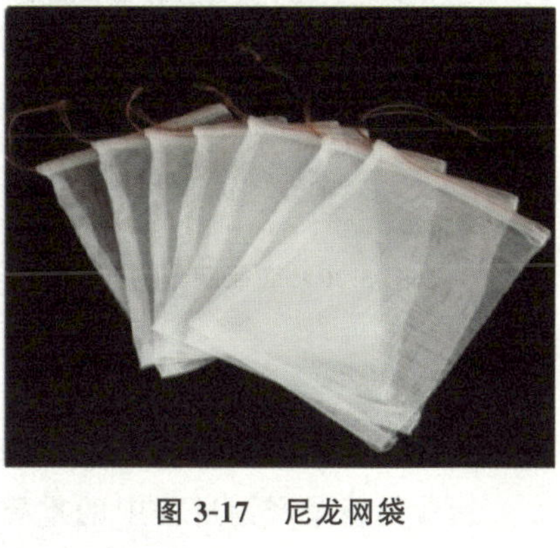
图 3-17 尼龙网袋

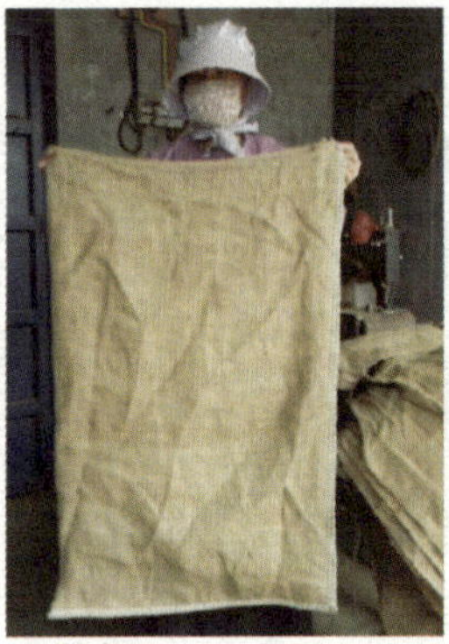

图 3-18　麻袋

图 3-19　编织袋

2. 商品包装

蔬菜的商品包装一般在产地和批发市场上使用，也有些在零售商店使用（图 3-20、图 3-21）。包装材料主要是塑料薄膜。实行商品包装可防止水分蒸发，保持蔬菜鲜嫩、美观，提高商品质量，便于消费者携带。蔬菜商品包装一般应遵循以下几点：一是蔬菜质量好，重量准确；二是尽可能使顾客能看清包装内部蔬菜的新鲜程度；三是避免使用有色包装来混淆蔬菜本身的色泽；四是对一些稀有蔬菜，应有营养价值和食用方法的说明。塑料薄膜包装一般透气性差，应打一些小孔，使内外气体交换，减少蔬菜腐烂。

图 3-20　商品蔬菜

图 3-21　蔬菜商品包装

六、蔬菜的运输

运输是蔬菜产销过程中的重要环节。蔬菜运输方式需根据蔬菜种类品种的特性而定。一般选择有利于保护商品、运输效率高且成本低廉，而又受季节、环境变化影响小的运输方式。铁路、公路、水路、航空、集装箱等各种运输方式均已被广泛采用，它们优势互补，已逐渐形成较完整的运输网络。

1. 铁路运输

动载量大，成本低，受季节变化影响小，虽中间环节多，灵活性、适应性差，但仍然是目前蔬菜运输的主要方式。适用于大宗蔬菜的中、长距离运输。

2. 公路运输

公路运输的交通工具是汽车，汽车运输方便灵活，可做到门对门服务，减少流通环节和装卸次数，加快流通速度。随着高速公路建设的不断发展，蔬菜运输有相当大一部分是依靠公路来完成的。公路运输应注意以下几点：

（1）车辆　用于长距离运输蔬菜的车辆，应以大型卡车为主，车况良好。车厢应为高帮，有顶篷，装车时不能用绳子勒捆、挤压，减少运输过程中的机械损伤。

（2）运输距离　一般来讲，常温下运输蔬菜应在 1 000 km 以内，24 h 内到达销售网点为好。各种蔬菜耐贮运的特性不同，有的蔬菜比较耐贮运，如马铃薯、胡萝卜等，有的蔬菜如叶类菜则不耐贮运，其装车运输数量、运输距离及时间各不相同。

（3）通风　一般不能散装。装车时要注意包装箱、筐、袋之间的空隙。车前和车的两边应留有通风口，不能盖得太严。行驶途中，夜间气温低时，可打开通风口，让冷凉空气带走蔬菜的呼吸热；当中午气温高时，则应关闭通风口。

3. 水路运输

成本低、较平稳、运载量大，但水运连续性差、速度慢，联运中要中转、装卸，也会增加货损。故它只适用于近距离运输以及耐运蔬菜或蔬菜加工制品的远距离运输。

4. 航空运输

速度快、保质好、受损小，但运输成本高，运量少。空运特别适于新鲜柔嫩、易受机械伤害而变质的高档次蔬菜，如石刁柏、鲜食用菌和结球生菜等，有时也为特需供应做特运。

5. 集装箱运输

可实现整件吊装，不仅会极大地提高装卸效率，更重要的是便于不同运输方式之间的联运，大有潜在的发展前景。

七、注意事项

1. 适时采收

蔬菜的采收可以根据蔬菜的成熟度来进行判断，一般蔬菜的成熟度可以分为生理成熟度、消费成熟度和采收成熟度。所谓生理成熟度，就是蔬菜正常生长需要的成熟程度,消费成熟度就是为了适应市场的需要来制定的成熟度的标准,采收成熟度就是根据农户的和菜贩的经验,根据蔬菜的大小、形状、颜色、硬度来衡量的,实际生产中一般按消费成熟度和采收成熟度两种来进行蔬菜采收时间的确定。

2.采收前断水

蔬菜采收前7～10 d应该安排断水,因为采收是贮存的第一步,如果采收前没有及时断水,贮存的时候会因含水量过高导致腐烂变质。

3.严格掌握各种农药的安全间隔期。

一般生物农药的安全间隔期为3～5 d,菊酯类农药为5～7 d,在生产前期可选用安全间隔期长的农药,采收期间要注意选用安全间隔期短的农药。

4.准备采收工具

采收的时候应该根据蔬菜的种类和特性,事先准备好采收的工具,比如说采收的篮子、箱子以及运输工具等。采收的过程中,蔬菜容易遭受机械伤害,因此蔬菜必须采用相对应的合适采收工具进行采收,一旦蔬菜上面产生伤口,就会影响蔬菜的贮存。

5.注意采收时间

蔬菜的采收最好是在一天内温度最低的时间进行,这个时候蔬菜的呼吸作用小,生理代谢缓慢,采收后由于采收所造成的不良反应也会降到最低。同时,环境温度比较低的话,蔬菜采收后携带的热量也比较低,适合蔬菜的贮存。

【经验交流】

1.运输过程中是否需要对蔬菜进行保鲜处理?如何处理?

运输过程中需要对蔬菜进行保鲜处理,主要是为了避免蔬菜的水分被蒸发掉以及保证蔬菜的细胞活力,延缓蔬菜衰老变质。常见的保鲜处理方法有:喷蜡处理、用保鲜纸或保鲜膜包裹,有时可能需要在蜡液或保鲜膜里添加防腐剂。

2.蔬菜进行防腐处理的目的是什么?如何进行防腐处理?

进行防腐处理,是为了抑制或者杀灭蔬菜表面的病原菌,降低储存过程中蔬菜快速腐烂的概率。防腐处理一般有三种方法:化学消毒剂浸泡清洗、射线辐射处理和化学药剂熏蒸。

项目二　商品蔬菜的安全溯源

一、蔬菜安全溯源的目的

蔬菜质量安全不仅关系到农业的发展,更关系到人类的身心健康。消费者在购买蔬菜时，通常只能凭借生活经验做出模糊判断和选择，因为蔬菜的质量安全是无法通过外观看出或准确推断的，消费者无法辨别所购买产品的安全信息。在这种大背景下，农产品安全追溯应运而生。通过实施质量安全追溯制，可增强蔬菜生产过程的透明度，让消费者了解蔬菜生产的质量安全与品质，在出现质量安全问题时，有利于快速召回问题蔬菜，并追究生产者和提供者的责任。

针对目前蔬菜供应链各环节分散、生产不规范、产品无标识、质量安全信息不透明等问题，有关专家把先进的农业物联网传感技术与产业实际需求进行深度融合，形成了一套涵盖生产规程、编码规范、数据中心、公共服务平台等安全蔬菜产销全程的溯源关键技术，实行从“生产基地—配送中心—连锁专营店—终端消费者”的全程供应链可视数字化管理和为消费者提供全过程可视追溯查询平台，建立了“从农田到餐桌”的全程追溯体系，让农产品的安全和品质看得见（图 3-22、图 3-23），让消费者“吃得安全、吃得放心”，切实保障广大人民群众“舌尖上的安全”。

图 3-22 贴有二维码的蔬菜

图 3-23 贴有条形码的甘蓝

二、蔬菜安全溯源的定义

溯源系统最初应用于汽车、飞机的质量追踪及产品召回中。目前在一些发达国家，已经形成较为完整的农产品安全追溯制度。所谓可溯源性，根据 ISO 8042 中的规定，认为其是根据已知的编码，对商品予以追踪、识别的能力。欧盟在其通过的《通用食品法》中规定：“可溯源性是在食品加工的所有阶段跟踪产品的能力。”蔬菜的安全溯源可以理解为利用信息识别技术，通过对蔬菜整个生产阶段的标识，对所有环节进行控制和跟踪。蔬菜追溯系统就是通过后台生成批量二维码，一物一码，即每个蔬菜产品的二维码都是独立的，商家把二维码贴在所销售的蔬菜产品包装上，并在蔬菜产品溯源后台设置二维码的内容信息，当消费者购买到贴有溯源标签二维码的蔬菜时（图 3-24、图 3-25），只需要扫描二维码就可以了解蔬菜的相关信息，如发现质量问题，可根据识别获得的信息，追踪问题所在，采取必要的反应措施。

图 3-24　贴有溯源标签二维码的豇豆

图 3-25　贴有溯源标签二维码的西葫芦

目前蔬菜安全的追溯管理主要有两种途径：一种是从源头开始，即从蔬菜种植、采收、加工、包装、贮藏、运输、销售等环节进行追踪，优点在于容易查找出现蔬菜质量问题的阶段；另一种是从销售终端开始逆向追溯，如消费者购买了有毒有害的蔬菜，向上追溯，最终确定问题出在哪里，在问题蔬菜召回方面该方法使用效果较好。实施质量安全追溯制，不仅大大增强了蔬菜生产者的责任心和蔬菜生产过程的透明度，而且让消费者放心。

三、蔬菜溯源方法原理

蔬菜溯源系统的建立能够全程监控记录蔬菜生产、加工、流通和消费等环节的信息。

溯源技术主要运用物理、化学、生物学的技术来区分产品的品种、栽培制度和产地来源，同时能鉴别产品的真伪。其特点是能获得产品在生产、加工过程中的全部信息。其作用包括鉴定产品的真实性、识别假冒伪劣产品、甄别特殊产品。

目前，世界上溯源技术主要运用电子编码识别技术，即将种植蔬菜的品种名称、田间管理、加工储藏、销售等从农田到消费者的各环节记录在案，自动形成条形码，通过条形码可查询各环节的有关信息。

蔬菜溯源系统有三个重要的功能，即信息的采集、传送、管理。对于数据采集过程，蔬菜种植者首先要保证采集数据的精确性及时效性。但在实际的蔬菜生产中，生产、加工等环节较多，有关数据的精确采集较难实现，因此需要建立一个科学的蔬菜溯源管理系统，做好信息的传送及管理等工作。

四、蔬菜安全溯源的关键技术

（一）建立安全蔬菜标准化生产技术体系

以蔬菜基地为依托，建立蔬菜质量及安全控制生产技术体系，以标准化的体系指导基地和农户进行蔬菜生产，从源头上保障蔬菜质量安全。

1. 生产技术标准化

在基地布设摄像探头与环境监测传感器，在平台上实现实时监控。通过严格的农药管控体系，规范农药使用操作，建立蔬菜生产田间档案管理制度，根据田间生产档案标准化管理要求，对蔬菜生产全过程（包括种子、农药、肥料等农业投入品的使用、田间管理、质量检测等关键措施以及产品销售等）进行记录。

2. 生产档案标准化

把已确定的田间档案记载内容，设计成操作便捷的田间生产档案标准化模块。台账信息记录每日由操作员上传至服务器，后台管理员根据视频监控记录核查农药使用及台账登记情况。准出蔬菜均被赋予条码信息，载明其品类规格、产地信息、使用农药情况、生产日期等相关信息，并上传至服务器。按照工作的要求，蔬菜生产信息及时上网并可通过二维码查询，确保蔬菜质量可追溯。

（二）构建蔬菜产销全程信息流通用模型

1. 构建蔬菜供应链信息流

开展蔬菜供应链分析，摸清蔬菜生产、加工、销售的一般流程，构建蔬菜产销全程信息流通用模型。根据蔬菜供应链分析，确定蔬菜供应链信息流的关键信息节点为“入货信息节点”“出货信息节点”和“销售信息节点”（图 3-26）。

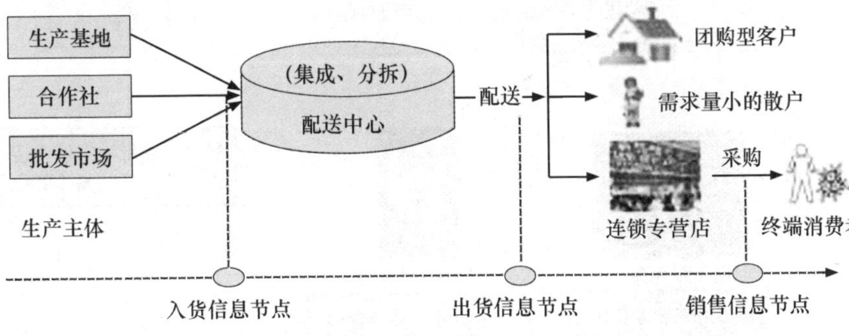

图 3-26　蔬菜全程溯源信息流

2. 构建溯源整体解决方案

蔬菜产品来源多样，产品入货来源信息和出货仓库信息往往难以对应；同时，蔬菜产品主要以散卖方式为主，缺乏规则的包装，消费者无从查询产品来源。针对这些问题，提出了溯源整体解决方案（图 3-27），利用 RFID（电子标签）、二维码、条码技术，打通入货、出货、销售 3 个节点的信息流，实现蔬菜产品产销全程溯源。

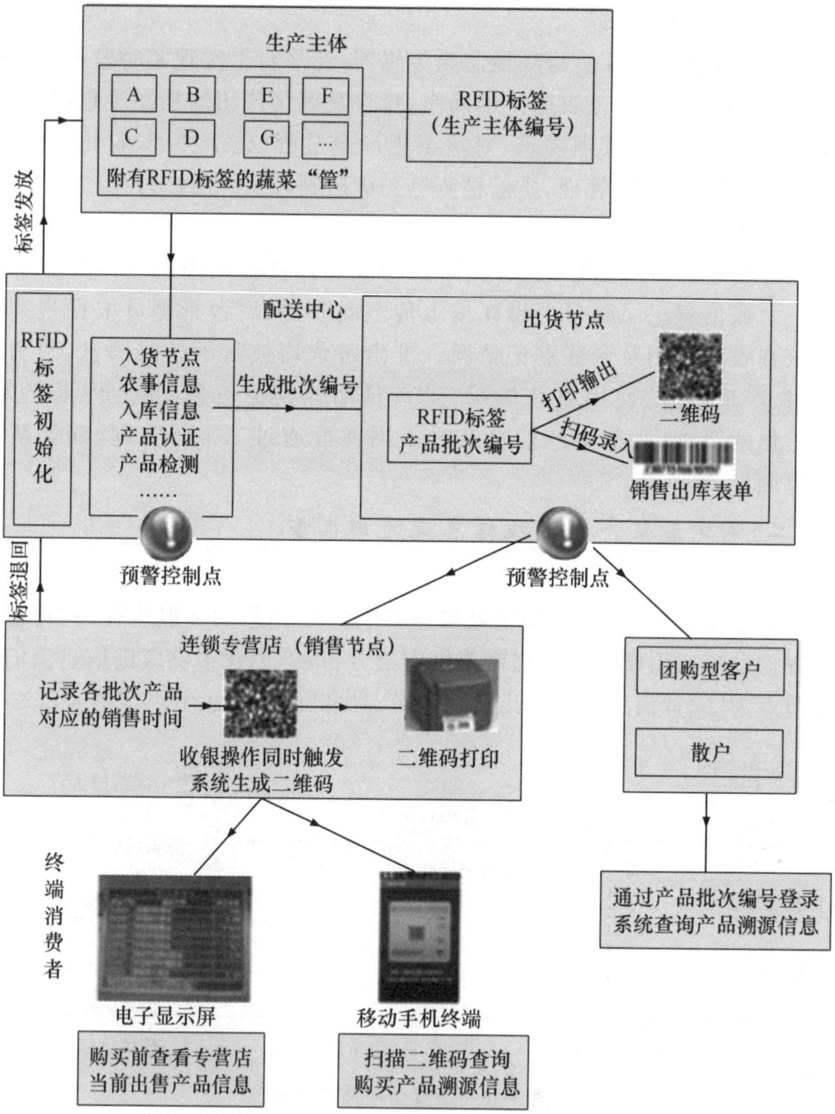

图 3-27 溯源整体解决方案流程

(三)制定蔬菜质量安全追溯信息采集规范

根据蔬菜产品溯源整体解决方案,明确各溯源节点的关键监测信息,制定蔬菜质量安全追溯信息采集规范,明确入货、出货、销售节点需要采集的溯源信息,制定蔬菜产品溯源编码操作设计。

1. 入货信息节点

采集生产主体信息、产品农事信息、产品入库信息和产品检测信息,入货时系统自动生成产品批次号:生产主体编号+入货时间+产品编号。配备RFID(电子标签),借助RFID设备快速识别标签并写入产品批次编号信息。

2. 出货信息节点

采集出货信息员、理货员、产品批次号信息。根据单号为销售出库单赋予条形码,使用PDA(智能巡检系统)先扫描原“筐”的RFID标签,再扫描出库单的条形码,将原“筐”产品批次信息录入销售出库单中。

3. 销售信息节点

采集销售信息员、导购员和销售时间信息。销售节点信息员在称重计价的同时,触发溯源系统进行二维码打印,顾客利用手机终端扫描,即可查询产品溯源信息。

(四)搭建蔬菜产销全程溯源平台

1. 系统物理架构设计

融合互联网、移动互联网、物联网等先进技术,设计系统物理架构。通过梳理生产、物流和销售各环节业务流程,针对蔬菜产品特点把蔬菜追溯系统分为4层,分别为感知层、网络层、数据层和应用层。

2. 系统功能模块设计

针对生产、配送和销售等环节的不同需要,设计蔬菜质量安全信息服务平台。平台主要有3个子系统构成,分别为生产管理系统、物流管理系统和溯源查询系统。

(五)构建农产品质量安全溯源系统

农产品质量平台的溯源系统由“农产品的信息、种植信息、产品加工信息、质量安全信息以及厂家资质信息”等组成,溯源系统登记了蔬菜的所有农事信息,每个商品都自身携带一张二维码“身份证”,客户只要扫一扫,就能了解到该产品的所有农事信息。

农产品溯源时需要借助二维码溯源系统来实现,一个农产品的溯源流程如下:①溯源码生成。借助二维码溯源系统,在线生成产品标签二维码,并编辑扫描二维码要显示的内容(例如:农产品的信息、种植信息、产品加工信息、质量安全信息以及厂家资质信息等)。②对农产品进行封袋包装,最后张贴借助二维码溯源系统生成的二维码(可以直接将溯源二维码印刷在农产品包装袋上,图3-28)。③消费者通过第三方软件(如微信、QQ等)扫描农产品包装袋上的溯源二维码,进行农产品的信息溯源。

1. 产品

对于基地出产的蔬菜,溯源系统登记了蔬菜的所有农事信息。产品信息由名称、描述、备注、图片和证书等部分组成。每个产品均有详细的批次记录,记录该批次出产的蔬菜,从种子到采收期的所有详细信息,主要内容包括播种日期、产地、采收量、农药使用记录、肥料使用记录、农残检测报告等。该部分内容由基地技术员负责更新,每采收一批次产品,3 h内更新完毕。

2. 产地

此内容主要为种植基地的基本情况,包括产地名称、产地编号、产地地址、基地基本情况描述、基地图片和相关证书等。

3. 二维码管理

每一个二维码均有编号,操作人员根据贴标的实际数量,登记使用的二维码编号,即可激活相应的二维码。

蔬菜产品全程质量安全追溯体系的建立,有利于实现蔬菜生产全程的“生产有记录、信息可查询、流向可跟踪、责任可追究”的精细化管理和蔬菜生产加工过程的可视化管理,提升销售蔬菜产品质量的可信度、农产品企业产品的品牌形象。同时,通过采取先进的信息化管理技术和标准化管理手段,在一定程度上减少了化肥、农药等农业投入品的使用量,可减轻环境污染,提高管理效率,实现社会效益、经济效益和生态效益“三丰收”。

图 3-28 产品标签二维码

【经验交流】

1. 什么是蔬菜的安全溯源？

蔬菜的安全溯源可以理解为利用信息识别技术，通过对蔬菜整个生产阶段的标识，对所有环节进行控制和跟踪。蔬菜追溯系统就是通过后台生成批量二维码，一物一码，即每个蔬菜产品的二维码都是独立的，商家把二维码张贴在所销售的蔬菜产品包装上，并在蔬菜产品溯源后台设置二维码的内容信息，当消费者购买到张贴有溯源标签二维码的蔬菜时，只需要扫描二维码就可以了解蔬菜的相关信息。如发现质量问题，消费者可根据识别获得的信息，追踪问题所在。

2. 农产品溯源的大体流程是什么？

农产品溯源一般都需要借助二维码溯源追溯系统来实现，实现一个农产品溯源的大体流程是这样的：

(1)溯源码生成。借助二维码溯源系统，在线生成产品标签二维码，并编辑扫描二维码要显示的内容(例如：农产品的信息、种植信息、产品加工信息、质量安全信息以及厂家资质信息等)。

(2)对农产品进行封袋包装，最后借助二维码溯源系统生成的二维码(可以直接将溯源二维码印刷在农产品包装袋上)。

(3)消费者通过第三方软件，如微信、QQ 等，扫描农产品包装袋上的溯源二维码，进行农产品的信息溯源。

3. 如何制定蔬菜质量安全追溯信息采集规范？

根据蔬菜产品溯源整体解决方案，明确各溯源节点的关键监测信息，制定蔬菜质量安全追溯信息采集规范，明确入货、出货、销售节点需要采集的溯源信息，制定蔬菜产品溯源编码操作设计。

(1)入货信息节点　采集生产主体信息、产品农事信息、产品入库信息和产品检测信息，入货时系统自动生成产品批次号：生产主体编号＋入货时间＋产品编号。配备 RFID(电子标签)，借助 RFID 设备快速识别标签并写入产品批次编号信息。

(2)出货信息节点　采集出货信息员、理货员、产品批次号信息。根据单号为销售出库单赋予条形码，使用 PDA(智能巡检系统)先扫描原“筐”的 RFID 标签，再扫描出库单的条形码，将原“筐”产品批次信息录入销售出库单中。

(3)销售信息节点　采集销售信息员、导购员和销售时间信息。销售节点信息员称重计价，同时触发溯源系统进行二维码打印，顾客利用手机终端扫描，即可查询产品溯源信息。

4. 农产品质量平台溯源系统的组成是什么？

溯源系统由“农产品的信息、种植信息、产品加工信息、质量安全信息以及厂家资质信息”等组成，溯源系统登记了蔬菜的所有农事信息，每个商品都自身携带一张二维码“身份证”，客户只要扫一扫，就能了解到该产品的所有农事信息。

(1)产品　对于基地出产的蔬菜，溯源系统登记了蔬菜的所有农事信息。产品信息由名称、描述、备注、图片和证书等部分组成。每个产品均有详细的批次记录，记录了该批次出产的蔬菜从种子到采收期的所有详细信息，主要内容包括播种日期、产地、采收量、农药使用记录、肥料使用记录、农残检测报告等。该部分内容由基地技术员负责更新，每采收一批次产品，3 h 内更新完毕。

(2)产地　此内容主要为种植基地的基本情况，包括产地名称、产地编号、产地地址、基地基本情况描述、基地图片和相关证书等。

(3)二维码管理　每一个二维码均有编号，操作人员根据贴标的实际数量，登记使用的二维码编号，即可激活相应的二维码。

模块四

果菜类蔬菜绿色生产及防控

项目一　茄果类蔬菜工厂化生产

子项目一　日光温室番茄栽培

番茄，又名“西红柿”，是深受群众喜爱的一种蔬菜，可以熟食，也可作为水果生食或用于加工。它营养丰富，含有维生素、矿物盐、有机酸等人体所需要的养分。新疆各地均有较大面积的栽培，是主要的春、夏菜之一。

一、栽培茬口与品种

温室春提早茬：12 月中下旬播种育苗，2 月下旬至 3 月上旬定植，5 月中旬进入始收期。

温室秋延晚茬：5 月下旬至 6 月上旬播种育苗，6 月下旬至 7 月上旬定植，10 月上旬进入始收期。

选择优质、高产、抗病虫害、抗逆性强、耐贮运、商品性及食用价值好的品种。

二、育苗

1. 温室消毒

使用前 10～15 d，进行育苗空间消毒，每 667 m^2 用硫黄粉 1 kg 加适量锯末，混匀后分堆点燃，封闭一昼夜再通风，无味时待用。

2. 种子处理

(1)种子消毒　播种前 1～2 d,选择晴天上午,将种子摊开在报纸或棉布上,忌暴晒,放在背风向阳处,晒 2～3 h 即可。用 55 ℃温水浸种 10～15 min,不断搅拌,当水温降至 30 ℃时停止搅拌,再浸泡 3～4 h,可预防真菌病害;50%多菌灵可湿性粉剂用种子量的 0.4%拌种,可预防真菌性病害;用 10%磷酸三钠溶液常温下浸种 20 min,用清水洗净再浸种催芽,可预防病毒病。

(2)催芽　浸种后将种子用湿纱布或湿毛巾包好,放于 28～30 ℃处催芽,每天用温水淘洗种子 2 次,洗净黏液后将种子摊开透气 10 min。当 80%的种子芽尖露白即可播种。

3. 穴盘基质无土育苗

选择 72 孔穴盘,每 1 000 盘需消毒基质 4.5 m^3,预湿装盘,每穴播种 1 粒(图 4-1)。播种后覆膜。出苗前保持 30 ℃左右温度利于出苗,出苗后 5～7 d 降温至 18～20 ℃防徒长,此后幼苗生长期间掌握气温 25 ℃左右;保持基质湿润状态,基质含水量出苗前 85%～90%,出苗后 60%～75%,出盘前 45%～60%,幼苗 3～4 片叶即可定植(图 4-2)。

图 4-1　番茄穴盘播种

图 4-2　番茄壮苗

4. 营养土育苗

营养土选用无病虫源细干园土、腐熟有机肥按 7∶3 比例充分混匀,每 100 kg 营养土中加入 30～50 g 的 40%多菌灵可湿性粉剂,充分混匀。播种前 2～3 d 在苗床内装上床土整平床面,浇透底水后及时覆膜提高地温。播种时再喷洒一遍温水,待水渗透后,在苗床表面撒一层细土,将配制好的药土 2/3 均匀铺在播种床上。播种后先将剩余的 1/3 药土盖在种子上,然后覆土 0.5～1 cm。覆土后立即用地膜覆盖床面保温保湿,当有 70%种子出苗时,及时揭开薄膜。

5. 壮苗标准

温室春提早幼苗苗龄 50～60 d，幼苗株高 20～25 cm，7～8 片叶，普遍显蕾，根系发达，植株无病虫害，无机械损伤。秋延晚茬幼苗苗龄 25～30 d，嫁接苗苗龄 40～45 d，株高 15～20 cm，下胚轴 2～3 cm，茎粗 0.4～0.6 cm，节间短，呈绿色，4 叶 1 心，根系发达，植株无病虫害，无机械损伤（图 4-3、图 4-4）。

图 4-3　番茄嫁接苗

图 4-4　番茄双断根嫁接苗

三、定植

1. 土地选择

选择土层深厚、通气性好的壤土或沙壤土地块，以 pH 在 6～7 的中性或微酸性土壤为宜，要求土壤肥沃、富含有机质，有良好的排灌条件，前茬作物以苜蓿、玉米、小麦、油菜、加工番茄等为宜，不宜选择前茬种植茄果类、瓜类蔬菜的地块。

2. 整地施肥定植

结合深翻每 667 m^2 施入腐熟有机肥 4 000～5 000 kg、生物菌肥 800～1 000 kg、磷酸二铵 40 kg 或过磷酸钙 50 kg、硫酸钾 20～25 kg 作为基肥，将肥料拌匀，先将 2/3 耕翻于地下，深翻 25～30 cm，耙平整细，再将剩余的 1/3 沟施于定植行下，起垄（图 4-5）。覆膜定植：按 1.3 m 宽做畦，垄宽 8 cm，膜上垄距 50 cm，垄高 25 cm，畦高不超过 10 cm，每畦栽两行，株距 35～40 cm，栽后覆膜（图 4-6）。低温季节选晴天定植，高温季节选阴天或傍晚定植。

四、田间管理

1. 温度与光照

春提早茬番茄定植 3～4 d 内不通风，温度 30 ℃左右，超过 33 ℃通风；定植后缓苗前白天温度 20～30 ℃，超过 30 ℃时在温室顶部开小口放风；缓苗后通

图 4-5　番茄整地起垄

图 4-6　番茄覆膜定植

风降温，白天 20～25 ℃，夜间 15～17 ℃；结果期白天温度 20～25 ℃，避免出现 32 ℃以上的高温，前半夜 10～13 ℃，后半夜 7～10 ℃。春提早茬番茄 3 月中旬以后，要加强放风，严防高温。晴暖天气早揭晚盖，晴冷天气早揭早盖，阴冷天气晚揭早盖，久阴乍晴回盖防晒。春季外界气温稳定在 15 ℃以上，可以不盖棉被，风口全部打开，昼夜通风。

秋延晚茬定植后利用遮阳网降温，当外界气温降到 15 ℃以下时，将温室棚膜放下固定好，白天放风，晚上闭风。当温室内气温低于 10 ℃时，要加盖草帘或棉帘。开始早揭晚盖，随外界气温下降，逐渐减少放风时间，缩小放风口，最后则基本不放风。

2. 植株调整

采用单杆整枝；在植株 30 cm 以上时，及时用塑料绳吊蔓，以后及时将植株的顶部缠绕在吊绳上(图 4-7)；侧枝长达 6～8 cm 时选晴天掰去侧枝，生长过程中及时打杈。在第一穗果绿熟期后，摘去其下部叶片，及时摘去枯黄有病斑或功能差的老叶(图 4-8)。

图 4-7　番茄植株吊蔓

图 4-8　摘去第一穗果下部叶

3. 保花保果

防止出现白天高于 32 ℃，夜间高于 20 ℃，或低于 15 ℃的温度；空气相对湿度保持在 45%～75%，增加光照，提高坐果率。当番茄开花量达到 15%～25%或果穗有 2～3 朵小花开放时，利用蜂类授粉、振荡器授粉（图 4-9）或人工授粉保花保果。

4. 疏花疏果与摘心

根据番茄品种的果实大小，适当疏果（图 4-10）。根据番茄品种特性和植株生长情况，当达到 4～7 个果穗时，在最上一穗果上留 2 片叶摘心打顶（图 4-11）。

图 4-9　番茄振荡器授粉

图 4-10　番茄疏果

5. 中耕与水分管理

定植时浇足定植水。早春低温弱光照时，若不特别干旱，在第一穗花坐果前一般不浇水，在缓苗后进行第一次中耕，搭架前再浅中耕 1 次。当全田 70%的第一穗果呈核桃大时开始浇头水，以后每隔 15 d 左右浇 1 次水。秋延晚到后期不放风时，停止浇水，采摘前 7～10 d 摘去下部老叶（图 4-12）。

图 4-11　留 2 片叶摘心打顶

图 4-12　摘去下部老叶

6. 追肥

定植后 10～15 d 第一穗果坐住前，每 667 m^2 追施尿素 5～8 kg、硫酸钾 5～10 kg 或肥量相当的复合肥 10～15 kg。结合浇头水，冲施全水溶性肥料，前期氮、磷、钾配合，中后期以氮、钾肥为主，10～15 d 浇水 1 次，保持土壤湿润不干，施肥量应视肥料种类不同分别确定。在开花期和结果初期的晴天清晨，增施 800～1 000 cm^3/m^3 二氧化碳气肥，结果中后期每 10～15 d 叶面喷施 0.3%～0.5%磷酸二氢钾和 0.5%氯化钙溶液 2～3 次。

五、病虫害防治

番茄病害主要有灰霉病、叶霉病、晚疫病、早疫病，虫害主要有蚜虫、斑潜蝇、棉铃虫等。坚持以“农业防治、物理防治、生物防治为主，化学防治为辅”的治理原则，轮换用药，遵守《绿色食品　农药使用准则》(NY/T 393—2020)，按其附录 A 选择使用农药，严格控制农药安全间隔期。

1. 农业防治

选用高抗多抗品种；培育适龄壮苗，提高抗性；严格轮作，合理间作套种；加强中耕除草，秋季深翻晒土，清洁田园，控制好不同生育时期温度和空气湿度，保证适宜的肥水、充足的光照和二氧化碳，合理放风和辅助加温，严防积水。

2. 物理防治

温室内运用黄板或蓝板诱杀害虫(图 4-13)，悬挂黄色粘虫板 30～40 块/667 m^2。放风口及温室入口使用 30 目防虫网隔离害虫，以诱杀蚜虫、斑潜蝇、白粉虱等。春提早番茄收获后，将温室土壤深翻，盖上棚膜，高温闷棚 7～10 d。

3. 化学防治

(1)灰霉病(图 4-14)　发病初期用 40%嘧霉胺可湿性粉剂 500 倍液喷雾防治。

图 4-13　黄板和蓝板诱杀害虫

图 4-14　番茄灰霉病侵染花果

(2)叶霉病(图 4-15、图 4-16)　发病初期每隔 10 d 左右,用 2%武夷菌素水剂 100～150 倍液,或 60%多菌灵可湿性粉剂 600 倍液喷雾防治。

图 4-15　番茄叶霉病叶背面症状

图 4-16　番茄叶霉病症状

(3)早疫病(图 4-17)　发病初期用 72%霜脲锰锌可湿性粉剂 600 倍液,或 72.2%霜霉威水剂 700 倍液,或 50%嘧菌酯水分散粒剂 2 000 倍液喷雾防治。

图 4-17　番茄早疫病

(4)蚜虫(图 4-18)　在发生初期,喷洒苦参碱 1%醇溶液 800 倍液,或喷洒 3%啶虫脒乳油 40～50 $g/667\ m^2$,注意要喷洒在叶背面。

(5)斑潜蝇(图 4-19)　在初发阶段用 5%氟虫脲乳油 2 000 倍液喷雾。

(6)棉铃虫　在棉铃虫 2 龄幼虫发生前,喷洒 2.5%氟氯氰菊酯乳油 5 000 倍液(熊蜂授粉勿用),或 2.5%联苯菊酯乳油 3 000 倍液(熊蜂授粉勿用)。在棉铃虫卵高峰后 3～4 d 和 6～8 d 连续喷洒 2 次苏云金芽孢杆菌制剂或棉铃虫核型多角体病毒。

图 4-18 蚜虫

图 4-19 斑潜蝇危害症状

六、采收

采收早期的番茄由开花到果实成熟需 40～50 d，早熟品种和后期温度较高时，时间短些。番茄果实的成熟过程，可分为白熟期（又称“青熟期”，果已长足）、变色期（果实起红线）、坚熟期（果实 3/4 变红或变黄）、完熟期（果实已变软）。在番茄成熟过程中，茄红素、叶黄素、胡萝卜素的含量增加，而叶绿素减少。成熟后果实酸度及淀粉减少，糖分增加。一般于果实变色期收获，既可保证质量，也便于贮运。

【经验交流】

1. 番茄栽培中有效的农业防治手段有哪些？

（1）选用高抗多抗品种；培育适龄壮苗，提高抗性；严格轮作，合理间作套种；加强中耕除草，秋季深翻晒土。

（2）清洁田园。番茄收获后全面清理田间茎秆，清扫病残枝叶并集中处理。生长中定期摘除田间病残枝叶。

（3）科学施肥。增施充分腐熟的有机肥，改善土壤的物理化学性质，增强土壤的透气性，促进作物根系的健康生长。

（4）加强田间温湿度管理。控制好不同生育时期温度和空气湿度，保证适宜的肥水，合理放风和辅助加温，防止田间积水。

2. 番茄病虫害物理防治有哪些方法？

（1）黄板、蓝板诱杀。田间、设施内悬挂黄色粘虫板诱杀蚜虫、斑潜蝇、飞虱等害虫。粘虫板规格 25 cm×40 cm，悬挂 30～40 块/667 m^2。温室放风口及温室入口使用 30 目防虫网隔离害虫。

（2）银灰色膜驱避或诱杀。铺银灰色地膜或张挂银灰色膜条避蚜虫，每 60 m^2 悬挂 40 cm×40 cm 的银灰色膜一张。

(3)杀虫灯诱杀。利用频振式杀虫灯诱杀鞘翅目、鳞翅目等害虫;杀虫灯悬挂高度一般为灯的底端离地 1.2 ~1.5 m,每 1 hm^2 悬挂 1 盏。

(4)高温闷棚。春提早番茄收获后,将温室土壤深翻,盖上棚膜,高温闷棚 7～10 d。

3.设施番茄如何进行温度调控?

(1)春提早茬番茄定植 3～4 d 内不通风,温度 30 ℃左右,超过 33 ℃通风;定植后缓苗前白天温度 20～30 ℃,超过 30 ℃时在温室顶部开小口放风;缓苗后通风降温,白天 20～25 ℃,夜间 15～17 ℃;结果期白天温度 20～25 ℃,避免出现 32 ℃以上的高温,前半夜 10～13 ℃,后半夜 7～10 ℃。春提早茬番茄 3 月中旬以后,要加强放风,严防高温。晴暖天气早揭晚盖,晴冷天气早揭早盖,阴冷天气晚揭早盖,久阴乍晴回盖防晒。春季外界气温稳定在 15 ℃以上,可以不盖棉被,风口全部打开,昼夜通风。

(2)秋延晚茬定植后利用遮阳网降温,当外界气温降到 15 ℃以下时,将温室棚膜放下固定好,白天放风,晚上闭风。当温室内气温低于 10 ℃时,要加盖草帘或棉帘。开始早揭晚盖,随外界气温下降,逐渐减少放风时间,缩小放风口,最后则基本不放风。

子项目二　日光温室辣椒栽培

辣椒为茄科辣椒属植物,为一年或有限多年生草本植物。原产于中拉丁美洲热带地区,明朝末年传入我国,至今已有 300 余年的栽培历史。辣椒在我国南北各地普遍栽培。辣椒果实通常呈圆锥形或长圆形,未成熟时呈绿色,成熟后变成红色、绿色或紫色,以红色最为常见。辣椒的果实因果皮含有辣椒素而有辣味,能增进食欲。辣椒中维生素 C 的含量在蔬菜中居第一位。

一、栽培茬口与品种

春提早茬:12 月上旬育苗,2 月下旬至 3 月上旬定植,5 月中下旬收获。秋延晚茬:6 月上旬育苗,7 月下旬定植,9 月下旬收获。品种可依据当地气候、消费习惯、市场需求选择。

二、育苗

1.温室消毒

使用前 10～15 d,进行育苗空间消毒,每 667 m^2 用硫黄粉 1 kg 加适量锯末,混匀后分堆点燃,封闭一昼夜再通风,无味时待用。

2. 种子处理

(1)晒种　播种前 1～2 d，选择晴天上午，将种子摊开在报纸或棉布上，忌暴晒，放在背风向阳处，晒 2～3 h 即可。

(2)浸种　用 55 ℃温水浸种 10～15 min，不断搅拌，当水温降至 30 ℃时停止搅拌，再浸泡 3～4 h，可预防真菌病害；50％多菌灵可湿性粉剂用种子量的 0.4％ 拌种，也可预防真菌性病害；用 10％磷酸三钠溶液常温下浸种 20 min，用清水洗净再浸种催芽，可预防病毒病。

(3)催芽　将浸种后的种子用湿纱布或湿毛巾包好，放于 28～30 ℃处催芽，每天用温水将种子淘洗 2 次，洗净种皮上的黏液，洗后将种子摊开透气 10 min。当 80％的种子芽尖露白即可播种。

3. 穴盘基质无土育苗(图 4-20)

选用 72 穴或 50 穴塑盘，每 1 000 盘需基质 4～4.5 m^3。播种前先将基质预湿，含水量 60％左右，然后装盘，装满刮平待播种。每穴播 1 粒种子，点播于穴中心，深度 1 cm 左右，播种后覆膜。出苗前保持气温 30 ℃左右出苗，出苗后 5～7 d 降温至 18～20 ℃防徒长，此后幼苗生长期间掌握气温 25 ℃左右；保持基质湿润状态，基质含水量出苗前 85％～90％，出苗后 60％～75％，出盘前 45％～60％，秋延晚育苗加盖遮阳网。

4. 营养土或营养袋育苗

营养土选用无病虫源细干园土、腐熟有机肥按 7∶3 比例充分混匀，每 100 kg 营养土中加入 30～50 g 的 40％多菌灵可湿性粉剂，充分混匀。播种前 2～3 d 在苗床内装上床土整平床面，浇透底水后及时覆膜提高地温。播种时再喷洒一遍温水，待水渗透后，在苗床表面撒一层细土，将配制好的药土 2/3 均匀铺在播种床上。播种后先将剩余的 1/3 药土盖在种子上，然后覆土 0.5～1 cm。覆土后立即用地膜覆盖床面保温保湿。也可将配好的营养土填装到营养袋，辣椒苗 2～3 叶时分苗到营养袋，进行苗床管理(图 4-21)。

图 4-20　辣椒穴盘育苗

图 4-21　辣椒营养袋育苗

5. 苗期管理

当春提早育苗中有70%种子出苗时，揭除薄膜，在床面覆0.3 cm厚细土，防止床土表层裂缝。幼苗出齐后，降低床温，温度管理做到白天高，夜间低，晴天高，阴天低。土温一般控制在20 ℃左右。分苗前3～4 d进行低温炼苗，幼苗3～4片真叶时分苗至苗床或营养钵内，分苗后3～5 d内提高床温，遇高温和强光时，用棉帘适当遮光。秋延晚苗期采用遮阳措施防蚜虫、高温和病毒病。

三、定植

1. 温室消毒

春提早使用前10～15 d，进行温室消毒，每667 m^2用硫黄粉1 kg加适量锯末，混匀后分堆点燃，封闭一昼夜再通风。秋延晚茬高温闷棚5～7 d。

2. 整地施肥起垄

产地要符合绿色食品产地环境技术条件的要求。生产场地应清洁卫生，地势平坦，排灌方便，土壤疏松肥沃、土层深厚，地下水质及空气质量良好。结合深翻每667 m^2施入腐熟有机肥4 000～5 000 kg、磷酸二铵40～50 kg、硫酸钾20～25 kg，深翻25～30 cm，耙平整细，起垄覆膜，垄宽70 cm，垄距50 cm，垄高30～35 cm。

3. 定植

垄上双行双株定植，株距30～40 cm，保苗6 000～8 000株/667 m^2；定植时每穴浇定植水1 kg左右。

4. 缓苗期管理

春提早定植后3～5 d浇缓苗水1次，缓苗后控水15～20 d，缓苗期间不放风，在夜间扣小棚，白天28～32 ℃，夜间18～20 ℃。如遇降温，及时生火加温，保持夜间温度在10 ℃以上。缓苗后中耕松土蹲苗20 d左右，春提早定植，密闭温室高温缓苗，秋延晚定植后立即浇水，用遮阳网防晒预防病毒病，视墒情连续灌水2～3次，直到完全缓苗。此期以控为主，控上促下，控制地上部分徒长，促进根系发育。

四、田间管理

1. 温度与光照

开花结果期保持室内白天25～28 ℃，夜间15～20 ℃，空气相对湿度40%～45%。结果期白天25～30 ℃，夜间15～18 ℃。揭盖棉被或草帘做到晴暖天气早揭晚盖，晴冷天气早揭早盖，阴冷天气晚揭早盖，久阴乍晴回盖防晒，室内极限温度不低于 15 ℃，不高于 35 ℃，覆盖不超一昼夜。春提早茬春季外界气温稳定在 15 ℃以上，可以不盖棉被，将底部薄膜推到温室肩部 1.5 m 处，昼夜放风。秋延晚 8 月底 9 月初夜温低于 15 ℃时，夜间应放下底部薄膜，白天温度保持在 25～30 ℃，夜间 16～18 ℃。当夜温低于 10 ℃时，开始覆盖草帘或棉被。10 月份以后以防寒保温为主，夜温不低于 15 ℃。若遇阴雪天气，雪停后立即清扫或者揭草帘或棉被。

2. 水肥管理

定植前浇透底水，定植后控水蹲苗，全田 70%门椒达到采收标准时始浇头水，一般 10～15 d 浇水 1 次，每次浇水深至沟深的 1/2 保持土壤湿润即可。进入盛果期追肥 2～3 次，分别在对椒、四母斗和八面风辣椒坐住后进行，每 15 d 随水追施 1 次肥料，氮磷钾大量元素水溶肥料与生物有机肥、腐熟有机液体肥料交替施用(施肥量应视肥料种类不同分别确定)。在开花期和结果初期的晴天清晨增施 800～1 000 cm^3/m^3 二氧化碳气肥，结果中后期每 10～15 d 叶面喷施 0.3%～0.5%磷酸二氢钾溶液和 0.2%氯化钙溶液 2～3 次。

3. 植株调整

为避免枝叶过于繁茂，增加通风透气，温室辣椒应及时进行植株调整，要尽早打去门椒以下的侧枝。进入盛果期后，应及时去除下部老叶、黄叶，剪掉部分老枝和徒长枝条，如生长过密，可适当剪除空枝条。生长中后期拦绳扶蔓以防倒伏(图 4-22、图 4-23)，部分甜椒等高大植株要吊绳绑蔓。

图 4-22　辣椒吊蔓

图 4-23　辣椒吊蔓固定

4. 保花保果

防止出现白天高于 30 ℃，夜间高于 23 ℃，或低于 16 ℃的温度；空气相对湿度保持在 45%～75%，增加光照，提高坐果率。利用蜂类和人工授粉促花保果，当开花量达到15%～25%或果穗有2～3朵小花开放时，进行放蜂（蜜蜂、熊蜂或人工授粉，机械人工授粉）。采用熊蜂授粉的温室要严格执行《设施果蔬熊蜂授粉技术规范》和《化学农药与熊蜂的相容性》等技术操作。

五、病虫害防治

辣椒主要病害有疫病、病毒病、白粉病等；辣椒主要虫害有白粉虱、蚜虫、棉铃虫等。坚持以"农业防治、物理防治、生物防治为主，化学防治为辅"的治理原则，轮换用药，遵守《绿色食品 农药使用准则》（NY/T 393—2020），按附录选择使用农药，严格控制农药安全间隔期，每种农药生长期只能使用1次。

1.农业防治

选用高抗多抗品种；培育适龄壮苗，提高抗性；严格轮作，合理间作套种；加强中耕除草，秋季深翻晒土，清洁田园，控制好不同生育时期温度和空气湿度，保证适宜的肥水、充足的光照和二氧化碳，合理放风和辅助加温，深沟高畦栽培，严防积水。

2.物理防治

温室内运用黄板诱杀病虫，悬挂黄色粘虫板30～40块/667 m^2，定期清除黏附的蚜虫。在温室内悬挂银灰色反光膜条，或用银灰色遮阳网覆盖棚室可减轻蚜虫为害。放风口及温室入口使用30目防虫网隔离害虫，以诱杀蚜虫、斑潜蝇、白粉虱等。辣椒收获后，将温室土壤深翻，盖上棚膜，高温闷棚7～10 d。

3.化学防治

（1）疫霉病（图4-24）　发病初期每隔10 d左右用25%甲霜灵可湿性粉剂300倍液，或30%噁霉灵800倍液喷灌根，每株灌药液量150～200 mL，7～10 d灌根1次，连续灌根2～3次。

（2）病毒病（图4-25）　播种前用10%磷酸三钠浸种30 min，再用清水搓洗；苗期用83增抗剂100倍液叶面喷洒一次，或20%病毒A可湿性粉剂600倍液，或1.5%植病灵乳油1 000倍液，每隔5～7 d喷洒1次，连喷2～3次。

（3）白粉病（图4-26）　可用50%嘧菌酯水分散粒剂2 000倍液，或30%氟菌唑可湿性粉剂1 500～2 000倍液喷雾防治，5～7 d喷施1次。

（4）蚜虫（图4-27）　及早喷洒农药防治，将蚜虫消灭在初发阶段。在发生初期，喷洒苦参碱1%醇溶液800倍液，或10%吡虫啉可湿性粉剂1 200～1 500倍液，或喷洒3%啶虫脒乳油40～50 mL/667 m^2，注意要喷洒在叶背面。注意交换用药。

（5）蓟马（图4-28、图4-29）　利用蓟马趋蓝色的习性，在田间设置蓝色粘板，诱杀成虫，粘板高度与作物持平。根据蓟马昼伏夜出的特性，建议在下午用

图 4-24　辣椒疫霉病

图 4-25　辣椒病毒病

图 4-26　辣椒白粉病

图 4-27　蚜虫为害辣椒

图 4-28　蓟马为害辣椒花朵

图 4-29　蓟马为害辣椒嫩梢

药。常规使用吡虫啉、啶虫脒等药剂，防效逐步降低后，使用 25%噻虫嗪水分散粒剂 3 000～5 000 倍灌根，减少病毒病的发生，同时减少地下害虫危害。高抗性蓟马种类繁杂，抗性奇强，使用艾绿士＋虫螨腈＋唑虫酰胺复配型产品，防治效果较好。蓟马隐蔽性强，药剂需要选择内吸性的或者添加有机硅助剂，而且尽量选择持效期长的，建议药灌根和叶面喷雾相结合，没有覆盖地膜，药剂最好同时喷施植株中下部和地面，这些地方是蓟马若虫栖息地。

(6)白粉虱　在初发阶段，叶面喷洒 0.3%苦参碱水剂 1 500～2 000 倍液，或 20%啶虫脒可湿性粉剂和 10.8%吡丙醚乳油 600～800 倍液混用，注意要喷在叶背面。为防止白粉虱产生抗药性，应轮换或交替用药。

六、及时采收

门椒和对椒要适当早收，以防坠秧(图 4-30)。以后的果实应在充分长大后再采收。采收时要注意防止折断枝条(图 4-31)。

图 4-30　辣椒门椒早采收

图 4-31　辣椒采收

【经验交流】

1. 辣椒如何进行种子处理？

(1)晒种　播种前 1～2 d，选择晴天上午，将种子摊开在报纸或棉布上，放在背风向阳处，晒 2～3 h。

(2)浸种　用 55 ℃温水浸种 10～15 min，不断搅拌，当水温降至 30 ℃时停止搅拌，再浸泡 3～4 h，可预防真菌病害；50%多菌灵可湿性粉剂用种子量的 0.4% 拌种，也可预防真菌性病害；用 10%磷酸三钠溶液常温下浸种 20 min，用清水洗净再浸种催芽，可预防病毒病。

(3)催芽　将浸后的种子用湿纱布或湿毛巾包好，放于 28～30 ℃处催芽，每天用温水将种子淘洗 2 次，洗净种皮上的黏液，洗后将种子摊开透气 10 min。当 80%的种子芽尖露白即可播种。

2. 辣椒栽培中有效的农业防治手段有哪些？

(1)清洁田园。辣椒收获后全面清理田间茎秆，清扫病残枝叶并集中处理。

生长中定期摘除田间病残枝叶。

(2)选用多抗品种;培育适龄壮苗,提高抗性。

(3)科学施肥。增施充分腐熟的有机肥,增强土壤的透气性,促进作物根系的健康生长。

(4)加强田间管理。加强轮作倒茬,深沟高垄栽培,严防田间积水。控制好不同生育时期温度和空气湿度,保证适宜的肥水,合理放风和辅助加温。

3.辣椒病虫害物理防治有哪些方法?

(1)黄板、蓝板诱杀　田间、设施内悬挂黄色粘虫板诱杀蚜虫、斑潜蝇、飞虱等害虫。粘虫板规格25 cm×40 cm,悬挂30～40块/666.7 m^2。温室放风口及温室入口使用30目防虫网隔离害虫。

(2)银灰膜驱避或诱杀　铺银灰地膜或张挂银灰膜条避蚜虫,每60 m^2悬挂40 cm×40 cm的银灰膜1张。

(3)杀虫灯诱杀　利用频振式杀虫灯诱杀鞘翅目、鳞翅目等害虫;杀虫灯悬挂高度一般为灯的底端离地1.2～1.5 m,每1 hm^2悬挂1盏。

子项目三　日光温室茄子栽培

任务一　温室春提早茄子栽培

一、栽培茬口与品种

12月初育苗,2月中旬定植于春提早温室内。这一茬口的气候特点是:育苗时期光照弱、气温低,定植后气温和光照逐渐增强。应选择抗寒、抗病、耐弱光、长势强的品种。

二、育苗

1.穴盘育苗

选择72孔穴盘,进行基质无土育苗,每1 000盘需消毒基质4 m^3,预湿装盘。为了消除种子表面附着的病菌,可用1%高锰酸钾溶液或0.2%多菌灵浸种1 h,捞出经反复清洗后再浸种,用55 ℃温水搅拌,水温至30 ℃浸种24～36 h,对防治茄子黄萎病有一定效果。之后在28～30 ℃水温催芽,待80%种子露白时即可播种,每穴1粒,播种后覆膜。当有50%种子出苗时,要及时揭开薄膜(图4-32)。也可以嫁接育苗(图4-33),提高抗逆性。

图 4-32　茄子穴盘育苗

图 4-33　茄子嫁接育苗

2. 苗期温度、水肥管理

茄子分苗及炼苗后的定植，应密闭保温，白天温度保持在 25～30 ℃，夜间温度保持在 15 ℃以上，促进缓苗。必要时可在温室内再扣一层小拱棚。当心叶开始生长时，即已缓苗。缓苗后，温度白天保持 25 ℃，夜间 15 ℃左右，注意通风。

三、定植

1. 整地施肥起垄

翻地深 25 cm，每 667 m^2 施腐熟优质农家肥 8～10 m^3，磷酸二铵 50 kg，硫酸钾 50 kg，过磷酸钙 50 kg，优质油渣 100 kg，深翻入土，混合均匀，浇透水。起垄覆膜定植。垄宽 70 cm，垄距 50 cm，垄高 25 cm，垄上覆盖地膜。

2. 定植时间与密度

一般温室春提早栽培定植时间在 2 月中旬，当苗长到 6～7 片真叶、茎粗壮、带花蕾即可定植。垄上双行单株交错位定植，株距 40～45 cm。早熟品种以 3 500 株/667 m^2 为宜，中晚熟品种以 3 000 株/667 m^2 为宜。

3. 光照管理

茄子对光照要求较严格，其定植时正值光照最弱季节。为增加光照时间和增强光照强度，要尽量早揭晚盖温室覆盖物。每天揭帘后都要把薄膜清洁干净。应用反光幕，可有效增加光照，提高气温和地温。茄子定植缓苗后，根据天气和土壤墒情决定是否浇缓苗水。如果晴天多，植株生长旺盛，就应该追肥浇水，然后控制水分，并适当降低温度，重点是中耕蹲苗，促进根系发育，防止秧苗徒长。对覆盖地膜的垄可采取垄沟松土的方法进行。

四、定植后的管理

1. 温度管理

定植后注意温室密闭保温，促进缓苗。缓苗后白天气温保持在 25 ℃左右，夜间 16～18 ℃，早晨在揭帘前温度保持 10 ℃以上。随着外界气温的升高，要逐渐加大通风量，适当延长放风时间。进入结果期以后，温室温度白天为 25～30 ℃，夜间为 18～20 ℃。

2. 肥水管理

茄子在缓苗后坐果前，要以中耕除草为主，这一时期为蹲苗期。蹲苗期间要控制肥水。当门茄长到 1～4 cm 大时，为瞪眼期。当门茄“瞪眼”时结合浇水冲施氮磷钾全水溶性复合肥 15 kg/667 m^2，或者有机肥或腐熟沼液 1 000 kg/667 m^2。以后可采取“一清一浊”交替追肥。当土温稳定在 18 ℃以上时，随着植株进入旺盛生长和结果盛期，需水需肥量增加。中后期可叶面喷施 0.2%磷酸二氢钾和氯化钙溶液 2～3 次。浇水选晴天上午进行，浇水后密闭 1～2 h，之后大放风，排除湿气。

3. 植株调整

春提早茄子由于栽培密度较大，通风较差，如不及时整枝，就容易造成营养生长过旺，严重影响产量。一般结果后每株茄子旁插一根短粗竹竿成直立架(图 4-34)，或者搭横篱架(图 4-35)，也可在茄子种植行两侧拉绳子防倒伏(图 4-36)，门茄“瞪眼”时开始摘除其下部蘖枝，生长后期可摘除下部老化、黄化、病残老叶，以利于通风透光。整枝方法有双干整枝或三干整枝。双干整枝一般每株只留 5～7 个茄子，7 个茄子即 1 个门茄、2 个对茄、2 个四门斗、2 个八面风茄子。三干整枝留 6～9 个茄子，其余的侧枝和腋芽要及时打掉(图 4-37)，使营养集中在果实。

图 4-34　茄子(直立架)单柱架

图 4-35　茄子横篱架

图 4-36　茄子拉绳子防倒伏

图 4-37　茄子打杈

五、采收

当茄子果实达到商品成熟度时就可以及时采收。在采收前因植株枝条尚未木质化，为避免损坏果实和植株，最好用修枝剪采收。

任务二　温室秋延晚茄子栽培

秋延晚茄子栽培是指新疆地区在 6 月底至 7 月初育苗，8 月底至 9 月上、中旬定植，10 月底开始采收，延续到 12 月底到翌年 1 月初的季节茬口。

一、品种选用

温室秋延晚茄子无公害栽培的育苗期正值高温多雨时节，而结果期又处在低温寒冷的时节，宜选择耐热抗病，耐低温弱光，生长势较强的品种。

二、育苗

秋延晚茬茄子的育苗正处在秋季高温季节，多采用搭遮阳网后畦田直播育苗或穴盘育苗。为避免高温直晒灼伤幼苗，育苗时最好使用遮阳网覆盖。

1. 浸种催芽

采用温水浸种，将种子放入 55 ℃温水中搅拌，水温至 30 ℃浸种 24～36 h。再在 28～30 ℃水温催芽，待 80％种子露白时即可播种，每穴 1 粒，播种后覆膜。

2. 播种

6 月份天气炎热，最好选择阴天播种。畦内浇足水，当水下渗后，再撒一层营养土，将种子均匀撒入床面，然后覆土 1～1.5 cm。

3. 遮阳与防雨

播种后苗床采用遮阳网遮阳或在苗床上搭些架子用秸秆覆盖，既遮阳降温还可防雨淋。当苗出齐后，要注意保湿，防止苗床干燥伤根。为提高育苗质量，也可采用育苗箱育苗、营养钵分苗的办法。

三、定植

定植前要对温室进行消毒，预防病害。方法是每 1 m^3 空间用硫黄粉 5 g 和锯末 20 g 混合点燃，密闭熏蒸一昼夜后打开温室通风。

整地施肥。茄子在生产过程中对肥料的吸收量比较大，为保证生产中不缺肥，每 667 m^2 施腐熟厩肥或腐熟沼液 5 000～7 000 kg、过磷酸钙和硫酸钾各 15 kg。翻地施肥后耙平地面，按行距 60 cm 起垄，垄高 10～15 cm。定植时选择阴天或傍晚突击进行，株距 40～45 cm 为宜，栽培密度 3 500～4 000 株/667 m^2。定植后立即浇透水。

四、田间管理

1. 中耕除草

定植 3～4 d 后浇一次缓苗水，以利于茄子发根。浇过缓苗水后，趁地表尚未干透，立即进行中耕除草，以利于保水、透气，促进根系发达。而后再根据茄子发棵的情况，连续中耕 2～3 次，特别是注意雨天或田里跑水后的中耕，防止土壤板结。

2. 浇水

经过 2～3 次的中耕除草等措施后，茄子逐渐开始发棵长大。一般定植 20～25 d 后，即可准备浇水。头水一定要用小水将地浇透，切忌大水漫灌。

3. 施肥

缓苗后结合浇水每 667 m^2 施充分腐熟的有机肥或腐熟沼液 1 000～1 500 kg，开花后结合浇水每 667 m^2 再追一次腐熟的有机肥及磷酸二铵或尿素 10～15 kg。磷酸二铵和尿素要深施，门茄膨大后增加追肥次数，但要控制化肥用量，同时禁止叶面喷施氮素化肥。

4. 扣棚管理

北疆地区 9 月份以后夜间气温变化很大，9 月底已出现霜冻，因此要随时根据天气变化及时扣膜。最好在早霜到来前 7～10 d 扣膜，或在夜间气温不足 15 ℃ 时及时扣膜。随天气变冷逐渐减少通风。

在对茄或四门斗开花时，用 2，4-D 或防落素蘸花，提高坐果率。整枝时按门茄、对茄 3 个果，四门斗 3 个果，或门茄、对茄、四门斗 2～4 个进行留果，整枝插架防倒伏(图 4-38)，及时打掉底部老叶和多余的侧枝(图 4-39)，当室温低于 15 ℃时，要及时补温。当温度超过 30 ℃时，要及时通风降温。

图 4-38　搭篱架防倒伏

图 4-39　打老叶、侧枝

五、茄子病害防治

1. 茄子黄萎病(图 4-40)

(1)轮作倒茬　与非茄科作物实行 4 年以上轮作，如与葱蒜类轮作效果较好。

(2)严格进行检疫　外地引进种子应先在非生产区试种，确定无病后再推广。

(3)种子消毒　用 50%多菌灵 500 倍液浸种 2 h;或用 55 ℃温水浸种 15～20 min。

(4)土壤热处理　利用夏季高温在地面覆盖黑膜，对土壤热处理，杀死土壤病菌。

(5)药剂防治　茄子定植前用 50%多菌灵可湿性粉剂 400～600 倍液蘸根，营养钵育苗的则定植前用上述药液浇透苗土 5 cm 深，同时每 667 m^2 用 50%多菌灵可湿性粉剂 2 kg 与 30 kg 细土混匀，均匀撒于地面，结合整地混入土中，再进行定植。

2. 茄子灰霉病(图 4-41)

发病初期用 40%嘧霉胺可湿性粉剂 500 倍液喷雾防治。50%腐霉利可湿性粉剂 750～1 000 倍液喷雾，花前期重点喷洒底部叶片及地面，花期重点喷洒花和幼果;或 50%异菌脲可湿性粉剂 1 000～1 500 倍液喷雾;或 15%多腐烟剂或 20%百腐烟剂在发病初期开始施药。

3. 茄子绵疫病(图 4-42)

发病初期可用 58%甲霜灵・锰锌可湿性粉剂 500 倍液，或 72.2%普力克水剂 700 倍液，或 72% 克露可湿性粉剂 800 倍液喷雾防治。喷药要均匀周到，重点喷洒植株下部茎叶和果实，一般每隔 7 d 左右防治 1 次，连续防治 3～4 次，

图 4-40　茄子黄萎病

图 4-41　茄子灰霉病

降雨过后立即喷施 1 次上述药剂进行防治。

4. 茄子果腐病(图 4-43)

从发病初期开始,用 3%农抗 120 水剂 150～200 倍液喷雾,或用 70%代森锰锌 600～800 倍液喷雾,每隔 5～7 d 喷 1 次,连续喷雾 3～4 次。

图 4-42　茄子绵疫病

图 4-43　茄子果腐病

六、茄子主要害虫及其防治

1. 蚜虫、白粉虱和红蜘蛛

保护地茄子生产中的主要害虫有蚜虫、白粉虱和红蜘蛛。茄子红蜘蛛危害尤其严重,严重时植株枯萎死亡。

(1)清洁田园　及时清理棚室及周边残枝败叶和杂草,予以销毁,消灭越冬虫源。棚室内可用黄板诱杀(图 4-44)。

(2)合理轮作　茄子、豆类都是螨类寄主,互相之间不能连茬,也不能间作,可以与其他蔬菜轮作。

(3)药剂防治　在点片发生阶段进行。发病初期，可喷施20%复方浏阳霉素乳油1 000倍液，或1.8%阿维菌素乳油1 500～2 000倍液进行防治。药剂交替使用，每5～7 d喷施1次，连喷2～3次。重点喷洒叶背面，田边杂草也要喷洒。

2.马铃薯甲虫(图4-45)

(1)加强检疫，严禁人为传入，一旦传入要及早铲除。

(2)与非寄生作物轮作，种植早熟品种，对控制该虫密度具有明显作用。

(3)生物防治，目前应用较多的是喷洒苏云金杆菌制剂600倍液。

(4)发生初期喷洒70%吡虫啉水分散粒剂10 000倍液，或使用菊酯类农药喷洒。

图4-44　黄板防虫害

图4-45　马铃薯甲虫危害症状

【经验交流】

1.春提早茄子如何施肥?

(1)整地前施肥　翻地深25 cm，每667 m^2施腐熟优质农家肥8～10 m^3，磷酸二铵50 kg，硫酸钾50 kg，过磷酸钙50 kg，优质油渣100 kg，深翻入土，混合均匀，浇透水。

(2)缓苗后肥水管理　茄子在缓苗后坐果前，要以中耕除草为主，这一时期为蹲苗期。蹲苗期间要控制肥水。当门茄"瞪眼"时结合浇水冲施氮磷钾全水溶性复合肥15 kg/667 m^2左右，或有机肥或腐熟沼液1 000 kg/667 m^2。之后可采取"一清一混"交替追肥。中后期可叶面喷施0.2%磷酸二氢钾和氯化钙溶液2～3次。

2.春提早茄子如何进行植株调整?

春提早茄子由于栽培密度较大，通风较差，如不及时整枝，就容易造成营养生长过旺，严重影响产量。整枝方法有双干整枝和三干整枝。双干整枝一般每株只留 5～7 个茄子，即 1 个门茄、2 个对茄、2 个四门斗、2 个八面风茄子。三干整枝留 6～9 个茄子，其余的侧枝和腋芽要及时打掉，使营养集中在果实。门茄“瞪眼”时摘除其下部蘖枝，生长后期可摘除下部老化、黄花、病残老叶，以利于通风透光。

3. 茄子生产中怎样进行马铃薯甲虫综合防治？

(1)加强检疫，严禁人为传入，一旦传入要及早铲除。

(2)与非寄生作物轮作，种植早熟品种，对控制该虫密度具有明显作用。

(3)生物防治，目前应用较多的是喷洒苏云金杆菌制剂 600 倍液。

(4)发生初期喷洒 70%吡虫啉水分散粒剂 10 000 倍液，或使用菊酯类农药喷洒。

项目二　瓜类蔬菜省力化栽培

子项目一　日光温室黄瓜栽培

黄瓜是葫芦科一年生蔓生或攀缘草本植物，也称胡瓜、青瓜。茎、枝伸长，有棱沟，被白色的糙硬毛。雌雄同株。果实长圆形或圆柱形，熟时黄绿色，表面粗糙。黄瓜为中国各地主要菜蔬之一，在新疆地区温室、塑料大棚、露地均有栽培。

一、栽培茬口与品种

温室春提早黄瓜栽培 1 月上中旬播种育苗，2 月下旬至 3 月上旬定植，3 月下旬进入始收期。温室秋延晚茬黄瓜栽培 8 月上中旬直播，9 月下旬进入始收期。选择抗病、抗逆性强，耐低温弱光、优质、高产、商品性好、适合市场需求的品种。

二、育苗

1. 种子处理

晒种 1～2 h 后，将种子放入 55～60 ℃温水中浸泡 15 min，搅拌至水温 30 ℃左右继续浸种 6～8 h，用吸水纱布包好，放在 30～35 ℃处催芽，80%种子露白即可播种。

2. 穴盘基质育苗

选择 50 孔穴盘，每 1 000 盘需基质 4.5 m^3，预湿装盘，每穴播种 1 粒，播种后覆膜。出苗前保持气温 30 ℃左右高温出苗，出苗后 5～7 d 降温至 18～20 ℃防徒长，此后幼苗生长期间掌握气温 25 ℃左右；保持基质湿润状态，基质含水量出苗前 85%～90%，出苗后 60%～75%，出盘前 45%～60%，幼苗 3～4 片叶即可定植(图 4-46)。

3. 营养土育苗

(1)营养土配制与播种　选用无病虫源细干园土、腐熟有机肥按 7∶3 比例充分混匀，每 100 kg 营养土中加入 30～50 g 40%多菌灵可湿粉剂，充分混匀，把配制好的营养土装入营养钵中。播种前将营养钵中的营养土浇透水，然后将种子播入营养钵中，盖 1 cm 厚的营养土，播种育苗床面上覆盖地膜，70%幼苗顶土时撤除覆盖地膜。

(2)苗期管理

①温度管理。播后要在苗床上覆盖薄膜。发芽初期要求温度较高，苗出齐后应适当降温，苗床上的薄膜要逐渐拉大缝隙，直至撤除。随着气温升高，塑料薄膜拱棚、温室等育苗设施覆盖的薄膜和草苫，也要逐渐加大缝隙和延长拉苫时间，以锻炼幼苗的适应性。春提早育苗在播种至幼苗生长期日温 25～30 ℃，夜间温度 15 ℃左右，不低于 12 ℃。定植前一周炼苗，白天 20～23 ℃，夜间 10～12 ℃。苗期要注意控水，不旱不浇，定植前分苗水要浇足。一般苗龄 45～50 d，4 叶 1 心时即可定植(图 4-47)。

图 4-46　黄瓜穴盘育苗定植苗

图 4-47　黄瓜营养钵育苗定植苗

②水分管理。苗期不旱不浇，如旱可在晴天中午洒温水，严禁浇大水，浇水后注意放风排湿。定植前分苗水要浇足。容器育苗要注意保持土壤湿度。

③养分调节。苗期一般不追肥，后期可用 0.2%磷酸二氢钾溶液进行叶面

喷施，促进幼苗茁壮生长。

④光照调节。通过揭盖草苫调节光照时间，每天光照时间要达到 8 h 以上。容器育苗可通过调换容器的位置，改善受光条件。

三、定植前准备

1. 土地选择

选择土层深厚、通气性好的壤土或沙壤土地块，以 pH 在 6～7 的中性或微酸性土壤为宜，要求土壤肥沃、富含有机质，有良好的排灌条件，前茬作物以苜蓿、玉米、小麦、油菜、加工番茄等为宜，不宜选择前茬种植瓜类、葫芦科蔬菜的地块。

2. 整地施肥起垄

定植前清洁田园，秋延晚茬高温闷棚 7～10 d，结合深翻每 667 m^2 施入腐熟有机肥 5 000～6 000 kg，磷酸二铵 20～30 kg、生物菌肥 800～1 000 kg、硫酸钾 10～20 kg，深翻 25～30 cm，耙平整细。起垄覆膜，垄宽 70 cm，垄距 40 cm，垄高 25 cm。

3. 定植与苗期管理

定植时剔除病苗、弱苗，选取壮苗。垄上双行单株定植，株距 30～33 cm，每 667 m^2 保苗 3 600～4 000 株(图 4-48)，定植时每株浇定植水 1 kg 左右，春提早茬定植后 5～7 d 浇缓苗水 1 次。缓苗后进入蹲苗期，控水 20 d 左右。

图 4-48　定植

四、田间管理

1. 温度和光照

春提早茬密闭风口高温缓苗。定植后白天气温控制在 23～25 ℃，夜间不低于 12 ℃。生长期间保持白天 25～30 ℃，夜间 12～15 ℃。春季外界气温稳定在 15 ℃以上，可以不盖棉被，风口全部打开，昼夜通风（图 4-49）。春季结合通风降温，科学揭盖棉被，晴暖天气早揭晚盖，晴冷天气早揭早盖，阴冷天气晚揭早盖，久阴乍晴回盖防晒。

图 4-49　水肥一体化管理

秋延晚茬遮阴防晒防高温，在外界气温降到 15 ℃以下时，固定好薄膜，白天放风，晚上关闭风口。当温室气温低于 10 ℃时，要加盖草帘或棉被。开始早揭晚盖，随外界气温下降，逐渐减少放风时间，缩小放风口，最后则基本不放风。

2. 水肥管理

定植前浇透底水，定植后控水蹲苗，全田 70％根瓜坐住、瓜把浓绿时始浇头水，结合灌水施高磷保蕾型大量元素水溶肥 3～4kg/667 m^2，盛瓜期（图 4-50）5～7 d 浇水 1 次，隔一水施平衡性大量元素水溶肥、高钾膨果型大量元素水溶肥各 1 次，3～4 kg/667 m^2。结果后期 5～7 d 浇水 1 次，结合灌水轮换冲施平衡性大量元素水溶肥、高钾膨果型大量元素水溶肥各 1～2 次，3～4kg/667 m^2，并与生物有机肥、腐熟有机肥或腐熟沼液交替冲施。追肥可采用冲施或滴施方式。同时增施 CO_2 气体肥料，使保护地内 CO_2 含量达 800～1 000 cm^3/m^3。结瓜盛期还可以用 0.5％尿素和 0.3％～0.5％磷酸二氢钾溶液叶面喷施 2～3 次，喷施 0.02％～0.05％的钼酸铵 1 次。

3. 植株调整与花果调整

当株高 30 cm 左右时，吊绳绑蔓（图 4-51），摘除卷须和根瓜以下萌蘖，生长中后期摘除下部黄化、病残老叶。春提早栽培，当瓜蔓长到 2～2.2 m 时，落蔓 4～5 次，落蔓后降至生长点高度 1.5～1.7 m，及时摘除同节出现的双瓜或多瓜，保留每节 1 个瓜即可。

图 4-50　盛瓜期水肥管理

图 4-51　黄瓜吊绳绑蔓

五、主要病虫害及其防治

黄瓜主要病害有细菌性角斑病、霜霉病、灰霉病、白粉病等，主要虫害有白粉虱、蚜虫、红蜘蛛、斑潜蝇等。

坚持以“农业防治、物理防治、生物防治为主，化学防治为辅”的治理原则，轮换用药，遵守《绿色食品 农药使用准则》(NY/T 393—2020)，按附录选择使用农药，严格控制农药安全间隔期。

1.农业防治

选用高抗多抗品种；培育适龄壮苗，提高抗性；严格轮作，合理间作套种；加强中耕除草，秋季深翻晒土；控制好不同生育时期温度和空气湿度；保证适宜的肥水；加强通风透光，阴雨天严格控制灌水，合理放风和辅助加温，严防积水。及时摘除残花和病果，及时清理病残体、病叶和侧枝，集中深埋处理。

2.生物防治

保护利用天敌防治病虫害。

3.物理防治

(1)温室内运用黄板诱杀病虫(图 4-52)，每 667 m^2 悬挂黄色粘虫板 30～40 块。放风口及温室入口使用 30 目防虫网隔离害虫。

(2)采用高温闷棚防治霜霉病、角斑病等，具体方法：在发病初期，选择在晴天上午浇 1 次大水后封闭棚室，将棚温提高到 46～48 ℃，持续 2 h，然后从顶部慢慢加大放风口，缓慢使室温下降。以后如需要，每隔 15 d 闷棚 1 次，闷棚后加强肥水管理。

(3)高温消毒：7 月中旬黄瓜收获后，将温室土壤深翻，盖上棚膜闷棚 7～10 d。

4.化学防治

(1)黄瓜细菌性角斑病(图 4-53)　可用 72%农用链霉素可湿性粉剂 2 000 倍液、88%水合霉素可湿性粉剂 1 000 倍液，或 77%氢氧化铜可湿性粉剂 600～800 倍液喷雾防治。

(2)黄瓜霜霉病(图 4-54)　可用 25%甲霜灵可湿性粉剂 500 倍液，或 72%霜脲·锰锌可湿性粉剂 500～700 倍液，或 64%杀毒矾可湿性粉剂 500 倍液，或 72.2%普力克水剂 800 倍液喷雾防治。

(3)黄瓜灰霉病(图 4-55)　用 40%嘧霉胺可湿性粉剂 700～1 000 倍液，或腐霉利喷雾防治。

(4)黄瓜白粉病(图 4-56)　用 50%嘧菌酯水分散粒剂 2 000 倍液，或 30%氟菌唑可湿性粉剂 1 500～2 000 倍液喷雾防治。

图 4-52　黄板诱杀

图 4-53　黄瓜细菌性角斑病

图 4-54　黄瓜霜霉病

图 4-55　黄瓜灰霉病

(5)白粉虱(图 4-57)　用 10%噻嗪酮乳油 1 000 倍液，或 10%吡虫啉可湿性粉剂 1 000～1 500 倍液，或 2.5%联苯菊酯乳油 300 倍液喷雾防治。

图 4-56　黄瓜白粉病

图 4-57　白粉虱

(6)蚜虫(图 4-58)　可用 3%啶虫脒乳油 40～50 mL/667 m^2，或 70%吡虫啉水分散粒剂 2 000～3 000 倍液喷雾防治。

(7)红蜘蛛　可在初发阶段喷洒0.3%苦参碱水剂1 500～2 000倍液，或20%哒螨灵可湿性粉剂1 500～2 000倍液，或1%甲氨基阿维菌素苯甲酸盐乳油或微乳剂1 500～2 000倍液，或10%浏阳霉素乳油1 000～1 500倍液喷雾防治，注意要喷在叶背面。

(8)斑潜蝇(图4-59)　可在初发阶段用5%氟虫脲乳油2 000倍液喷雾防治。

图4-58　蚜虫

图4-59　斑潜蝇危害症状

六、采收

一般在定植后1个月即可采收。采摘的时候要注意，在黄瓜的顶端开始由尖变圆时开始采摘，这时黄瓜已足够大，是最为适宜的采摘期。如果采摘得过早，则黄瓜产量较低，口味也较差；采摘得过晚，则黄瓜皮较厚，影响其他黄瓜的生长。

【经验交流】

1.黄瓜高温闷棚的具体方法是什么？

采用高温闷棚防治霜霉病、角斑病等，具体方法：在发病初期，选择在晴天上午浇1次大水后封闭棚室，将棚温提高到46～48 ℃，持续2 h，然后从顶部慢慢加大放风口，缓慢使室温下降。之后如需要，每隔15 d闷棚1次，闷棚后加强肥水管理。

2.黄瓜病虫害物理防治有哪些方法？

(1)黄板诱杀　田间悬挂黄色粘虫板诱杀蚜虫、斑潜蝇、白粉虱等害虫。粘虫板规格25 cm×40 cm，悬挂30～40块/667 m^2。温室放风口及温室入口使用30目防虫网隔离害虫。

(2)杀虫灯诱杀　利用频振式杀虫灯诱杀鞘翅目、鳞翅目等害虫；杀虫灯悬挂高度一般为灯的底端离地 1.2～1.5 m，每 1 hm^2 悬挂 1 盏。

(3)高温闷棚　黄瓜发病初期，选择在晴天上午浇一次大水后封闭棚室，将棚温提高到 46～48 ℃，持续 2 h，然后从顶部慢慢加大放风口，缓慢使室温下降。以后如需要每隔 15 d 闷棚 1 次，闷棚后加强肥水管理。

(4)高温消毒　冬春茬温室黄瓜收获后，将温室土壤深翻，盖上棚膜闷棚 7～10 d。

子项目二　西瓜早春拱棚栽培

新疆地处欧亚大陆腹地，属于典型的温带大陆性气候，光照充足，昼夜温差较大，年降水量稀少，非常有利于西瓜种植。新疆素有“瓜果之乡”的美誉，一直以来都是我国重要的西瓜主产区，西瓜产业已经发展成为推动新疆农业特色产业提档升级的新引擎、促进农户脱贫致富的助推器。西瓜生产的效益高低与栽培管理水平密切相关，西瓜高产优质栽培技术与病虫害防治技术的完善和大力推广，对于更好地发展西瓜产业，提高西瓜种植效益，增加瓜农经济收入，实现乡村振兴战略具有重大意义。

一、地块选择及品种选择

种植西瓜不能重茬，应选择土壤肥沃、疏松透气、富含有机质、灌排水良好、运输方便的沙壤土栽培最好，前茬最好是禾谷类作物茬口。

选择品种应尽可能结合当地气候因素与市场情况，将早、中、晚熟品种进行科学搭配，选择具备良好的抗病能力、抗裂、耐储运、根系发达、耐旱、耐涝等适应性强、商品性优秀的品种，以便获取最大经济效益。早熟瓜应选择耐低温弱光、生育期低于 90 d 的品种，如子鼎秀丽、早春红玉等，比较适合保护地栽培；中熟瓜应选择生育期在 95 d 左右的品种，如 84-24、京欣系列西瓜品种。

二、播前准备

1. 种子处理

包衣种子可采用干播湿出的方式点播。

浸种处理，首先在清水中反复揉搓种子去除表面黏膜，然后用开水烫种 10 s，倒入凉水搅拌，使温度下降到 30 ℃左右浸泡约 10 h，浸种后把种子放入布袋内置于 30 ℃左右的地方催芽(图 4-60)，每天用清水淘洗 1～2 次，种子 80% 露白即可播种(图 4-61)。为了提高西瓜苗的抗病能力，可对种子进行药剂消毒，一般用 1% 的高锰酸钾或者多菌灵浸泡种子消毒。

图 4-60　西瓜浸种催芽

图 4-61　西瓜种子露白

2. 整地施肥

秋季在前茬作物收获后进行深度 30 cm 以上深翻作业，使土壤熟化，结合深翻施足农家肥。按照每 667 m^2 施充分腐熟有机肥 1 000～2 000 kg、硫酸钾 5～7 kg、磷酸二铵 10～15 kg，不宜施含氯的肥料。春季解冻后采用联合整地机平地，达到土地平整细碎，务必把残膜残茬收净。铺设地膜、滴灌带及施底肥由铺膜机一遍完成。

图 4-62　西瓜小拱棚＋地膜种植

3. 播种时间

播种时间应根据当地气候特点而定，多采用露地直播和小拱棚种植（图 4-62）。西瓜为喜温性作物，由于在露天栽培受到霜期的限制比较大，一般情况下在晚霜结束的 4～5 d 播种。适合西瓜的播种期是在每年 4 月下旬至 5 月上旬，当 5 cm 的地温能达到 14 ℃时，就可以覆膜进行播种。

4. 播种方式

采用地膜覆盖种植，膜宽 90 cm，并在膜中间铺设滴灌带，相邻滴灌带间距为 3.0～3.5 m，株距 60～70 cm，膜上点播。播深 2～3 cm，每穴点播 1～2 粒种子，保苗株数 700～750 株/667 m^2。

三、田间管理

1. 保全苗促壮苗

苗期保全苗、培育壮苗是关键。保全苗重点在于查缺补种，及时放出被地膜覆盖的幼苗，缺苗严重时应催芽补种，催芽补种的植株要做好标记，并喷施叶面肥促进生长。第 4～5 片真叶长出时开始定苗，剔除病苗、弱苗，每穴留 1 株健壮苗。西瓜团棵期、伸蔓前进行机械中耕，促进根系生长发育，为壮苗打下基础。蹲苗有利于根系深扎，是促壮苗的关键，一般在西瓜出苗后，一直到伸蔓后期、将要开花时根据土壤墒情适当蹲苗（图 4-63）。如果墒情好，就到开花时再浇水施肥，如果墒情不好，要补水补肥，一般蹲苗时间 30～35 d。

图 4-63　西瓜蹲苗管理

2. 整枝

及时整枝压蔓，要求茎蔓分布均匀，使叶片充分接受光照，以利于同化作用。整枝在伸蔓期瓜蔓长 40～50 cm 的晴天上午进行，阴雨天不整枝，同时将整掉的枝蔓移到瓜田外处理，以免在瓜田里腐烂后引发各种病害（图 4-64）。单蔓整枝，1 个瓜秧上只留 1 条蔓，所有瓜蔓朝一个方向爬，整齐一致。待瓜蔓长至第 9～12 片叶时留瓜，待西瓜长至鸡蛋大小时进行选瓜，1 条蔓只留 1 个瓜，偏头等形状不好的瓜及时摘除另行留瓜，不留根瓜。一般第 1 朵雌花不坐果，选择第 2 或者第 3 朵雌花坐果。在整个生育阶段要进行 2～3 次的整枝。保持田间通风透光。

3. 人工辅助授粉

西瓜是依靠昆虫作媒介的异花授粉作物，气温较低、阴雨天或昆虫活动较少时，就会影响花粉传播而不易坐果。为了提高坐果率和实现理想节位留瓜，应进行人工辅助授粉（图 4-65）。人工授粉应在晴天清晨 6 时至 9 时进行，授粉

图 4-64　西瓜伸蔓期管理

图 4-65　西瓜人工辅助授粉

时应当选择主蔓或侧蔓发育良好的雌花，其花蕾柄粗、子房肥大、外形正常、颜色嫩绿而有光泽。将当天开放且要散粉的新鲜雄花的柱头，去掉雄花瓣，使雄蕊露出，用雄蕊在雌花柱头上轻轻涂抹即可。1 朵雄花可授 1～3 朵雌花。10 时以后雌花柱头上分泌黏液减少，授粉效果差。授粉后容易坐果并长成优质大瓜。

4. 选瓜

选瓜决定商品瓜率及品质。一般情况下，西瓜第 1 雌花的果实比较小、皮较厚，容易产生畸形，所以在生产上应该选取第 2～3 朵雌花结果，以 10～15 节控制结果节位效果最佳。坐瓜期需进行 3 次选瓜：第 1 次要将第 2～3 朵雌花节位之前的小瓜及雌花全部去除；第 2 次在西瓜长至鸡蛋大小时进行，每株保留 1 个果形好、表皮没有伤口的幼瓜；第 3 次选瓜在西瓜长至拳头大小时进行，将植株上漏选的瓜，以及后期新坐的瓜摘除，每株只保留 1 个果形好、外观好的瓜，尤其注意选取果实形状比较正并且西瓜皮呈现浅绿色的。

5. 垫瓜

当果实长到 1～1.5 kg 时，将瓜下面的土块敲碎整平，可选择垫草或细沙土，修成前低后高的斜坡，使瓜蔓及瓜柄伸直。垫瓜可防炭疽病和疫病病菌的侵染，也可防西瓜陷入泥水之中，还有提高产量的作用。

6. 翻瓜

不断改变果实着地部位，使瓜面受光均匀，皮色一致，瓜瓤成熟度均匀。翻瓜一般在膨瓜中后期进行，每隔 5～6 d 翻动 1 次，可翻 2～3 次。翻瓜应在晴天下午瓜柄水分减少、不易折断时进行，用双手操作，每次翻动的角度不宜过大，着地面显露即可，以免扭伤和拧断瓜柄，每次翻瓜应朝同一方向进行。

7. 中耕除草

全生育期中耕 2 次，第 1 次在出苗显行（2～3 片真叶）时，结合中耕除行间杂草，耕深 5～8 cm；第 2 次在 5 叶前深中耕，耕深在 15 cm 左右，可以增加土壤透气性、提高地温、防止土壤板结，有利于作物根系生长、促苗壮苗。到中后期，及时铲除或拔除田间大杂草，如灰黎、苍耳等。

8. 水肥管理

应注重伸蔓期和膨瓜期的管理，整个生育期浇水 8～9 次，随水滴肥 6～7 次。西瓜进入伸蔓期后营养生长旺盛，水肥管理上以促为主。每 667 m^2 随水滴施尿素 10 kg，配合叶面喷施磷酸二氢钾 2～3 kg，促进伸蔓。滴灌时一定要滴透，以水从地膜两边渗出为准。西瓜开花坐果期营养生长转变为生殖生长，为防止茎叶徒长，可控制浇水，促进雌花发育。幼果长至拳头或小碗大时进入定个期(图 4-66),该时期植株对水肥需求较高,以磷钾肥为主,配合施用氮肥,每隔 7 d 左右随水滴肥 1 次,共施 3～4 次。每次施磷酸钾 10 kg/667 m^2、尿素 10 kg/667 m^2,可在膨瓜期后至采收前(图 4-67),每隔 7～10 d 喷施磷酸二氢钾 2～3 kg/667 m^2,喷 2～3 次,以增加果实糖分积累,提高果实品质。

图 4-66　西瓜定个期

图 4-67　西瓜膨瓜期

四、病虫害绿色防控技术

坚持"预防为主、综合防治"的原则,实施轮作倒茬、清理田园、秋翻冬灌等农业措施。

1. 农业与物理防治

选用抗病品种,与非瓜类作物实行 5 年以上轮作,采用频振式杀虫灯、黄蓝粘虫板诱杀蚜虫、蓟马等害虫,嫁接栽培,加强栽培管理等措施。

2. 化学和生物防治

(1)猝倒病　西瓜出苗后易发生猝倒病,可在连续阴天时,穴施 0.4%嘧菌·噁霉灵颗粒剂 10～15 kg/667 m^2;晴好天气时,可用 20%乙酸铜可湿性粉剂 1.0～1.5 kg/667 m^2 灌根。

(2)枯萎病　枯萎病(图 4-68、图 4-69)常在西瓜伸蔓期和果实膨大期发生,在伸蔓期每 667 m^2 随水滴施 50%多菌灵可湿性粉剂 0.5～1.0 kg 和 70%噁霉灵粉剂 50～150 g;发病初期拔除枯萎病病株并带出田外,同时可用 50%多霉威(多霉灵)粉剂,或 20%咪酰胺乳油,或 70%噁霉灵粉剂兑水配成 1 500 倍液灌根,每隔 5～7 d 灌根 1 次,连续灌根 2～3 次。

(3)蔓枯病　用 22.5%啶氧菌酯悬浮剂 35～45 mL/667 m^2 喷雾,或 16%多抗霉素可溶浮剂 75～85 g/667 m^2 喷雾。

图 4-68　西瓜枯萎病

图 4-69　枯萎病西瓜茎横切面症状

(4)病毒病　病毒病的防治关键在切断传毒媒介昆虫,如蚜虫、飞虱等具有刺吸式口器的昆虫。需要在虫害发生高峰前,每 667 m^2 用 35%呋虫胺可溶液剂 5～7 mL 兑水喷雾,或用 70%啶虫脒水分散粒剂 2～4 g 兑水喷雾;发现病毒植株后,可在上述药剂基础上,再加用 4%低聚糖素可溶粉剂 85～165 g/667 m^2 兑水喷雾,每 7 d 喷 1 次,连续 2～3 次。

(5)炭疽病　在整个生长期内均可发生,中、后期发生较重,会造成落叶枯死,果实腐烂。可在发病初期用 10%苯醚甲环唑 1 000 倍液,或 25%咪鲜胺乳油 1 000 倍液,或 25%嘧菌酯 800 倍液喷施叶面防治。

(6)白粉病　防治白粉病应加强田间管理,保持田间通风透光,发现白粉病病株后,摘除病叶并带出田外集中销毁;可用 70%甲基硫菌灵(甲基托布津)可湿性粉剂 800～1 000 倍液喷雾,每隔 5～7 d 喷雾 1 次,连续喷雾 2～3 次。

(7)蚜虫、白粉虱、红蜘蛛　高温干旱条件下,蚜虫、白粉虱、红蜘蛛等虫害容易流行。可选用 25%噻虫嗪水分散颗粒剂 4 000～5 000 倍液,或 10%吡虫啉 2 000～3 000 倍液喷雾防治蚜虫。可用 2%苦参碱 1 000～2 000 倍液,或苏云金杆菌 50～100 g/667 m^2 喷雾防治蚜虫和白粉虱。可用哒螨灵 20%可湿性粉剂 2 500～3 000 倍液,或 2.5%联苯菊酯微乳剂 2 000 倍液,或 34%螺螨酯悬浮剂 4 000～5 000 倍液喷雾防治红蜘蛛。

五、适时收获

应根据其成熟情况,及时进行采收,避免出现生瓜或空心瓜。有经验的瓜农可通过观察、听声音等方法大致判断。当西瓜瓜皮花纹清晰、坚硬,脐部和蒂部向内收缩凹陷,瓜柄上绒毛大部分脱落,坐果节位前 1 节卷须干枯,用手指弹击果实听到“嘭、嘭”的低哑浑浊声音时表示瓜已成熟，可采收上市。采摘时注意轻拿轻放，减少破损率。

【经验交流】

1. 早春设施西瓜田间管理的关键是什么？

(1)温度管理　定植后 3 d 内以保温为主，密闭大棚，小拱棚内温度保持在 30～35 ℃。缓苗后小拱棚内温度可适当降低，以 25～30 ℃为宜。结果期白天温度保持在 25～30 ℃，夜间不低于 20 ℃。注意棚内温度变化，温度升高时要及时揭开大棚两端棚膜通风降温，并在棚中间开边窗。

(2)整枝授粉　小型西瓜在主蔓 5～6 片真叶时摘心，抽生子蔓后保留 3～4 条粗壮且长势相近的子蔓平行生长，摘除其余子蔓和孙蔓。中型西瓜主蔓长 60 cm 左右时开始整枝，保留主蔓和 2 条粗壮侧蔓，摘除其余子蔓和孙蔓。坐瓜后不再整枝。植株长势好、子房发育正常的情况下，在主、侧蔓的第 2 朵雌花坐瓜。开花当天 7 时至 9 时进行人工授粉，阴天适当推迟。低温时，若植株没有雄花，可在雌花开放当日或前后一天，用 0.1%氯吡脲可溶液剂 150～400 倍液均匀喷施或浸子房。幼瓜坐稳后，中型西瓜每株留 1 个瓜，小型西瓜每株留 3 个瓜左右。

2. 早春设施西瓜田间管理的要点是什么？

(1)肥水管理　幼瓜直径 3 cm 时追施膨瓜肥，施硫酸钾型三元复合肥 5～10 kg/667 m^2，以后每隔 7～10 d 追施 1 次，共追施 2～3 次。采收前 7～10 d 停止施肥浇水。第 1 批瓜采收后施 1 次植株恢复肥，施硫酸钾型三元复合肥 10 kg/667 m^2，并叶面喷施 1～2 次 0.2%～0.3%磷酸二氢钾溶液，每次用量 60 kg/667 m^2。施肥 3 d 后，在子蔓或孙蔓上进行人工授粉。适当浇水，保持表土湿润。

(2)病虫害防治　西瓜易发生蔓枯病、白粉病等病害，管理上要注意防病害、防早衰、控制坐瓜数，并适当减少滴灌追肥次数，每隔 10 d 左右滴灌 1 次，于早晨或傍晚进行滴灌，肥水浓度宜淡，每 667 m^2 施硫酸钾型三元复合肥 5～7 kg。结合防病治虫进行叶面追肥，每次每 667 m^2 喷施 0.2%～0.3%磷酸二氢钾液 60 kg。白粉病可用 42.8%氟菌·肟菌酯悬浮剂 2 000 倍液喷雾防治；蔓枯病可用 43%戊唑醇悬浮剂 5 000 倍液喷雾防治；炭疽病可用 10%苯醚甲环唑水分散粒剂 1 500 倍液喷雾防治。以上药剂每隔 7～10 d 喷施 1 次，连续喷施 2～3 次。

子项目三　西葫芦大棚生产

西葫芦属葫芦科南瓜属，又名美洲南瓜，具有生长快、产量高的特点，果实口感鲜美，营养丰富，除可以作为蔬菜，还具有润肺止咳、清热利尿的功效。目前西葫芦已成为新疆主栽蔬菜之一，特别是早春塑料大棚栽培西葫芦的面积十分巨大。

温室大棚西葫芦茬口安排：春提早西葫芦，2 月上中旬育苗，3 月上中旬定植；秋延后西葫芦，8 月中下旬育苗，9 月上中旬定植。

一、早春育苗

1. 苗床准备

营养土（图 4-70）可用肥沃的大田土与腐熟有机肥 3∶2 混合过筛，营养土加羊粪 12 kg/m^3，混合均匀，再加 50%多菌灵可湿性粉剂 80 g/m^3。将配制好的营养土装入营养钵中，装土后营养钵密排在苗床上。苗床宽 1.2 m，深 10 cm，苗床为平畦（图 4-71）。

图 4-70　营养土配制

图 4-71　营养土装袋及苗床

2. 选择品种

栽培选择耐寒性强的品种，如法拉丽，该品种株形大，长势强劲，耐寒性强；瓜条长 24～26 cm，粗约 6 cm，圆柱形，光滑细腻，油亮翠绿，商品性极好，单株收瓜 35 个以上。

3. 种子处理

播前晒种、精选种子，将种子倒入 55～60 ℃温水中不断搅拌，待水温降至 30 ℃时不再搅拌，浸种 3～4 d。浸种后，将种子取出、摊开，晾 10 min 后，用清洁湿布包好，在 28～30 ℃条件下催芽，1～2 d 后即可出芽（图 4-72）。

4. 播种

当 70% 以上的种子出芽时，即可播种。越冬茬西葫芦播种时间在 10 月上中旬，播种量 400～500 g/667 m^2。播种时，先在营养钵内灌透水，水下渗后，每个营养钵中播 1～2 粒种子，然后覆土 1.5～2 cm，再喷洒 50% 辛硫磷乳油 800 倍液，防治地下害虫。

图 4-72　催芽后的西葫芦籽

5. 环境条件管理

播种至出苗期间，白天气温不低于 25 ℃，夜间不低于 15 ℃；出苗后，气温保持白天 20～25 ℃，夜间 10～15 ℃；出苗后 10 d 左右，夜间温度可陆续降至 6.8 ℃，这样有利于雌花分化。苗期环境条件调控见表 4-1。

表 4-1　苗期环境条件调控

温度			光照	土壤	水分
发芽适温	生长发育适温	开花结果期适温	喜光，稍耐弱光	沙土、壤土或黏壤土均可，沙壤土为宜	喜湿润，不耐旱
25～30 ℃	20～25 ℃	22～28 ℃			

6. 苗床管理

播种后，床面盖好地膜，并扣上小拱棚。出土前，苗床气温白天控制在 28～30 ℃，夜间 16～20 ℃，促进出苗。幼苗出土时，及时揭去床面地膜，防止徒长。第 1 片真叶展开后，苗床气温白天保持在 20～25 ℃，夜间保持在 10～15 ℃；第 1 片真叶形成后，白天气温保持在 23～26 ℃，夜间保持在 13～16 ℃。苗期干旱时浇少量的水，一般不追肥，但叶片发黄时可叶面喷肥。当瓜苗有 3～4 片真叶时开始定植(图 4-73)，定植前 5 d，逐渐加大通风量，白天温度保持在 20 ℃左右，夜间保持在 10 ℃左右，进行低温炼苗。

7. 水肥管理

育苗床土应肥沃疏松。如果苗期缺肥，须进行叶面施肥，一般用 0.5% 尿素和 0.2% 磷酸二铵溶液。采用膜下微滴灌式暗灌。开花结果前，应少浇或不浇水。根瓜坐住后开始浇水，但应减少浇水次数。浇水选晴天上午进行，并随水施尿素 5 kg/667 m^2。根瓜要早摘(图 4-74)。盛瓜期，每半月浇 1 次水，追 1 次肥，每次施农家肥 500 kg/667 m^2。全年随水冲肥 4 次，最后一次要距采摘期 30 d 以上。

图 4-73　西葫芦定植苗

图 4-74　根瓜早摘

二、定植及田间管理

1. 整地施肥

施用腐熟农家肥 3～4 t/667 m^2、鸡粪 1～2 t/667 m^2、磷酸二铵 50 kg/667 m^2，深翻 23 cm 后耙平，于 9 月下旬至 10 月上旬扣好塑料薄膜。定植前 15～20 d，用 45%百菌清烟雾剂 1 kg 熏烟，严密封闭大棚进行高温闷棚消毒 10 d 左右。

2. 茬口安排

春提早西葫芦，2 月上中旬育苗，3 月上中旬定植；秋延后西葫芦，8 月中下旬育苗，9 月上中旬定植。做垄以垄宽 1 m，呈龟背式，垄峰谷高差 15～20 cm 为宜。春提早西葫芦，定植 2 000～2 200 株/667 m^2。秋延后西葫芦，一般株距 50～55 cm，种植 1 200～1 500 株/667 m^2。

3. 定植方法

最好在一个冷空气时期即将过去时进行定植，这叫作冷尾暖头，选择晴天上午定植。打孔坐水定植，定植当天在定植垄上打好定植孔，定植孔不能早打，否则会散失土壤中的大量水分，株距一般为 30～35 cm。定植孔打好后进行浇水，然后将苗带土坨从营养钵中取出，放入孔中，一定要待水渗下后再封堰，封堰时一定要封实，防止吊死苗或形成小老苗。定植后为尽快缓苗，还要浇 1 次定植水。

4. 保花保果、疏花疏果

可采用人工授粉及激素处理，每天上午摘下当天开放的雄花、去掉花瓣，人工将雄蕊的花粉轻涂在雌花柱头（图 4-75）上授粉，一般一朵雄花可抹 2～3 朵雌花，可显著提高坐果率。再用强力坐果灵或 2,4-D 溶液涂抹在雌花柱头，或者用西葫芦高效坐果王等植物调节剂进行喷花，均有良好的保花保果的效果。

过多的雌花会增加养分消耗，需要及时疏除。一般来说，根据植株长势决定雌花的数量，如果长势弱，应先疏除根瓜，以后再每三节留一雌花，长势健壮的留下根瓜，但是必须及时采收，保证一株结瓜 2～4 个较合适；长势旺的可留 4～5 个瓜；正常长势的留 3～4 个瓜。

图 4-75　人工授粉

5. 吊蔓打叶

中后期西葫芦整蔓时可吊蔓或插木棍引蔓，瓜下保留 4～5 片功能叶，下部老叶、病叶、黄叶可以摘除并带出棚外集中处理。

6. 延长结果期

开花前，每天见光 6～8 h，以利于雄花的分化和及早形成并能保证产量和质量。开花结果后，加大肥水管理，既能早结瓜、防早衰，还可延长结瓜期。

7. 落蔓

结瓜后期，植株高大，甚至超过 2 m 高，采摘、喷药等管理不方便，此时应注意适时落蔓。落地的茎蔓可用土埋压，促进其新生不定根，提高根系吸收水肥的能力。

三、病虫害绿色防控

西葫芦病虫害防治以“预防为主，绿色综合防治”为原则，把农业、物理、生物、化学等防治法有机地结合起来。同时，严格掌握用药时间、浓度、次数及统防统治，采取助剂＋药剂，尽量减少化学农药的用药量，将病虫危害控制在经济损失允许范围之内。

（一）农业措施

1. 选用抗病品种

可选用的品种有萨丽特、新浪潮等根系发达、植株生长势强的品种。

2. 清洁田园

前茬作物收获后应彻底清除病株残体和杂草，深翻土壤，减少温室内病菌初侵染源。发病后及时拔除病株，连同残根及周围土壤带到温室外销毁或深埋，并用药剂浇灌消毒，可有效控制病害蔓延。尤其在连续多年重茬种植的日光温室区，如果西葫芦的病株残体随意丢弃，会加大病害传播的风险。清洁田园不仅局限于温室内，还应清洁温室外周边环境。

3. 实行轮作、间作套种

实行轮作倒茬，避免重茬，选择大葱、大蒜、韭菜、茼蒿及油葵、玉米等作物轮作、间作可减少土传病害的发生。

4. 嫁接育苗

西葫芦生产上可采用瓠瓜或黑籽南瓜作为砧木进行嫁接育苗(图 4-76)。砧木播种 2～3 d 后再播种西葫芦,当砧木 2 叶 1 心时采用插接或劈接的方法进行嫁接,能达到抗病增产的效果。

5. 秸秆还田与高温闷棚

利用秸秆还田与高温闷棚技术可以有效降低西葫芦枯萎病、根腐病等土传病害的发生程度,提高植株抗病性,改善土壤团粒结构,提高土壤肥力,有效缓解土壤盐渍化。技术要点如下:7—8 月高温休闲季节,施用有机肥 75 000 kg/hm^2,再加粉碎长度为 3～5 cm 的玉米或小麦等作物秸秆 15 000～45 000 kg/hm^2、尿素 300 kg/hm^2、有机物料速腐剂 120 kg/hm^2 撒在土壤表面,如土壤偏酸,可适量加生石灰 750～1 500 kg/hm^2。撒施均匀后旋耕深翻 2～3 次,深度以 25～40 cm 为宜,整平后浇透水,以见明水为准,再将地面用地膜密闭覆盖,密闭棚膜 20～25 d(图 4-77)。

图 4-76　西葫芦嫁接苗

图 4-77　高温闷棚

(二) 化学防治

1. 土壤消毒

采用 98%棉隆颗粒、垄鑫等药剂对日光温室土壤进行处理已在生产中广泛应用。棉隆、垄鑫等施用于潮湿的土壤中时,分解成异硫氰酸甲酯和硫化氢等气体,迅速扩散至土壤颗粒间(图 4-78、图 4-79),可有效杀灭土壤中各种线虫、病原菌、地下害虫及萌发的杂草种子,从而达到清洁土壤的效果。

2. 加强病虫监测

结合病虫发生特点,选择对口有效药剂和最佳防治时机,对症用药,适时用药。防治白粉虱(图 4-80)、烟粉虱(图 4-81),第一次用药在 3 月下旬温室内白

图 4-78　土壤熏蒸消毒

图 4-79　土壤人工消毒

粉虱、烟粉虱数量开始上升较快时，第二次在 4 月下旬至 5 月初温室揭膜前。5—6 月为烟粉虱由温室向周边作物、杂草扩散阶段，对温室、大棚四周所有寄主作物用药，控制核心区危害扩散；7—9 月为露地作物上的激增期，对辐射区实施统防统治、统一歼灭。选择在早晨或傍晚对叶片背面喷药；选用噻嗪酮、噻虫嗪、吡虫啉等药剂防治。

图 4-80　白粉虱

图 4-81　烟粉虱

施药宜在清晨或傍晚成虫多潜伏于叶背时进行，注意混合或轮换用药。前期主要病害有白粉病（图 4-82）、灰霉病（图 4-83）和叶枯病，治疗白粉病采用广谱杀菌剂配合醚菌酯、氟硅唑、苯醚甲环唑、十三吗啉；治疗灰霉病则配合异菌脲、乙霉威、腐霉利、嘧霉胺、烟酰胺、醚菌酯。而到生长后期，病害均为发病盛期，这时用药应以治疗药剂为主，配以广谱药剂，起到治疗和保护双重作用。后期白粉病、灰霉病、霜霉病、蔓枯病为主，霜霉病施用甲霜灵、银法利、嘧菌酯，配合广谱杀菌剂进行治疗。

图 4-82　西葫芦白粉病

图 4-83　西葫芦灰霉病

【经验交流】

1. 如何防治西葫芦化瓜？

(1)西葫芦化瓜的原因

①授粉不良。由于授粉不良或根本就没授粉，子房内不能生成植物生长素，导致胚和胚乳不能正常生长。加之营养生长与其竞争养分，当养分向雌花的供应不足的时候，子房的植物生长素含量减少，不能结实而化瓜。

②温度过高。当棚内白天温度超过 35 ℃，夜间高于 20 ℃，就会导致植株徒长，使得营养生长旺盛而生殖生长不良而化瓜。

③定植密度大。西葫芦定植密度大，植株郁闭，通风透光性差。尤其是在果实授粉后，如果光照不足，叶片制造的营养物质不足就容易导致西葫芦化瓜。

④二氧化碳浓度不适。一般西葫芦植株周围的二氧化碳浓度低于 300 mg/L 或高于 1 800 mg/L 时，植株的光合作用会受到影响。植物体内积累的碳水化合物将减少，雌花发育不良，引起化瓜。

(2)西葫芦化瓜的防治

①合理调节棚温。西葫芦生长发育最适温度为 18～25 ℃。在管理时，要注意白天温度控制在 20～22 ℃，高于 25 ℃时应适当放风。夜间保持在 10～12 ℃。保持昼夜温差不小于 10 ℃，以满足西葫芦正常生长发育。

②确定定植密度。定植密度应控制在 800～1 000 株，采用大小行距种植时，大行距在 80～100 cm，小行距在 60 cm 左右。

③严防气体危害。在西葫芦的种植过程中，如果施肥不当，或错误地用硫黄粉熏蒸进行杀菌消毒，易产生各种有害气体。因此要注意以下 3 点：一是有机肥料要充分腐熟后再施入棚内；二是不要施用太多的氮肥；三是用硫黄粉熏蒸消毒时，要在定植前进行。

④适当疏花疏瓜。在大棚西葫芦种植中，环境条件利于雌花分化，或品种

自身结果力较强，致使幼瓜结得太多，容易导致幼瓜间相互争夺营养而引起化瓜。当发现瓜太多时，可人为疏花疏瓜，使留下的幼瓜能够得到充足的营养供给。

2. 西葫芦银叶病症状是什么？怎样防治？

西葫芦银叶病（图 4-84、图 4-85）症状：被害植株生长势弱，株型偏矮，叶片下垂，生长点叶片皱缩，呈半停滞状态，茎部上端节间短缩。茎及幼叶和功能叶叶柄褪绿，叶片叶绿素含量降低，严重阻碍光合作用。西葫芦植株发病后，首先是叶子叶脉附近的部分失绿，变为银白色，之后沿着叶脉向四周扩展，严重时整个叶子都变为银白色，在阳光照耀下闪闪发光，但叶背面叶色正常，3～4 片叶时为敏感期。发病叶片部分表面像是有一层蜡质，叶片变厚，西葫芦开花数量减少，生长速度缓慢，产量下降。

图 4-84　西葫芦银叶病整株症状

图 4-85　西葫芦银叶病叶部症状

防治方法：

（1）西葫芦育苗和栽苗前应彻底清除虫源。西葫芦的育苗床应与生产棚分开，于育苗前彻底清除野生杂草。育苗棚和生产棚都应覆盖防虫网，并于育苗和栽苗前进行药剂熏蒸灭虫。可采用 22%敌敌畏烟剂按 0.5 kg/667 m^2 熏烟一昼夜，放风通风后再进行育苗和栽苗。

（2）物理防治。烟粉虱成虫喜黄色，在棚内可以张挂黄板进行诱杀。黄板张挂位置应于温棚的后墙向前缘的 2/3 处，高度与西葫芦苗相当或略高，每间温室挂 1 张，7～10 d 取回涂一次机油。以此诱杀烟粉虱的成虫，效果非常好。

（3）及时进行药剂防治。由于烟粉虱世代重叠（在新疆一年可以发生 8～11 代），各虫态同时存在，药剂防治最好采用多种药剂交替使用，并每隔 7～10 d 喷一次。可选用 25%噻虫嗪水分散粒剂 2 000～3 000 倍液、25%噻嗪酮可湿性粉 1 000～2 000 倍液、10%吡虫啉可湿性粉 1 500 倍液、50%高氯·啶虫脒可湿性粉 2 000～3 000 倍液，或 0.5%楝素乳油 1 000～2 000 倍液喷雾，每 7 d 一次。

保护地内也可用10%氰戊菊酯烟剂或22%敌敌畏烟剂按0.5 kg/667 m^2用量熏烟，或采用背负式机动发烟器释放。另外，还可用80%敌敌畏乳油与水按1∶1混合后加热熏蒸，防治效果都不错。

(4)发病初期可用2%宁南霉素水剂200～400倍液、7.5%菌毒·吗啉胍水剂500～700倍液、25%吗胍·硫酸锌可溶性粉剂500～700倍液或4%嘧肽霉素水剂200～400倍液喷雾。视病情每7～10 d喷一次，可以缓解病情。

(5)已经发病的田块可喷施叶面肥，如50～100 mg/L增产灵或1%过磷酸钙，以提高植株耐病性。

(6)有条件的，可以采用生物防治。即在田间释放丽蚜小蜂，对烟粉虱的寄生率可达75%及以上。在释放寄生蜂期间，还可以配合施用25%灭螨猛可湿性粉1 000倍液，既可杀烟粉虱成虫、若虫及卵，又不影响丽蚜小蜂的繁殖。

子项目四　厚皮甜瓜栽培

任务一　温室厚皮甜瓜栽培

甜瓜为葫芦科黄瓜属一年生蔓性草本植物，甜瓜分为两个亚种(厚皮甜瓜亚种和薄皮甜瓜亚种)与多个变种。其中厚皮甜瓜因其果肉脆甜，耐贮性更好，已成为主要消费水果之一。新疆甜瓜种植历史悠久，是国内的优质甜瓜主产区。由于独特的地理位置和温光条件，新疆出产的甜瓜含糖量高，酥脆爽口，香味浓郁，营养丰富，品质优良，深受消费者的喜爱，在国内外市场上享有盛誉。厚皮甜瓜营养丰富，含碳水化合物、多种矿物质、氨基酸、蛋白质和维生素C等，具有清热解暑、除烦止渴、促进食欲等功效，深受各地消费者青睐。

一、育苗

1.品种选择

以早中熟品种为主，如纳斯蜜、耀龙25号、西州蜜25号、至爱、金色年华、黄醉仙、黄旦子等。

西州蜜25号生长势中，全生育期93.6 d，果实发育期43 d，裂果率达5.5%，单瓜重2.81 kg，产量2 020.3 kg/667 m^2。果实纵横径20.7 cm×15.3 cm，椭圆形，果皮浅麻绿底细密全网，果肉橘红，肉质细、酥、脆，种腔直径7.6 cm，皮肉厚4.1 cm，中心可溶性固形物含量占17.5%，边部可溶性固形物占11.3%，抗白粉病，感霜霉病。

2.播种

12月中下旬在日光温室内，甜瓜种子在55～60 ℃浸泡10～15 min，再浸泡 3～4 h，30 ℃催芽 36 h，露白后播种。播种在 50 孔穴盘，深度为 1～1.5 cm，每穴 1 粒；然后覆盖基质 1 cm、浇透水和覆膜。

3. 苗期管理

(1)出苗至 2 叶 1 心期前管理　温室白天为 25～30 ℃，夜间 20 ℃左右，基质温度 18～22 ℃较适宜。空气相对湿度为 90%以上，经 2～3 d，40%的种子出土时，及时去除地膜，4～5 d 苗可出齐。及时降温，白天为 23～25 ℃，夜间 13～15 ℃，基质温度 16～18 ℃较适宜。子叶展开至 2 叶 1 心期间，白天温度控制在 20～22 ℃，夜间温度降至 10～12 ℃，防止徒长。

(2)2 叶 1 心期后　上午 25～28 ℃，下午 20～25 ℃，前半夜 15～17 ℃，后半夜 9～12 ℃，有效水含量为持水量的 70%，成苗前 7～10 d 补一次营养液，即磷酸二氢钾 1 500 倍液，硝酸钙 2 000 倍液。一般情况下，光照越强，幼苗生长越旺盛，8～9 h 的光照时间利于雌花分化。也可用 100～200 mg/L 乙烯利喷施 1～2 次。

(3)炼苗　移栽前 3～5 d 对幼苗进行锻炼，白天温度控制在 20 ℃左右，夜间温度降至 10 ℃。

4. 苗木出圃

株高 12 cm 左右，子叶完好，茎粗 3～3.5 mm，具有 4～5 片真叶，叶色深绿，苗龄 30～35 d，根系能够将基质紧紧缠绕，当苗子从穴盘中拔出时，不会出现散坨现象。

二、定植

1. 整地做畦

前一年每 667 m^2 施入优质有机肥 5 m^3，磷酸二铵 30 kg，生物有机肥 75 kg，硫酸钾型复合肥 14-16-15 20 kg，深翻 25～30 cm，平整土壤。提前一周做好 1.4 m 的畦，畦面宽 80 cm，沟宽 60 cm，做好畦后安装滴水孔距为 20 cm 的滴灌带，双行，盖上地膜。定植前先浇透水，使土壤的湿度在 60%左右，即用手攥紧松开后土坨刚好不散为宜。将温室内所有风口关闭，密闭提温。

2. 定植

1 月底至 2 月初，选择晴天上午进行定植，双行，定植株距为 50 cm。定植时用花铲在畦面的中间位置挖与种苗基质坨大小相当的坑，将种苗连带定植基质放到坑内，压实，不封穴，过一周后有新根长出白色毛细根再封穴。定植前土壤已经洇透，因此要浇定植水。

三、温度调节

1.缓苗期

按照定植畦面宽度在两侧使用铁丝搭建小拱棚，上面覆盖白色透明地膜进行密闭提温。在小拱棚内悬挂温度计，定植后的一周内，小拱棚内白天温度超过 35 ℃时打开风口。早晨揭苫时温度不低于 10 ℃，地温应稳定在 15 ℃以上。此时正处于 2 月中旬，一般晴天中午将拱棚内的塑料膜打开即可，温室内温度超过 40 ℃再打开上风口进行通风换气。下午及时盖上小拱棚，保证缓苗期处在较高的温度。

2.伸蔓期

降温蹲苗，日温 25～28 ℃，夜温 15～20 ℃。开花坐果期的最适温度为 25 ℃。

3.果实膨大期

白天温度要保持在 27～35 ℃，前半夜温度 16～20 ℃，早晨揭苫前温度要在 12 ℃左右，地温保持 20 ℃以上。

四、植株调整

1.吊蔓绕蔓(图 4-86)

甜瓜长至 5～6 片真叶时，用麻绳或塑料绳将瓜蔓一端挂在温室顶部的铁丝上，另一端用活动扣绑在植株根茎部，并定期(每隔 3～5 d)将植株绕在绳上使之向上生长。

2.单蔓整枝(图 4-87)

全生育期保留主蔓，基部 1～3 节留子蔓 1 片叶摘心，将子叶节及第 3 片真叶至坐瓜节位前叶腋处长出的杈全部摘除。根据品种熟性不同，早熟种在第 7～9 节子蔓，中晚熟种在第 11～14 节子蔓的第一节留果，并留 2 叶摘心，如无

图 4-86　吊蔓绕蔓

图 4-87　单蔓整枝

雌花，留 1 片叶摘心，顺延至下一节子蔓上留果，摘心时子蔓上的芽要抹除。可连续坐果 2～4 个，直到果实坐住，子房明显增大时，除坐果节位的子蔓留下，其余侧枝全部摘除。

3. 摘心

主蔓 28～32 片叶时，即甜瓜主蔓长到顶部铁丝处摘心，顶部留两条子蔓任其生长。

4. 去老叶

甜瓜坐果后，随瓜的生长发育，下部叶片逐渐老化，已不再具有光合积累的功能，并且影响通风透光。应及时将下部老叶逐步打除(图 4-88)，但不能过早过狠。

图 4-88　打老叶

五、授粉

1. 人工授粉

为确保在理想节位上坐果，必须进行人工辅助授粉。上午 8—11 时进行，适宜温度为 20～25 ℃。摘下当天开放的雄花，去掉花瓣使雄蕊露出，然后用雄花的花药在雌花的柱头上轻轻涂抹，使花粉均匀地落在柱头上，注意不可碰伤柱头。

2. 激素处理

用 40 mg/kg 的坐果灵对雌花和瓜胎进行喷雾处理。

六、甜瓜坐果期管理

1. 定瓜

待果实膨大到鸡蛋大小时，及时疏果。一般单蔓整枝一株最多坐瓜 1 个，小型果可留 3～4 个。一般不留第一雌花坐瓜，以第二或第三雌花留瓜最好，即侧蔓第 10～12 节留果。选择果形端正、果柄较粗、稍长的椭圆形果实保留。摘除低节位或果形不正、带病受伤幼果，以保证正常节位正常果实的发育。

2. 吊瓜

果实开始上网纹时，用塑料网托将瓜吊起(图 4-89)，减少果柄的承重。或用塑料绳一端系在顶部铁丝上，另一端系在果柄上(图 4-90)，防止坠秧或掉柄。

3. 套袋

甜瓜套袋可以减少日灼，防治病害(图 4-91)。当甜瓜长到拳头大小，开始定个的时候，进行套袋。用塑料袋套袋时，将塑料袋的底部打通切除，避免塑料

图 4-89　网篮托瓜

图 4-90　塑料绳吊瓜

袋内产生积水导致病害。甜瓜斑点病主要是在果实生长前期形成的，套袋可以防病。同时甜瓜开始膨大时，瓜皮表面上的绒毛变稀薄，当大棚棚膜或叶片上的水珠滴落到幼瓜上，容易感染斑点病。在摘瓜前 7～10 d，把塑料袋去除，促进甜瓜转色和形成网纹。

图 4-91　套袋

七、肥水管理

1. 浇水

甜瓜全生育期滴灌浇水 6～8 次，总灌水量 200～400 m^3/667 m^2。缓苗后 5～7 d 浇缓苗水，伸蔓期视土壤墒情和瓜秧长势情况浇水。开花、授粉、坐果期一般不需浇水，以免引起茎叶旺长对坐果不利。幼瓜鸡蛋大小时浇膨瓜水，以后每隔 5～7 d 浇 1 次水；采收前（早熟品种 3～5 d，中熟品种 5～7 d，晚熟品种 10 d 左右）应及时停止灌水，以保证产品质量。

2. 施肥

伸蔓期如瓜秧长势弱，可随水施尿素 5 kg/667 m^2。普遍定瓜后，幼瓜鸡蛋大时浇膨瓜水并随水施氮、磷、钾肥，2 水 1 肥，每 667 m^2 施磷酸一铵 10 kg、尿素 5 kg 及硫酸钾 10 kg、硫酸镁 2 kg，或含量各 15% 的硫酸钾复合肥 10～15 kg。另外还应多次喷施叶面肥，一般 10 d 左右喷施 1 次 0.3% 磷酸二氢钾，以提高甜瓜产量与品质。

八、病虫害防治

1. 甜瓜主要害虫

甜瓜主要害虫有蚜虫（图 4-92）、红蜘蛛、潜叶蝇、烟粉虱。可在温室内悬挂黄板诱杀害虫（图 4-93）。

（1）烟粉虱、蚜虫　可选用 5% 啶虫脒乳油 1 500～2 000 倍液，或 0.3% 印楝素乳油 800～1 000 倍液，或 10% 吡虫啉可湿性粉剂 2 000 倍液，或 20% 氟啶虫酰胺 20 g，或 1.2% 苦参碱 · 烟碱乳油 800～1 000 倍液喷雾防治。

（2）红蜘蛛　防治遵循“早发现早防治，点片发生时点片防治，普遍发生时全面防治”的原则，防治药剂可采用 20% 阿维菌素 4 000 倍液，或四螨嗪 2 000 倍液，或 0.3% 印楝素乳油 1 000 倍液喷雾，每 10 d 1 次，连防 3 次，交替使用。

图 4-92　蚜虫

图 4-93　田间悬挂黄板诱杀害虫

2. 甜瓜主要病害

甜瓜主要病害为白粉病（图 4-94）、霜霉病、病毒病（图 4-95）、细菌性病害、蔓枯病等。白粉病可选用嘧菌酯 1 000～2 500 倍液喷施防治；霜霉病可选用烯酰吗啉 1 000～1 500 倍液、72% 霜霉威 800～1 000 倍液喷施防治；病毒病发病初期，通过喷施叶面肥提高植株抗性；细菌性病害在下雨后喷施可杀得 3 000 倍液，或农用硫酸链霉素 2 000 倍液防治；蔓枯

图 4-94　白粉病

病可选用 20%利克菌可湿性粉剂 1 000 倍液，或 50%甲基托布津可湿性粉剂 500 倍液，或 25%多菌灵可湿性粉剂 800 倍液灌根防治(图 4-96)。

图 4-95　病毒病

图 4-96　甜瓜灌根

九、采收

1. 成熟度判断

可根据生育期判断，全生育期早熟品种 75～95 d，中熟品种 95～120 d，晚熟品种 120～150 d。果实发育期，一般厚皮甜瓜早熟品种 40 d 以下，中熟品种 40～50 d，晚熟品种 50 d 以上。也可根据植株形态判断：果皮表面色泽鲜艳光亮，花纹清晰，呈现出品种特有的网纹、条带、沟棱、颜色；有网纹的品种，果面网纹突出硬化；坐果节位的叶片枯萎 1/2 以上；部分甜瓜成熟后有特殊香味。

2. 采收

把果柄与侧蔓剪成 T 字形(图 4-97、图 4-98)，带果柄以示该果实新鲜无病。本地销售的瓜应 9～10 成熟，外销的瓜 8～9 成熟采收。有伤口、裂口、病斑、花斑的应挑出来，采收期间轻拿轻放；准备长途运输的商品瓜，最好在下午采收，第二天上午运输；准备就近销售或用于贮藏的瓜，均应在上午采收。厚皮甜瓜有后熟作用，采收后在室温下放置 2～3 d 后品质最好，为最适食用期，而后随贮存时间延长，糖度有所降低。

图 4-97　网纹瓜 T 字形采收

图 4-98　甜瓜 T 字形采收

任务二　新疆露地甜瓜简约化栽培

一、整地施肥

甜瓜种植地块应排水良好、土层深厚，地面平整，以沙壤土或壤土最好。前茬以葱蒜类，或未种过瓜的麦地、棉花地、高粱地、玉米地等为宜。前一年冬灌最好用渠水漫灌。土壤肥力中等。定植前精细耕作田地，深翻土壤 25～30 cm，结合整地施足基肥，每 667 m^2 施入优质有机肥 3 m^3，磷酸二铵 30 kg，生物有机肥 75 kg，硫酸钾型复合肥 14-16-15 15 kg。旋耕后机械铺膜和滴灌带，即一膜一行滴灌栽培，沟心距 2.2 m，地膜覆盖后铺设地面支管并连通毛管。

二、播种

1. 品种选择

露地栽培以中晚熟品种为主，常见品种有纳斯蜜、斯穆拓（KR1222）、耀龙 25 号、西州蜜 25 号、西州蜜 17 号，至爱、金色年华，新 86～1，伽师瓜、9818 等。

甜瓜斯穆拓（KR1222）是新疆农业科学院哈密瓜研究中心针对南疆晚熟瓜产区选育的高抗白粉病品种，全生育期 110～117 d，果实发育期 55～65 d，平均单瓜重 3.5 kg。果实椭圆形，皮色墨绿色，网纹细密，外观漂亮，肉厚 3.5～4.5 cm，果肉红、肉质细嫩，松脆爽口，汁液多，中心折光糖含量 15%。植株抗逆性强，尤其高抗白粉病，适于露地轻简化栽培。

2. 播种时间

地表下 10 cm 土层地温达到 10 ℃以上即可播种，吐鲁番 3 月中旬播种，北疆在 4 月下旬播种，南疆约在 4 月上旬播种。

3. 播种方法

在滴灌带旁 7～10 cm 处地膜上打穴，株距 80 cm，用种量 800～1 200 粒/667 m^2，播种深度 2～3 cm，每穴播种 1～3 粒，播后覆土 3～4 cm。

三、田间管理

1. 查苗、定苗

播种后 7～10 d 及时查苗，遇雨后疏松土壤，破除板结，以利出苗，并及早定苗，每穴保苗 1 株。

2. 蹲苗期管理

出苗后在瓜苗基部围土，控水蹲苗 45～55 d，根据叶色确定灌水时间。

3.轻简整枝

主蔓6～8叶摘心，最好在晴天进行，在瓜蔓长出2.2 m宽的畦面时，切除植株长出畦面的部分，放任植株结瓜，同时，顺着种植行方向在畦面上拉2根线绳用于固定枝蔓，以防大风损伤雌花和幼果。

4.果实管理

摘根瓜：及时摘除根周围半径20～30 cm以内的雌花。

垫瓜：在果实长至拳头大时，在瓜下铺垫隔离物将瓜垫起。

翻瓜：果实显网后翻瓜1～2次，顺同一个方向翻瓜，每次翻动不得扭伤瓜柄。用覆盖物覆盖露出叶蔓的果实，也可以套袋方式解决“日灼”问题。

5.水肥管理

全生育期滴水5～7次。播种后出苗60%时，根据土壤墒情确定是否补水，确保亩最大保苗株数。苗期滴1次水后蹲苗，水滴足、滴透，随水追施磷肥3～5 kg/667 m^2。蹲苗后伸蔓初期滴1次水。坐果后进入果实膨大期，滴水2次，随水追施三元复合肥8～10 kg/667 m^2，间隔7～10 d/次。采收前10～15 d适当滴水1次，追施硫酸钾5～8 kg/667 m^2。

四、病虫害防治及采收(见任务一 温室厚皮甜瓜栽培)

【经验交流】

1.如何识别甜瓜壮苗?

甜瓜壮苗株高12 cm左右，子叶完好，茎粗3～3.5 mm，具有4～5片真叶，叶色深绿，苗龄30～35 d，根系能够将基质紧紧缠绕，当苗子从穴盘中拔出时，不会出现散坨现象。

2.嫁接甜瓜有什么优势和劣势?

使用抗病砧木嫁接换根，使甜瓜连作成为一种可能，可预防枯萎病的发生；同时，在一定程度上可提高产量，增强幼苗的抗病能力及提高耐寒性。但成熟期延迟，对果实品质也有很大的影响。

3.如何提高甜瓜的品质?

(1)注意种植温度。昼夜温差保持在15 ℃左右，利于糖分的积累。在果实膨大期，白天温度要保持在27～35 ℃，前半夜温度16～20 ℃，早晨揭苫前温度要在12 ℃左右，地温保持20 ℃以上。

(2)注意水肥管理，在膨大期后及时补充水肥，尤其是钾肥。幼瓜至鸡蛋大时浇膨瓜水，并随水施氮、磷、钾肥，2水1肥，每667 m^2 每次施磷酸一铵10 kg、尿素5 kg及硫酸钾10 kg、硫酸镁2 kg，或含量各15%的硫酸钾复合肥10～15 kg。另外，还应多次喷施叶面肥，一般10 d左右喷施1次0.3%磷酸二氢钾，以提高甜瓜产量与品质。

项目三　阳台豆类蔬菜无土或少土栽培

子项目一　阳台蔬菜生产

阳台蔬菜是指居民利用阳台、楼顶、窗台、庭院等平台种植的蔬菜。阳台蔬菜既能观赏，又能食用，给人们提供美丽的生活环境，提升家庭生活品味。

随着人民生活水平的提高及科学技术的发展，城市居民开始热衷于在自家阳台种植蔬菜来取代普通观赏植物，蔬菜生产正从耕地种植向楼房阳台、楼顶、窗台、庭院等空间种植发展，将蔬菜生产从食用性发展为生态、观赏、食用等多用途相结合。阳台种植蔬菜既能满足家庭部分蔬菜的需求，享受绿色劳动成果，还能绿化美化生活空间，调节身心，缓解人们的工作压力，提高生活质量。

一、种植方式

都市菜园由于种植空间有限，想在有限的空间收获更多的蔬菜，可以利用间种、混种、套种的种植方式。如春季播种瓜豆时可以间种矮生耐阴的薄荷、珍珠菜、菊花脑等香料类蔬菜。混种是指不同种类蔬菜种在一起，如可以把用量比较少的辣椒与萝卜、生菜、白菜、芹菜等蔬菜混种。套种是利用蔬菜收获期的不同，充分利用空间，如收获期短的苋菜与收获期长的生姜套种。

在人菜共生环境中，蔬菜生产主要有温、光、水、气、肥 5 种环境因素，其中光是人菜共生环境的限制性因素，补光是人菜共生的必要条件。结合设施农业技术和立体绿化技术，阳台等建筑农业种植技术包括覆土种植、栽培槽种植、栽培块种植、水培种植、透气型砂栽培技术等。其中透气型砂栽培技术可实现不更换栽培基质持续生产，是一种新型的适合建筑环境的农业种植技术。

二、阳台栽培蔬菜的准备工作

准备工作包括营养土分装及育苗、栽培器具摆放。由于阳台多为水泥或瓷砖地面，温度变化大，可在地面上铺设木板、砖块或泡沫板等防寒隔热层，在其上放置装入营养土的育苗、栽培器具，使其架空，准备播种或移栽。

1. 栽培容器

容器必须有排水孔，以便排水，否则会导致蔬菜根系腐烂。一般而言，陶制和木制容器比塑料容器排水快。如果选择的是自制容器，那么就需自己动手在容器的底部扎若干洞，以保排水顺畅。

选择容器时，除花盆、花槽等专业容器，可以自己动手制作，如泡沫箱、塑料盆、提桶、木箱、铝皮箱、镀锌铁皮箱、坛子、食品罐、轮胎、麻袋、烧烤盘等（图 4-99、图 4-100）。不同的容器有其自身适宜种植的蔬菜，如：块茎蔬菜如马铃薯可以在袋子中栽种，葱、韭菜、蒜苗等可在烤盘中栽种。盆栽必须选用节水花盆，在排水孔塞处用泡沫塑料滤水。现行节水花盆都有蓄水层或可从底部灌水等，可有效减少水、肥、土的流失。

图 4-99　各类木架子、PVC 管等搭或吊起来

图 4-100　蔬菜植物墙

宜选用颜色较浅的容器，慎用黑色，因为黑色吸热，有可能损害植物根系。如果选择了黑色容器，最好涂上一层颜色较浅的漆，或者把容器遮蔽起来，以免阳光直射。容器的大小应根据种植的蔬菜品种来定，宜大勿小，因为植物的根系生长需要一定的空间，较大的空间能使植物根系得到充分伸展，吸收更多的营养。

2. 栽培基质

栽培基质选择的基本原则是疏松透气、质地轻盈、经济适用、肥沃、安全。夏季炎热，土壤基质水分挥发较快，保水保肥能力较差，应针对性地选择保水能力较强的基质。不同品种蔬菜适宜的栽培基质配比见表 4-2。

表 4-2　不同品种蔬菜适宜的栽培基质配比

蔬菜种类	园土	草炭	椰糠	药渣	蛭石	珍珠岩
叶菜类	3	2	1			2
茎菜类	2	2	1	1		
根菜类	2	2		1	2	
花菜类	3	1	2			1
果菜类	2	2			1	1

装入基质前应在盆底垫上一些陶粒或者松树皮，以防基质堵住排水孔。

也可以自己配制营养土，营养土的配制过程如下：

（1）园土的选择 选择葱、蒜类蔬菜或豆类蔬菜的沙质园土，打碎过筛备用。

（2）有机肥的选择 以市售优质有机肥或充分发酵腐熟的优质家畜、家禽等农家肥，使用前消毒、碾碎、过筛备用。

（3）营养土的配制 取上述消毒过筛的园土、有机肥（或农家肥）按 2∶3 的比例混合，曝晒，同时，在每 1 m^3 混合粪土中加入尿素 50 g、磷酸二铵 80 g、草木灰 8 kg、根腐灵 100 g，混合均匀后装入栽培器具中备用；或者取上述消毒过筛的园田土、有机肥（或农家肥）堆肥、泥炭（或草炭）、蛭石按 4∶4∶1∶1 的比例混合，每 1 m^3 加入 500 g 复合肥料、根腐灵 100 g，混合均匀后装入栽培器具中备用。

三、阳台栽培蔬菜的品种选择

根据栽培目标，选择具有高产、稳产、优质、早熟、营养丰富、抗病虫等优良特性的品种，是实现阳台蔬菜高产高效栽培的前提。购买种子时，首先选择株型较小的品种，如无架刀豆株型相对普通刀豆要小、有限生长型的番茄株型要比无限生长型品种小；其次优先选择抗病、抗虫性好的品种，可以有效地减少农药的使用；最后要选择耐弱光品种或设施专用型品种。

阳台栽培蔬菜的品种选择，既要结合个人爱好和需要，也要考虑自家阳台的环境条件。阳台蔬菜宜选择适应性强、栽培简单、生长迅速、生长周期短的品种。如果平时没有很多时间打理菜园，应尽量种植一些耐旱耐涝的蔬菜，这样的蔬菜不需要精心照料，而且还能有较好的收成，比如小葱、牛皮菜等。如果阳台通风透气不是很好，就尽量不要选择藤蔓茂密的蔬菜，如冬瓜、青瓜、黄瓜、豇豆、四季豆等，否则，茂密的藤蔓攀爬到窗格上，会严重影响室内空气质量。如果种菜的容器很小，或是没有支架固定苗秆，尽量不要选择高秆的蔬菜品种，如茄子、辣椒、番茄等，这些高秆大冠的作物需要庞大稳固的根系，才能有效抗倒伏，否则可能经不起刮风而倒伏，或放置不慎从阳台上摔下伤人。

选择生长过程中不易招虫的品种。蔬菜上的很多虫类容易使家居环境里充满过敏原，导致主人出现皮肤问题，尤其是对小孩、老人和病人。招虫的蔬菜一般以豆类为主。如果家人对多数花粉过敏，则尽量避免种植要经过开花才能采收的蔬菜，如瓜豆等果菜类，对于白菜等叶类蔬菜尽量在开花前采收。

阳台朝向决定阳台的受光条件，朝南向的阳台，为全日照条件，阳光充足，通风良好，是阳台蔬菜的首选。朝东、朝西向阳台，为半日照条件，适合种植喜光耐阴的蔬菜品种(图 4-101)；朝西阳台，夏季西晒严重，需适当遮阴，防止高温灼伤，也可以种植一些耐高温、蔓生性蔬菜品种，如丝瓜、苦瓜、豇豆等；朝北阳台，几乎全天接受不到日照，适合种植特别耐阴的品种，如生姜、莴苣、芹菜、芋头、葱蒜等。除了朝向，阳台封闭性对阳台温度有一定影响(图 4-102)。全封闭阳台，冬季温度较高，而半封闭或无封闭阳台，冬季温度低，必须选择耐寒蔬菜品种或采取一定保温措施。而夏季，由于阳光直射，温度较高，必须选择耐热蔬菜或采取一定遮阴手段。

图 4-101　喜光耐阴蔬菜

图 4-102　半封闭或无封闭阳台

四、阳台栽培蔬菜的管理要点

1. 浇水

都市菜园栽种必须保证盆土湿润，一般蔬菜在光照充足的情况下，每天早晚各淋一次水；对于需水量大的瓜类、豆类，一天浇水 4 次也不为多。浇水原则以保持盆土用手抓起，抓紧时刚有水出，手松开时盆土可散为宜。除莲藕、西洋菜等水生蔬菜外，均要确保盆土疏松，氧气充足，蔬菜既不因水分不足而干枯，也不因水分过多缺氧而萎蔫。

因阳台多由盆器栽培，浇水次数需多，根据不同季节的蔬菜品种和生殖生长程度的不同，浇水管理也不同。需水量多的品种如木耳菜，需尽量保持一定的水分，生殖初期、旺盛、结果期也应该相应增加浇水量，严防酷暑干水现象，必要时加大早晚的给水量，确保植物安全过夏。浇水时避免浇到花蕊上，影响植株的正常授粉。

为了保持阳台干净、清洁，浇水时可以制作一些简易的浇水设备，确保植株浇水充分、有效、不浪费，简单省力易管理。

(1)使用矿泉水瓶倒置装水引细小管(如输液管)放入蔬菜盆中，并可调节出水大小，使给水液缓慢均匀流入盆中，不致土面板结，也能浇透。

(2)在盆栽蔬菜时可引 2～4 根吸湿棉条，栽培时适当调节与植株栽培时的位置，并将吸湿棉条露出盆底 10 cm 左右放在盆器托盘上，在浇水前后可查看托盘中的水量，来确定浇水情况，植株可根据自身的生长情况来调整吸水量。此方式方便实用，是家庭阳台蔬菜栽培较好的管理方法。

2. 施肥

都市菜园的蔬菜多栽种在种植盆内，为了保证蔬菜的正常营养供应，需平衡施肥，以少量多次为原则，施水溶肥或水与固体肥适量配比为佳。少量多次施肥既可以保证蔬菜对肥料的充分吸收，又可以保证蔬菜生长茂盛、优质高产。施肥过多不仅造成肥料浪费，而且营养土会因 EC 值过大、渗透压过高而烧苗；施肥不足或过少，蔬菜则会减产或降低品质。

(1)都市菜园常用肥料

①商用液肥。直接购买，商家已根据大多数蔬菜生长的要求，进行了合理配比，按说明使用即可。一般分为壮果肥和旺苗肥，旺苗肥含氮量较高，旺果肥含磷钾元素量较高。如果蔬菜产量高，还需注意微量元素的施用。

②复合肥。主要成分为氮、磷、钾，可以少量干施，也可以稀释 500～800 倍后水淋。初用者把握不好分量，宜少不宜多，以防烧苗。长期施用复合肥容易引起土壤酸化，导致蔬菜品质下降。

③缓释肥。是一次施用，肥效缓慢释放的肥料。优点为可作底肥，适用于无时间进行多次施肥的种植者；缺点为不能满足需肥量大的蔬菜。

④生物有机肥。也叫农家肥，主要来源于家禽粪便，如对鸡粪、猪粪，无害化处理加入生物活性菌，对栽培营养土有改良作用，进而提高蔬菜品质，主要用作基肥。

居民种植阳台蔬菜的主要目的是得到自己放心的绿色蔬菜，因此不建议施用化学肥料或者植物生长调节剂。阳台蔬菜之所以能称为绿色健康蔬菜，原因之一就是其少用化学肥料的特性。家庭阳台蔬菜的肥料形式有很多种，下面简单介绍 2 种自制肥料。

(2)自制厨余垃圾肥料　可以利用厨余垃圾，制作厨余酵素有机肥。①收集厨余，包括剩菜剩饭、菜叶果皮、茶渣、蛋壳、鱼骨等有机废弃物，切忌使用脂肪含量高的肉类，切割处理成 2～3 cm 大小，经过冲洗脱油、脱盐后沥干，装入专用厨余发酵桶。②按照厨余、菌剂 50∶1 质量比例加入酵素菌或 EM 菌，混合搅拌均匀后压实，装满发酵桶的 2/3，加盖密封，置于避光通风处。③发酵 3～7 d 后，有液体产生，即可收集有机液肥，每隔 3 d 收集 1 次。液肥呈浅褐色，微酸性，将其稀释 50～100 倍后，可以直接作为追肥施用。④物料完全发酵腐熟后，肥渣晾干，可以埋入栽培基质作为底肥使用，既可改良基质特性，又可增加有机质含量。

(3)自制鱼肠肥料　冬季比较适宜用鱼肠做肥料,如果其他季节用鱼肠做肥料,不要用苍蝇叮过的鱼肠。找一个空花盆,底部撒上一层土,将鱼肠放入土中,也可将鱼肠放入废旧锅中煮熟后埋入土中,这样发酵速度更快。在鱼肠上面覆上一层土盖实,如果鱼肠是放在阳台的容器中,要在土上加适量水,以便加快发酵速度,然后盖上容器盖子,放在向阳处。覆土以后,经 3～6 个月,鱼肠发酵后即可变成肥土,用来种菜种花都好。也可以在埋鱼肠的土上直接播种,但覆土的厚度要在 5 cm 以上,以防鱼肠发酵时烧根。

3.修剪整枝

阳台种植的大部分蔬菜都需要进行修剪,通过修剪可以增加蔬菜植株的透气性,减少病虫害的发生,同时可以去除植株多余部分,减少养分流失浪费。

(1)番茄的修剪　番茄在生长过程中会在每一节都长出侧芽,如果不及时抹去,就会消耗大量的养分。在修剪侧芽的时候最好不要用手直接掐,用专业的修枝剪可以避免伤到番茄植株。如果有些侧芽长势非常好,茎秆粗壮,我们可以只掐掉它的顶端,留下部分叶片进行光合作用,同时保护果实不受烈日暴晒。及时剪掉番茄黄叶,保证番茄植株健康生长。

(2)辣椒的修剪　辣椒一般都有 4 个大枝,在七八月的时候气温较高,大枝上又会生出 8 个小枝,由于辣椒枝繁叶茂很容易影响通风,诱发各种病虫害。这时就要剪去新生的 8 个侧枝,让养分集中供应 4 个大枝,这样结出来的辣椒果实又大又健康。

(3)茄子的修剪　茄子一般在小苗时不用修剪,等第 1 朵花出现后,留花以下 2 个侧芽,其余的全部抹掉,形成 3 枝的结构。在后期管理中及时抹掉所有的侧芽,摘除底部较大的叶片以利通风。如果顶端叶片生长过盛,也要及时摘除部分叶片保证通风。

(4)瓜类的修剪　黄瓜大多数品种都是主蔓结瓜,修剪原则就是留主蔓剪侧蔓。在黄瓜生长过程中要及时抹去侧芽,并适时剪掉下部多余的叶片,剪掉老叶病叶。丝瓜在生长前期摘掉所有的侧枝及雌雄花,等到主蔓长到架上后摘心,留最前端一个侧芽和一朵雄花,其余的侧芽都抹掉。等到丝瓜采摘后再摘心,同样留最前端的一个侧芽和雄花,抹去其他侧芽,这样反复操作可以增加丝瓜的结瓜数量。

4.病虫害防治

如果家庭阳台种植的蔬菜出现病虫害,我们最好利用身边的一些易得且安全无毒的制品进行防治,而不是用化学农药。

(1)灰霉病和细菌性角斑病的防治　取红糖 300 g 放入 500 mL 水中,待完全溶化后加入 10 g 酵母,每天搅拌 1 次,放置约 20 d 后表面会出现白膜,此时再加米醋、白酒兑水 50 kg，喷洒于发病的位置，隔 7 d 喷 1 次。

(2)红蜘蛛的防治 取 250 g 面粉，加 2 kg 水调湿，放在盆或桶内，再加入 8 kg 开水充分搅拌均匀，冷却后直接喷洒在被红蜘蛛危害的菜叶背面，大约 10 min 后，红蜘蛛就会被面糊粘住而死。

(3)蚜虫、蓟马等的防治 取落叶、秸秆、谷壳、果藤、稻草、木柴、杂草等点燃，燃烧后的残灰称为草木灰，其中含有大量的氧化钙和碳酸钾，呈碱性。用草木灰浸泡于清水中，一昼夜后过滤，取滤液喷施害虫为害部位，效果在 95%以上。草木灰同时又是很好的肥料，能提高蔬菜的抗性，有显著的增产效果。

此外，食醋、辣椒、花椒水、葱蒜水都是很好的安全的杀虫剂，材料好找，而且效果明显，又没有危害。

【经验交流】

如何自制厨余有机肥？

找一个能完全密封的塑料桶作为厨余桶，在桶底部开一个小孔作排液孔，用塞子塞住小孔，同时放一张报纸或窗纱、铁丝网等，以免分解的碎物落下堵塞排液孔。将厨余垃圾切碎后倒入厨余桶，每添加 10 cm 左右厚的一层厨余，就撒上一层发酵菌粉，发酵菌粉的使用量以覆盖厨余表面积的 80%以上为佳，然后覆盖压紧以节约空间，或者直接将发酵菌粉和厨余垃圾拌匀，更利于发酵的充分性。直到发酵桶装满，盖严盖子。停止添加厨余后 1 周左右，即可开始收集发酵液，1～2 d 排出一次液肥，否则影响继续发酵的效果。收集到的新鲜发酵液应该是橙色带点香甜的气味，如果颜色太深或味道刺鼻，表示发酵液不够新鲜，应该再提前收集。2 周后，桶内厨余长满白色或偏红色的菌丝，说明发酵菌生长旺盛，堆肥顺利。4～6 周后，菌丝明显老化、褪去，可将堆肥倒出埋入土中使用，或密封到袋中备用。

子项目二 阳台豇豆栽培

豆类植物一直是阳台节约空间的搭配植物，充分利用了阳台的垂直空间，也是阳台上一道亮丽的风景线。其中豇豆种植病虫害较少，日常管理简单，是阳台种植蔬菜的适宜选择。豇豆需要搭架栽培，家庭盆栽需要有较大空间，有大阳台或庭院者比较适合。豇豆性味甘平，健胃补肾，含有易于消化吸收的蛋白质，还含有多种维生素和微量元素等，所含磷脂可促进胰岛素分泌，是糖尿病病人的理想食品。

一、栽培性状

种植季节 3—5 月(南方从春季到秋季都可以播种)。一般 3 月中旬至 7 月中下旬均播种育苗，采收期6月上旬至10月中旬。

豇豆为总状花序，有2～5对花，但常只结一对豆荚，往往第1对豆荚摘下后，第2对花芽才开始发育或结果；如果肥水充足、养护合宜，花序上的所有花朵都可结荚。豇豆喜温，生长环境要求高温，耐热性强，生长适温为20～30 ℃，在夏季35 ℃以上高温仍能正常结荚，也不落花。但不耐霜冻，在10 ℃以下较长时间低温，生长受抑制，低于5 ℃就有可能发生冷害。喜温暖，生长适温20～30 ℃，15 ℃以下生长缓慢，5 ℃以下产生冻害。耐高温，但如果温度过高，豇豆品质差，叶片枯黄。豇豆属于短日照作物，但作为蔬菜栽培的长豇豆多属于中光性，对日照要求不甚严格，如红嘴燕、之豇28-2等品种，南方春、夏、秋季均可栽培，对光照要求中等，光照充足，生长良好。

二、栽培容器准备

盆栽所需的容器一般直径应在25 cm以上，盆高不得小于20 cm，一盆一苗，大盆可一盆两苗。栽培容器耕层深度以20 cm为宜。

三、播种育苗

豇豆易出芽，不需浸种催芽，根系再生力弱，多采用直播，直接点播在栽培容器中，或购买种苗移栽。豇豆发芽适温25～30 ℃，播种时气温应在20 ℃以上。播种前盆土应浇透水，每穴3～4粒种子，覆土2～3 cm。发芽后间去病弱苗，每穴留2～3株；3～4片真叶时再间苗1次，每穴留1～2株。若育苗移栽，发芽后3～4周，长出2片真叶或第1复叶展开时即可定植，然后浇透水，成活后进入正常管理。

四、日常管理

1. 水分管理

豇豆生长期内，水分要充足。但豇豆较耐旱而不耐涝，前期少浇水，适当控水，当主蔓上约有一半花序开始结荚时，要充分浇水以保证土壤湿润。豇豆耐旱，不宜浇水过勤，一般1周浇1次水。豇豆前期不宜多浇水和施肥，以防止肥水过多而引起徒长。

2. 适当追肥

移栽成活后施1次肥。齐苗及抽蔓期追1次，当植株进入初花期，营养生长与生殖生长并进，结果数增多，此时施次肥，促使多开花结荚。前期施肥宜少，定植成活后约1周时追施1次稀薄腐熟有机肥。现蕾至成熟期，每7～10 d施肥1次，注意增加磷钾肥，连续施肥2～3次。夏秋期高温干旱，应结合施肥灌水，以减少落花落荚，并防止蔓叶生长早衰，以延长结果期，提高产量。

3. 植株调整

豇豆是蔓生蔬菜，生长期内需要搭架、引蔓(图 4-103)。5～6 片真叶时应设立支架，初期应按逆时针方向将蔓牵引上架并用绳子固定，一般在晴天中午或下午进行；后期藤蔓缠绕能力很强，无须人工协助。当主蔓长出第一个花序时，花序以下的侧枝应全部摘除，花序以上的侧枝要进行摘心，基部留 2 片叶子；当主蔓攀爬满支架时打顶，以促使下部侧枝萌发花芽。

五、采收

豇豆播种后，约经 60 d 开始采收嫩荚(图 4-104)。春、秋播豇豆在开花后 10～15 d 即可采收，夏播开花后 6～8 d 即可采收。当豆荚饱满、组织柔嫩，种子稍显露时即可采摘。摘时在距离基部约 1 cm 处折断，注意不要碰伤其他花朵。采摘初期每隔 4～5 d 采 1 次，盛果期每隔 1～2 d 采 1 次，采收期为 30～40 d。

图 4-103　豇豆支架引蔓

图 4-104　豇豆采收期

【经验交流】

豇豆预防落花落荚的方法有哪些？

(1)露地种植选择适宜的播种时期和品种，使开花结荚期处在气候条件最适宜的月份。保护地内植株进入开花结荚期后，将温度维持在 25～28 ℃，空气中相对湿度为 55%～60%，注意采取增加光照的措施。

(2)适期追肥。一般每采摘荚果 2～3 次，追肥 1 次。每 667 m^2 追施腐熟的稀人粪尿 1 500 kg 或尿素 15 kg，硫酸钾 15 kg 或氮磷钾复合肥 10～15 kg。

(3)喷洒植物生长调节剂。在开花期酌情喷洒 5～25 mg/kg 的萘乙酸溶液，或 2 mg/kg 的防落素溶液，提高坐荚率。

(4)及时采摘荚果。当荚果长成，粗细均匀，荚内豆粒已开始生长，但豆粒处的荚面不鼓起时，为最佳采摘期。宜在傍晚采摘，一般盛果期每天采摘 1 次，到后期可隔天采摘 1 次。采摘时不要伤及花序枝及花蕾，不要遗漏长成的嫩荚果。若发现有漏摘的荚果，需及早摘掉。

(5)防治虫害。积极防治豇豆螟、烟青虫等，掌握"治花不治荚"的原则，在早晨 10 点豇豆闭花前喷药防治。

子项目三　阳台菜豆栽培

菜豆也叫四季豆、架豆、芸豆、刀豆、芸扁豆等，富含蛋白质和多种氨基酸、维生素 K、铁等，可健脾胃，增食欲，降低胆固醇。菜豆为喜温植物，生长适宜温度为 15～25 ℃，开花结荚的适温为 20～25℃，10℃以下的低温或者 30℃以上的高温都会影响菜豆的生长和正常的授粉结荚。同时，菜豆属短日照植物，其许多品种对日照长度的要求并不严格，栽培的季节也主要受温度的制约。

一、直播或育苗

菜豆种植季节主要是 2—4 月，也可在 8—9 月进行秋播。

1. 盆土选择

阳台种菜豆，家庭盆栽需要有较大空间，有大阳台或庭院比较适合。应挑选满足菜豆生长空间的大花盆，盆直径应在 25 cm 以上，盆高不得小于 20 cm；盆土要求疏松肥沃、排水良好、富含有机质。土量为距离盆上端 3～5 cm，浇水使其充分湿润。小盆一盆一苗，大盆可一盆两苗。

2. 直播或育苗移栽

想要可持续收获，可分批播种。直播(图 4-105)每穴 3～4 粒种子，覆土约 2 cm，轻微浇些水保持湿润；种子也可以泡水催芽后再播。约 1 周出苗，若天气太干燥，可覆膜保湿。育苗移栽应尽早，第 1 对真叶展开时即可移栽，因根系再生能力较弱，种植好后浇透水。

图 4-105　菜豆直播

二、日常管理

1. 间苗

发芽后间去病弱苗，每穴留 2～3 株；3～4 片真叶时再间苗 1 次，每穴留 1～2 株。若需移栽，发芽后 3～4 周，长出 2 片真叶且第 1 片复叶展开时即可定植，然后浇透水，成活后进入正常管理。

2. 水肥管理

菜豆对水分要求严格，喜湿润而怕旱忌涝。初期要保证土壤湿润，但一定不要太湿，开花前浇水宜少，一般不干不浇；开花结荚期要多浇水；气温高时适当增加浇水次数。要保证充足的肥料供应；对菜豆还要适当修剪，保持植物通风。2～3 d 浇水 1 次，夏季则要浇足水分，生长期保持根部土壤湿润。

生长前期可以进行 2～3 次施肥，施入以氮肥为主的腐熟有机肥。“干花湿荚、前控后促”，在菜豆结荚以后，要保持土壤的湿润，每半个月追施一次尿素即可，也可以喷施叶面肥磷酸二氢钾。当植株进入衰老期，要及时清除植株的老、残、病叶，以减少养分的消耗。开花结荚期(图 4-106)，每 1～2 周喷施 1 次腐熟的有机肥，比如蛋壳、骨粉等。通常可结合浇水进行施肥，生长前期追施 2～3 次以氮肥为主的腐熟有机肥，开花至结荚期，每 1～2 周喷施 1 次腐熟的有机肥，或者氮磷钾复合肥。

3. 环境调控

生长适温 15～25℃，高于 13℃或低于 15℃时易落花，夏季高温时需遮阴降温，低温时忌长期淋雨。矮生品种无须设立支架，蔓生品种可在株高 15～20 cm 时设立支架或牵引藤蔓攀爬棚架或栏杆(图 4-107)。根据阳台情况，对菜豆进行适当修剪，保持通风，以减少虫害问题。

图 4-106　菜豆结荚期

图 4-107　菜豆支架引蔓

三、采收

花谢后约 10 d,豆荚长约 10 cm 即可采收(图 4-108)。采收时一只手抓住花梗,另一只手将豆荚掐下,注意不要硬扯而拽断茎蔓。

图 4-108　采收

四、病虫害防治

(1)菜豆炭疽病　70%甲基硫菌灵 800 倍液,间隔 7 d 喷施。

(2)菜豆锈病　50%萎锈灵 800～1 000 倍液,间隔 7 d 喷施。

(3)豆蚜　10%吡虫啉 2 000 倍液喷施。

(4)白粉虱　25%扑虱灵 1 000～1 500 倍液喷施。

【经验交流】

都市菜园不同类别蔬菜的肥料需求如何?

(1)果蔬类　该类蔬菜以黄瓜、番茄为代表,整个生长期需要营养全面:前期需氮肥较多;后期开花坐果时需磷肥量剧增,合理施用含磷钾较多的肥料,增强植株抗逆性,提高果实品质。

(2)结球叶菜类　结球叶菜类吸收钾肥优于吸收氮肥,因此要注意多施氮肥,保证营养供应,同时要注意避免发生钙素缺乏症。蔬菜补钙可通过土壤补钙,叶面喷钙,科学使用氮、磷、钾肥,增施有机肥、适量补施硼肥来实现。

(3)绿叶菜类　绿叶菜类具有生长快、需肥量大的特性,在生长期要注意多施氮肥,同时也要注意磷、钾肥的合理配比施用。

(4)根菜类　该类蔬菜喜疏松透气、有机质含量大的生长环境,相对于其他类蔬菜,增施钾肥、硼肥较利于其生长。

(5)花菜类　根据该类蔬菜的生长特性,不同时间施用不同的肥料,生长前期偏施氮肥,现蕾前增施磷肥,现蕾后增施钾肥,同时要注意合理施用硼、钼等微量元素。

(6)豆类　豆类蔬菜是指以嫩荚果、嫩豆粒及豆芽等供食用的豆科植物,以广泛栽培的豇豆、菜豆、四棱豆、蚕豆、豌豆等为代表。大多数豆类蔬菜由于根瘤菌的固氮作用对氮素营养需求较少,而对磷钾肥需求较多,尤其是以采收老熟豆粒为目的的蔬菜;同时该类蔬菜具有吸收钾肥效率低、吸收磷肥效率高的特性。

模块五

冷凉菜类蔬菜绿色生产及防控

项目一　白菜类蔬菜生产

子项目一　早春设施生产大白菜

大白菜，又称白菜、结球白菜，是十字花科芸薹属蔬菜，其有宽大的绿色菜叶和白色菜帮，多重菜叶紧紧包裹在一起形成圆柱体，素有“菜中之王”的美称。大白菜味甘，性平，无毒，富含钙、锌、维生素、膳食纤维及抗氧化物质，有养胃生津、清热解毒、利尿通便的功效。大白菜是中国北方常见的冬季蔬菜，南北各地均有栽培。大白菜在均衡市场供应、稳定蔬菜价格等方面具有重要作用。

一、品种选择

温室大棚里种植的早熟大白菜品种很多，针对春季大白菜适宜生长期短的特点，必须选择生育期短、晚抽薹、包心早、包心快、结球率高、耐热、抗病的早熟大白菜品种，常用品种有韩国白菜、韩国皇冠、四季王白菜、鲁白1号、小杂55、小杂56等。

二、育苗技术

1. 育苗基质消毒

育苗基质使用前需进行消毒处理，常用消毒方法有暴晒消毒、药剂熏蒸消毒、化学药剂消毒。

(1)暴晒消毒　在晴热天气，将育苗基质摊在地面上，最好是摊在水泥地上暴晒 2～3 d，可杀死多种病原菌与虫卵。

(2)药剂熏蒸消毒　用 40%福尔马林 250 g，兑水 60 kg 喷洒在 1 000 kg 育苗基质上，拌匀后堆起，上面用塑料薄膜覆盖 24 h，揭膜后 10 h 左右即可播种。该消毒方法杀菌彻底，可防止大白菜苗期腐烂病、立枯病、猝倒病的发生。

(3)化学药剂消毒　1 000 kg 育苗基质中加入 70%敌克松粉剂或 50%多菌灵粉剂 200～300 g，充分拌匀，覆膜密封 2～3 d，要求育苗基质中含有一定水分，以提高杀菌效果。

2. 种子消毒

采用温汤浸种法进行种子消毒，即用 50～55 ℃水浸种 25～30 min，搅拌降温至 30℃，再浸泡 2～3 h，待种子充分吸足水分，捞出晾干后播种；也可用 0.1%～0.3%高锰酸钾溶液浸泡 2 h，再用清水漂洗干净后晾干播种。如果购买的种子是已包衣种子，可直接播种。

3. 播种

(1)播种时间　早春大白菜适宜播种时间在上年 12 月中旬或者次年 1 月初。

(2)基质装盘　装盘前先将基质喷水拌均匀，使基质含水量达到 60%(手握成团即可)，然后将基质装盘，装盘时一定要注意填充一致，填充不可过满，5～10 盘放一摞待播。

(3)苗床准备　苗床做成小畦，畦宽 1.6～1.8 m，便于管理，畦面整平后铺一层地膜。

(4)播种方式　采用穴盘育苗，宜选用 50 孔穴盘，在穴盘底部压孔点播，每穴最好点播 2 粒种子，不漏播，然后用刮板从穴盘一方刮向另一方覆土，也可边装盘边压孔播种。

(5)播后浇水　将播种好的穴盘及时浇透水，浇水时要用洒水壶轻洒，浇水要均匀，以防将穴内基质和种子冲出。

(6)穴盘放置　将播种好的穴盘移入苗床，以 4～6 个穴盘的宽度为 1 组，中间留 30 cm 走道，以方便检查种子出苗情况及苗期管理。

4. 出苗前管理

控制好棚内温度和湿度，土壤见干时喷水，保持土壤湿润；白天棚内温度保持在 25～30 ℃，夜间棚内温度保持在 15～18 ℃，一般 3～5 d 即可出苗。出苗率达 80%以上时，可适当降低棚内温度，以防秧苗徒长。

5. 幼苗期管理

(1)温度　出苗后(图 5-1、图 5-2)，大棚内白天温度控制在 23～28 ℃，夜间温度控制在 15～18 ℃。棚温过高时要及时通风降温，通风时要避免冷风直吹幼苗，当棚温降至 26 ℃时，关闭通风口。控制温度主要是预防温度过高造成幼苗徒长，形成弱苗，温度过低易引发低温危害，使幼苗生长缓慢，为此要培育健壮幼苗。

图 5-1 大白菜穴盘育苗的幼苗

图 5-2 大白菜直播幼苗

(2)湿度 穴盘内基质湿度以不干不湿为宜，不可忽干忽湿。如果基质表面干燥，应及时喷水，喷水要均匀。浇水过多，基质湿度大，幼苗容易烂根和发生病害。

(3)光照 在保证适宜温、湿度的条件下，尽可能延长光照时间，做到早揭盖草帘，并且及时清除棚膜上的积雪和灰尘，提高幼苗光合效率，防止光照不足引起幼苗徒长。

(4)查苗补苗 出苗后及时查看出苗情况，如发现有穴孔缺苗，及时补苗。

三、定植与定植后管理

1. 整地

大白菜前茬以葱蒜类和豆类作物为好，忌选十字花科蔬菜茬。移栽前施足底肥，667 m^2 施腐熟农家肥 5 000 kg、磷钾复合肥 30 kg，肥料撒施均匀后深翻 20～25 cm，然后起垄，垄间距 100 cm、垄高 20 cm，并将垄背整平，以备定植。

2. 定植

一般在 1 月中旬至 2 月初，幼苗长到 5～6 片叶、苗龄达 30 d 时，即可定植(图 5-3)。起苗前浇足水，起苗时连同基质一起取出，轻拿轻放，及时定植，防止萎蔫，连同根坨一起栽入穴内。株距 35 cm，行距 50 cm，每穴栽 1 株壮苗(图 5-4)。栽后及时封土浇水，5～6 d 后即可缓苗。

3. 定植后管理

缓苗后注意加强水肥管理，第 1 次追肥在莲座期(图 5-5、图 5-6)，莲座期是大白菜生长较快的时期，要保证水肥供应充足，随水追施液体有机肥 20 kg/667 m^2，

图 5-3　大白菜定植苗

图 5-4　移栽大白菜

以后依土壤干湿情况浇水。

结球期即大白菜包心初期和中期，根据大白菜生长情况，追肥 2～3 次，以速效氮肥为主，钾肥为辅，一般 667 m^2 追施尿素 5～10 kg、硫酸钾 3～5 kg，包心后期停止施氮肥。

大白菜是喜钙作物，缺钙会引发烧心病，严重影响大白菜产量和品质。故在结球初期喷施 0.3%氯化钙溶液，以减少烧心病的发生。

图 5-5　大白菜莲座初期

图 5-6　大白菜莲座后期

四、病虫害综合防治

温室大白菜常见的病虫害主要有根腐病、烧心病、软腐病、蚜虫、菜青虫、斑潜蝇等。

1. 农业防治

(1)选择抗病品种，播前做种子消毒处理。

(2)注意轮作，避免与茄科作物、瓜类作物及其他十字花科蔬菜连作，合理施肥灌水，结球期防止大水漫灌，预防软腐病的发生。

(3)高垄种植,利于排灌水,降低棚内湿度,增施磷钾肥及微量元素,提高植株抗病力。

2.物理防治

应用黄板和安置杀虫灯诱杀害虫。在蚜虫、斑潜蝇成虫始发期,每 667 m^2 放置 30 张黄板及安装 1 盏频振式太阳能杀虫灯诱杀害虫。

3.化学防治

(1)根腐病　大白菜根腐病(图 5-7、图 5-8)可用 72%农用链霉素可溶性粉剂 3 000～4 000 倍液,或新植霉素 4 000 倍液、14%络氨铜水剂 350 倍液等喷施防治,每隔 7～10 d 喷施 1 次,连续喷施 2～3 次。

图 5-7　大白菜根腐病叶片症状

图 5-8　大白菜根腐病根症状

(2)软腐病　大白菜软腐病发病后(图 5-9),及时将病株连根拔除带出田间,然后用 25%增效农用链霉素可溶性粉剂 2 000～3 000 倍液喷雾或灌根防治,或用 72%农用链霉素可溶性粉剂 2 000～3 000 倍液、77%氢氧化铁 600 倍液等药剂喷洒防治。

(3)烧心病　大白菜烧心病(图 5-10)可用 0.7%硫酸锰 50 kg/667 m^2,或用喷洒型大白菜干烧心防治丰 450 g,兑水 50 kg,在苗期、莲座期及包心前喷施 3 次防治。

图 5-9　大白菜软腐病

图 5-10　大白菜烧心病

(4)蚜虫　主要发生在幼苗期及中期(图 5-11),大白菜蚜虫用 5%藜芦碱 500～800 倍液或 10%烟碱(康禾林)800～1 000 倍液喷施防治。

(5)菜青虫　大白菜菜青虫可用溴氰菊酯(敌杀死)2 000 倍液或 15%氯氰菊酯 1 000 倍液喷施防治。

(6)斑潜蝇　可选用吡虫啉、阿维菌素、灭蝇胺等药剂喷施防治。

五、适时收获

早春,在大白菜球叶结实时即可上市(图 5-12),上市要及时,抓住市场蔬菜稀缺的空当期,可以提高大白菜的经济效益。

图 5-11　大白菜蚜虫

图 5-12　大白菜收获期

【经验交流】

大白菜在种植季节干烧心的原因是什么?有什么预防方法?

(1)表现症状　大白菜干烧心主要危害大白菜叶球,大白菜结球初期发病症状表现为嫩叶边缘呈水渍半透明状,脱水后萎蔫呈白色带状。结球后发病症状表现为植株外观正常,内叶叶缘部分变干黄化,有带状或不规则的病斑。

(2)原因分析　在种植大白菜的过程中,一定要做好水肥管理。如果土壤太干或太湿,也会影响钙的吸收,所以很容易出现干烧心的症状。在大白菜生长期,天气干燥,雨水少,如果种植者未能及时浇水,会导致田间严重干旱,或者土壤湿度过高,土壤中的钙会严重不足,使根系吸收不到足够的钙,这种情况下,大白菜就会出现干烧心。此外,储存不当也会导致大白菜干烧心症状加重。在储藏过程中,大白菜的新陈代谢并没有停止,但不能吸收钙离子,所以病情会加重。如果储存场所温度高,通风不太好,疾病会发展得更快。

(3)防治方法　一是选用抗病耐病的大白菜品种。二是重施有机肥,提高土壤的温度,适量浇水,尤其是要肥水同施,防止土壤溶液浓度过大,导致大白菜出现干烧心现象。三是增施有机肥,氮、磷、钾、微量元素肥配合施入,少施单一氮素化肥。四是适当根外补钙,在大白菜即将结球时,开始向心叶喷施含钙的叶面肥，每隔 10 d 左右喷一次最好。五是在大白菜播种时用含微量元素锰的肥料拌种，或在大白菜莲座期和结球期，用含锰元素的肥料各喷 2 次左右。

子项目二　设施结球甘蓝栽培技术

结球甘蓝是十字花科芸薹属甘蓝种的一个变种，又名卷心菜、洋白菜、疙瘩白、包菜、圆白菜、包心菜、莲花白等。结球甘蓝是二年生草本植物，起源于地中海沿岸，16 世纪开始传入中国。结球甘蓝具有耐寒、抗病、适应性强、产量高、品质好、易贮藏、可长途运输等优点，经济效益好且营养丰富，深受种植者和消费者喜爱。

结球甘蓝以叶球供食，是新疆的大宗蔬菜之一。结球甘蓝每 100 g 可食部分中含硫胺素、核黄素各 0.4 mg，烟酸 0.3 mg，维生素 C 39 mg，钙 100 mg，是营养价值较高的蔬菜。结球甘蓝具有耐寒、抗病、适应性强、产量高、品质好、易贮藏、可长途运输等优点，经济效益好且营养丰富，深受种植者和消费者喜爱。

一、茬口安排与品种选择

甘蓝的类型依叶球的颜色可分为白球甘蓝、赤球甘蓝和皱叶甘蓝，我国栽培的多为白球甘蓝；依成熟期可分为早熟种、中熟种和晚熟种；依叶球的形状可分为平头、圆头和尖头 3 个类型，一般按这个方法分类的比较多。

平头型：植株较大，叶片开张，叶球扁圆形，中柱短缩，品质好，产量高，一般为晚熟种。

圆头型：植株中等，开张度较小，叶球呈圆形，一般为早熟种和中熟种，产量不如平头型的高，在南方各地作越冬栽培，容易发生先期抽薹，栽培较少。

尖头型：植株较小，叶球呈心脏形，叶片长卵形，中肋粗，中柱较长，早熟，产量较低，可作春甘蓝栽培。

春提早甘蓝，2 月上中旬育苗，3 月上中旬定植；露地种植，7 月中下旬育苗，8 月上中旬定植，10 月收获。应选择株型大、产量高、效益好、抗病虫害、包心紧实、耐低温、耐抽薹、耐储运的品种。在挑选结球甘蓝种子时，应选择籽粒饱满、颜色呈红褐色或黑褐色的种子，这样的种子出芽率和存活率都较高。早熟春甘蓝栽培须选择早熟、生育期短的品种，常用的品种有中甘 11、中甘 15 号、8398、中甘 21 等。

二、设施结球甘蓝种植技术

(一)设施类型及土壤选择

1. 栽培设施

结球甘蓝保护地栽培在新疆地区多为日光温室栽培,塑料中棚、大棚栽培等几种形式。日光温室栽培甘蓝一般1月中下旬播种育苗,若使用小拱棚栽培甘蓝,1月上中旬播种育苗。

2. 土壤条件

结球甘蓝植株适应性比较强,在沙壤土、壤土、黏土等土壤中均可栽培,对土壤酸碱性也没有特别严格的要求。为了获得高产、优质的结球甘蓝,应尽量选择排灌方便、有机质含量高、土壤保水保肥能力良好、土层深厚且疏松的地块,一般以轻沙壤土或壤土为宜。前茬作物最好为粮食作物,也可以是非十字花科的豆类或瓜类,如西瓜、黄瓜、马铃薯和大豆等。禁止甘蓝连作,否则极易发生病虫害,降低产量。

(二)育苗及播前准备

播种期的确定一般以种植地温度为参考,在15～20 cm地温大约8 ℃且气温稳定在15 ℃以上,往前推大约50 d就是当地的最适育苗期。在种植过程中,也可根据当地气候条件、育苗条件和品种成熟期灵活掌握播期。育苗床要耙平并浇足底水。播后覆过筛细土保墒可防苗床龟裂。出苗前棚室温度保持15～25 ℃。幼苗出齐后注意加强放风管理,温度保持10～20 ℃。

1. 种子处理

为防止种子传播病害,播种前最好用45 ℃热水浸种消毒10 min,因甘蓝种皮薄,水温不宜过高,以免降低种子发芽率。浸种后把种子装入布袋内放在30 ℃左右的地方催芽,每天用清水淘洗1～2次,种子80%露白即可播种。

2. 播种

播种前床土要耙平,浇透底水,水渗下后均匀撒播种子,上覆一薄层药土(如用50%的多菌灵可湿性粉剂8～10 g/m^2 进行土壤消毒),最后畦面盖塑料膜保湿。播种量15～20 g/m^2。

3. 苗期管理

播种后苗床保持20～25 ℃;出苗后揭去地膜,注意保墒,适当通风降温,防止幼苗徒长,白天15～20 ℃,夜间5～10 ℃为宜。分苗前3 d适当降温、降湿,以增强秧苗的抗逆性。定植前7～10 d浇1次大水,然后控水,通风降温,进行低温锻炼,白天大通风,温度保持在12～15 ℃,夜间不再防寒,温度保持在5 ℃。定植前2～3 d,昼夜通风,夜温降到3～4 ℃炼苗。

(三)定植

经过适度的低温锻炼,当幼苗有5片及以上真叶、叶片质感厚实、颜色呈深绿色、节间短、无病虫害、根系发达(图5-13、图5-14)时,即可定植。定植前要结合翻耕整地施足基肥,用复合肥25 kg/667 m^2,均匀施入耕作层,然后进行开沟整地,畦宽适宜选择1.2~1.3 m。定植行距40~45 cm,株距35~40 cm,早熟品种密度为4 000~4 200株/667 m^2。定植深度以埋没土坨为宜,定植后浇透定植水。

图5-13 甘蓝穴盘育苗

图5-14 甘蓝定植苗

(四)田间管理

1.补苗

定植缓苗后及时进行1次田间检查,补全苗,全苗是早甘蓝高产稳产的关键。

2.蹲苗

定植后5~7 d,浇1次缓苗水,然后蹲苗,促使幼苗进行养分积累,促进茎秆粗壮,一般蹲苗7~10 d。

3.中耕除草

缓苗后及时中耕松土,以提高地温,促进根系生长,同时铲除田间杂草。甘蓝在定植后要进行2~3次中耕、除草,可以提高地温,增强土壤透气性,促进根系发育;也可以防止杂草与结球甘蓝争肥争水,引发结球甘蓝缺素症;同时还能减少病虫害传播。

4.肥水管理

缓苗后应及时追肥提苗、促进幼苗迅速成长,可随水追施尿素3 kg/667 m^2;莲座期和结球期甘蓝需要养分最多,进入莲座期后,可结合浇水施三元复合肥20 kg/667 m^2,促进茎叶生长;结球初期(图5-15)视长势进行第3次追肥,施优质复合肥15~25 kg/667 m^2,并适当控水;叶球生长盛期(图5-16)进行第4次追肥，施三元复合肥 15～20 kg/667 m^2，以促进叶球紧实。收获前 7 d 内不浇水。

图 5-15 结球初期

图 5-16 叶球生长盛期

（五）病虫害防治

1. 黑腐病

主要症状表现：幼苗期发病时，子叶呈水渍状病斑；成株发病则是形成叶斑或黄脉，并逐渐向叶内扩展，叶片颜色变为黄褐色，严重时整株萎蔫死亡；结球期发病时，叶球表面可观察到有淡黑色病斑(图 5-17)。防治方法：适时播种，合理浇灌，播种时进行种子消毒；发病初期可用波尔多液喷雾，间隔 3～5 d 喷洒 1 次。

2. 软腐病

甘蓝进入结球期后，是软腐病的高发期，肉眼可见叶球表面有水渍状斑点，随着病害的发展，甘蓝陆续出现萎蔫、腐烂等现象，并散发出一种刺鼻味道(图 5-18)。防治方法：应立即在病害株周围撒生石灰进行消毒，同时还需在病害区域喷洒 50%代森锌水剂，连续喷药 3 次进行防治。

图 5-17 黑腐病

图 5-18 软腐病

3. 蚜虫

主要发生在结球甘蓝幼苗期至包心期。蚜虫不仅吸取甘蓝的汁液，还传播病虫害，造成植株叶片畸形、生长迟缓、包心不紧实等。防治方法：可选用 10% 吡虫啉可湿性粉剂 1 000～2 000 倍液喷洒叶片。

4. 菜青虫

菜青虫(图 5-19)对结球甘蓝的危害也较为严重，其幼虫或成虫取食结球甘蓝叶片的同时，粪便也会对叶片造成污染。防治方法：用 0.5% 蔬果净 700～800 倍液，或 25% 灭幼脲悬浮剂 1 000 倍液喷雾防治。

(六)适时采收

当叶球达到紧实时，即可分期采收(图 5-20)，分批上市，以免发生叶裂球，被雨水侵入而引起腐烂。采收时应适当保留外叶，以保护叶球免受损伤，尤其是需保鲜加工出口的。

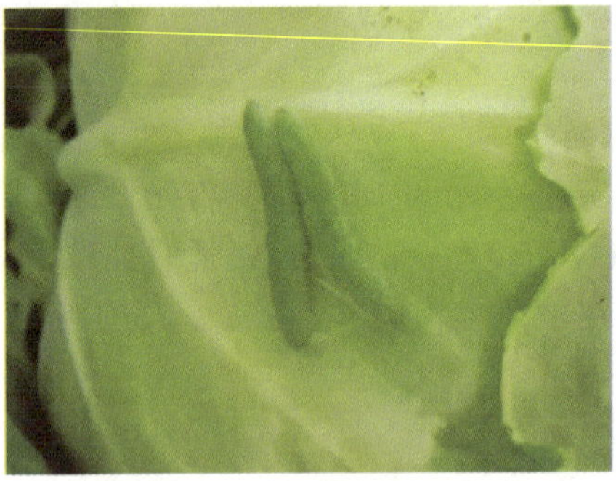

图 5-19　菜青虫危害的症状

图 5-20　甘蓝收获

【经验交流】

1. 结球甘蓝裂球的主要原因有哪些？怎样防止结球甘蓝裂球？

结球甘蓝裂球(图 5-21)的主要原因：一是甘蓝结球后生长较快，叶球组织脆嫩，叶片柔韧性变小，浇水过多会导致叶球内叶片胀裂，从而引起开裂；二是土壤较长时间缺水后，突然遇到降雨或大量浇水，也会造成结球期叶片吸水过多叶球开裂；三是品种特性导致易裂球，像圆头、平头品种等裂球偏多，尖头品种则裂球较少。

图 5-21　结球甘蓝裂球

为防止结球甘蓝裂球，应选择地势平坦、灌排水方便、土质肥沃的地块种植结球甘蓝；并通过增强土壤保水保肥能力，减少水分变化对结球甘蓝的影响;或选用尖头不易裂球的结球甘蓝品种等。

2.春早熟甘蓝未熟抽薹的原因及防止对策有哪些?

(1)原因分析　结球甘蓝抽薹开花(图5-22)的原因主要有:

图5-22　结球甘蓝抽薹开花

①播期过早,遭遇低温气候,导致甘蓝抽薹。农民为了提早上市,提前播种。播种早的甘蓝越冬时幼苗过大,低温而导致大面积抽薹开花。如1999年11月至2000年2月,邯郸市气温变化剧烈。1999年11月无强冷空气入侵,12月月均温比常年偏高1～3 ℃,但元月下旬比常年偏低1～2 ℃。持续约40 d的强冷气温,使已长成的甘蓝幼苗很容易通过春化。2月下旬气温有所回升,以后气温比历年同期偏高1～4 ℃,且光照充足,非常利于通过春化的甘蓝幼苗抽薹开花。由此可见,气候因素是2000年春早熟甘蓝未熟抽薹大面积发生的主要原因。

②田间管理不当,造成甘蓝抽薹。在甘蓝苗期不注意放风,造成苗床内温度高,幼苗生长快,植株过大;在甘蓝定植后,放风过早,造成棚内气温低,尤其靠近通风口的地方抽薹率明显提高。许多农户在栽培措施不当的情况下侥幸未损失或损失很小,因而在思想上对早期未熟抽薹重视不够。一些种植经验不足的农户,可能缺乏未熟抽薹方面的知识,未采取任何预防措施。

(2)防止对策

①选用冬性强、不易未熟抽薹的优质早熟丰产品种。不同产地的同一品种抽薹率不同,提醒广大农民应从信誉好的种子门市部或直接从优质种子的育种单位购买种子,以避免劣种子带来的损失。

②根据品种要求,适时播种。严格控制播期,如播期偏晚,虽然幼苗可以安全越冬,但上市晚,栽培效益下降。具体应根据当地当年的气象条件、品种特性、育苗方式及定植后的保温条件而定。

③加强苗床温度管理,避免大苗定植。出苗后若气温较高(苗床温度高于20 ℃),在幼苗3片叶以前,可以通过加大放风量及延长放风时间降低苗床温度,控制幼苗生长;若幼苗3～4片叶时,气温仍较高,只能通过分苗或切块囤苗控制其生长,并加强苗床的夜间保温工作,使之不低于10 ℃。适时调整温室内温度,防止温度过高或过低造成幼苗生长速度过快或过慢,影响幼苗质量,导致植株易受病虫害影响,引发幼苗生长不良及结球甘蓝早期抽薹等一系列反应。

④适时定植,加强定植棚的保温设施。若幼苗定植过早,遇到气温低,则会

造成幼苗生长缓慢。若幼苗长时间感受低温，天气转暖后容易出现抽薹现象。保温设施包括采用新棚膜、厚草苫，增厚后墙及山墙等。

⑤加强定植后的管理，缩短缓苗期。定植时保持土团完整，免伤根系。缓苗前不放风，中耕提高地温。若遇严寒天气，除增加覆盖物厚度外，棚内可采取地膜覆盖、生火等临时增温措施。缓苗后在晴天中午可适当放风，最好放顶风，以后随着气温升高，逐渐加大放风量及延长放风时间。团棵期，撒施 50 kg/667 m^2 硝铵，地不旱不浇水，收获前 15 d 左右浇 1 次。

⑥补救措施。对有轻微抽薹先兆的大棚，视天气情况，可适当提前 4～5 d 揭膜，低温可抑制抽薹促进包球，仍可获得一定产量；还可摘去主茎，促进侧芽萌发结球。

子项目三　花椰菜生产

花椰菜是十字花科甘蓝的一种类型，别名花菜、菜花。花椰菜产品是原始花轴和花蕾变形增厚，在茎顶端形成白色肥大花球块状花序，叶宽而长，高出花团甚多。花椰菜依结花球颜色可分为白色、紫色和黄色等类型。原产地中海沿岸，19 世纪传入中国，栽培面不断扩大。花椰菜不仅早已成为世界性蔬菜，而且也成为中国菜园里的一种主要蔬菜了。花椰菜常做成炒菜，也可做沙拉或做配菜生食。

一、土壤条件

土壤疏松、耕层深厚、富含有机肥、保水保肥、透气性好、营养齐全、酸碱度中性到微酸性、不含病原菌和虫卵。营养土的主要成分是园土、有机肥、速效化肥等。

二、茬口安排与品种选择

春提早花椰菜，2 月上中旬育苗，3 月上中旬定植；露地种植，7 月中下旬遮阴育苗，苗龄 25 d 左右，8 月末定植，10 月末到 11 月上旬开始采收。选用耐热、耐湿、抗病虫、优质、高产、耐储运、商品性好、适合市场需求的中早熟花椰菜品种。

三、育苗技术

1. 苗床准备

播种前要进行种子消毒，可以用种子质量 0.3％的 35％甲霜灵可湿性粉剂或 50%福美双可湿性粉剂拌种 。

2. 浸种催芽

将种子置于 50～55 ℃温水中浸泡 15 min，边浸泡边搅拌，捞去病粒、杂质，待自然降温后继续浸种 25～30 min，捞出种子置于 25～30 ℃环境中保湿催芽，待 75%种子露白后即可播种。

3. 育苗时期

定植前 25～30 d，在温室或大棚内育苗。

4. 播种

播前苗床先浇足底水，待水下渗后将种子均匀撒于畦面，播种量为 2～3 g/m^2，播后均匀盖 0.3～0.5 cm 原过筛细土，用遮阳物覆盖畦面。

5. 苗床管理

(1)水分管理　出苗前保持土壤湿润，幼苗 3 叶期后视土壤情况控制浇水次数，保持床土见干见湿，防止幼苗徒长。

(2)温度管理　在出苗前保持白天温度在 15～20 ℃，夜间温度在 10～15 ℃；出苗后白天温度控制在 25～30 ℃，夜间温度不低于 10 ℃；在定植前 5～7 d 炼苗，白天温度保持在 15～20 ℃，夜间温度不低于 8 ℃。

四、田间管理

1. 栽植方法

选苗龄 20～25 d、4～6 片叶的花椰菜壮苗定植(图 5-23)。定植前 1 d 苗床浇透水，便于起苗时土坨不散。起苗尽量多带土、少伤根，随起苗随定植。选择在阴天或晴天傍晚时定植(图 5-24)，行距 60 cm，株距 50～55 cm，保苗数 2 000～2 200 株/667 m^2。

图 5-23　花椰菜幼苗

图 5-24　定植花椰菜

2.肥水管理

浇灌缓苗水后，应迅速中耕培土至少1次。若发现幼苗长势较差、土壤干燥时，应基于天气及时浇水，并施加适量的速效氮肥。莲座后期时，应严格控制水与肥料，中耕培土，并实施蹲苗。当蹲苗完成后浇1次透水，每隔10～15 d随水冲施腐熟优质有机肥1次，共施4～5次，每次施有机肥1 000～1 500 kg/667 m^2。莲座期(图5-25)、花球膨大期(图5-26)各穴施腐熟饼肥1次，每次施用50～60 kg/667 m^2。莲座后期出现花球，且花球迅速长大，肥水需求量增大。此时，应适量浇水，确保土壤始终处于湿润状态，随同浇水每667 m^2追施10～15 kg尿素、10 kg磷酸二铵、10 kg硫酸钾。同时，朝着叶面喷洒0.2%硼砂溶液2次，有效预防出现花球中空症状。当露出花球时将花球外沿几片大叶和花球束缚在一起，牢固包裹，再使用稻草进行轻轻捆绑，或者把靠近花球的大片叶子折盖在花球上，避免雨淋和暴晒，也可预防花球被冻伤。

图5-25　莲座期

图5-26　花球膨大期

五、花椰菜病虫害绿色防控技术

花椰菜病虫害防治全面贯彻“预防为主、综合防治”的植保方针，合理运用物理、药剂防治措施，创造不利于病虫草害滋生和有利于各类天敌繁衍的环境条件。药剂防治即使用人工合成的除草剂、杀虫剂、杀菌剂、植物生长调节剂等。

1.病害防治

(1)霜霉病　使用45%百菌清烟剂180 g/667 m^2进行烟熏，每隔7 d烟熏1次，连续4次；针对中心病株，可喷洒72%霜霉威(普力克)水剂800倍液、40%三乙膦酸铝可湿性粉剂200倍液、75%百菌清可湿性粉剂500倍液喷雾，最好交替使用这些药剂，每隔7 d喷洒1次，连续喷洒3次。

(2)黑斑病(图5-27)　发病初期，喷洒50%异菌脲可湿性粉剂1 500倍液或75%百菌清可湿性粉剂600倍液，每隔7 d喷洒1次，连续喷洒3次。

（3）黑腐病（图 5-28）　发病初期，喷洒 75%百菌清可湿性粉剂 600 倍液、72%农用硫酸链霉素可溶性粉剂 4 000 倍液、14%络氨铜水剂 600 倍液，每隔 7 d 喷洒 1 次，连续喷洒 3 次。

图 5-27　黑斑病

图 5-28　黑腐病

2. 虫害防治

（1）物理防治　选用 20 cm×30 cm 黄板诱杀有翅蚜虫，黄板间隔悬挂在蔬菜行间，悬挂于植株上方 20～25 cm 处，悬挂 35～40 块/667 m^2。也可在田间安置频振式杀虫灯诱杀蚜虫，杀虫灯悬挂高度为 0.8～1.2 m，灯与灯的间距为 120～160 m，在田间呈“W”形分布。在成虫发生期，每晚 22 时开灯到次日早 6 时关灯。在菜青虫成虫发生期，用糖醋液诱杀，糖醋液配方为糖 3 份、醋 4 份、白酒 1 份、水 2 份，混合均匀，放入敞口容器内，固定在植株上方 50 cm 处，放置 4～5 盆/667 m^2，每 5～7 d 更换 1 次糖醋液。

（2）药剂防治　花椰菜虫害主要是菜青虫、小菜蛾（图 5-29）、蚜虫、甜菜夜蛾等，尽量采用环境友好、低毒高效的生物农药进行预防。虫害防治农药可使用 20%苦参碱可湿性粉剂 2 000 倍液、1.8%阿维菌素乳油 3 000 倍液、10%吡虫啉可湿性粉剂 1 500 倍液、5%藜芦碱乳油 500～800 倍液等，每隔 7 d 喷洒 1 次，连续喷洒 3 次。以上各种农药最好交替使用，可以有效预防害虫出现抗药性，但是不得随意增加或降低药物剂量，也不能在高温下喷洒药物，以防影响药效。

图 5-29　小菜蛾成虫

六、适期收获

当花球充分肥大、洁白鲜嫩、表面平整、边缘尚未开散时，要及时采收(图5-30)，否则易散花。采收时应留下几片嫩叶，以使花球免于损伤和污染，花球上市前不能清洗。

图 5-30　成熟的花球

【经验交流】

1. 花椰菜需肥特点及施肥原则有哪些?

花椰菜生长期长，对氮肥、磷肥、钾肥需求量比较大，其中需要量较多的是氮和钾。叶片生长期需要充足的氮肥，花球形成期需磷比较多。现蕾前，磷、钾肥要供应充足。另外，为了保障花椰菜的品质，还需要叶面喷施硼、镁、钙等微量元素肥。

花椰菜的施肥原则：

(1)有机肥为主，化肥为辅　花椰菜田单施化肥比单施有机肥的硝酸盐残留高。因此无公害花椰菜生产用肥，必须以有机肥为主，矿质化学肥料和微量元素肥为辅，大力加强配方施肥。

(2)限量使用氮肥　氮素肥料是花椰菜生产中使用量较大，而且整个生长期都必需的品种。当氮肥充足时，植株生长茂盛，叶色浓绿，高产。如果缺乏氮肥，则植株茎叶窄小，叶色发黄，产量和品质都会下降。但是，超量施用氮肥，也会引起菜体内硝酸盐含量剧增，容易发生病虫害。

2. 花椰菜施肥技术要点有哪些?

(1)施足基肥　基肥是为了保障花椰菜的基本生长需要，主要肥料包括腐熟优质农家土杂肥、氮磷钾复合肥和硼肥。基肥在整地时翻入土壤中层，与土壤充分混合。

(2)合理追肥　花椰菜定植后到花球成熟，一般需追肥 3 次。第 1 次是莲座期，追施钾肥和尿素，以促进花芽、花蕾分化和花球形成。第 2 次是花球形成初期，肥料同上，以促进花球的快速膨大。第 3 次是花球形成中期，肥料为尿素和钾肥。肥料要保证随水冲施，否则会影响花球的形成，导致产量下降。

(3)根外追肥　根外追肥可以提高花椰菜品质。缺硼，可在花球形成初期叶面喷施硼砂溶液。缺镁，要叶面喷洒镁肥。花球形成期可叶面喷施钼酸铵溶液。根外追肥可以防止早衰，提高花球产量，改善花球质量。

子项目四　设施娃娃菜高产栽培

娃娃菜是一种袖珍型小株白菜，呈黄色和淡绿色，属于十字花科芸薹属白菜亚种。娃娃菜帮薄甜嫩、营养丰富，价格比大白菜略高；富含维生素和硒，且叶绿素含量较高，还含有丰富的纤维素及微量元素，深受消费者喜爱。娃娃菜种植产量收益也比较可观，成为现代新型农民的热门选择。

一、播前准备

1. 品种选择

根据市场消费习惯，挑选适合本地区栽培、丰产性好、抗病性好、口味佳的杂交品种，如京春黄、京春99、京春白、高丽金娃娃等。

2. 土地选择

应选择肥沃疏松、保水透气、田块平整、pH为6.5～7.5的地块种植，但要避免重茬，不能选择前茬栽培过十字花科蔬菜的地块。娃娃菜地上部分较小，因此，根系比大白菜要小，以沙质壤土与黏质壤土最佳。

3. 播前整地

播种前先翻地1～2次，清除土壤块中的杂草和石块。采用整地机耙地整平、整碎，达到“齐、平、松、碎、净、墒”六字标准，并呈待播状态，要求地平、土碎、无残茬、无杂草。在整地前施入底肥，每667 m^2 地施入腐熟农家肥2 500 kg、复合肥10～15 kg、硫酸钾10 kg、过磷酸钙20 kg。对土地进行深耕后精细耙地。

二、播种

1. 播种时间

春季直播：一般是在3月的中旬和4月的上旬，采收的时间是在5月的中旬至6月的上旬。秋季直播：一般在8月的中下旬开始播种，到了10月的中下旬开始采收。冬季直播：一般是在10月下旬播种，采收在1月初。移栽定植时间：提前20～30 d育苗，春季3月初定植，秋季11月初定植。

2. 播种量

播种量为100～150 g/667 m^2。选用80 cm地膜，一膜3行，膜上间距25～30 cm，膜间行距35～40 cm，平均行距30 cm，株距20～25 cm。或选用110 cm地膜，一膜4行，行距配置30 cm＋25 cm＋30 cm，膜间行距35～40 cm，平均行距30 cm，株距20 cm～25 cm，理论株数8 000～10 000株/667 m^2。

3. 种子处理

播种前先将种子晾晒2～3 d，每天晾晒2～3 h，再将种子放到阴凉的地方，这样能增强长期贮藏后种子的活力。此外，可选用百菌清、代森锰锌、福美双、瑞毒霉等药剂进行拌种处理，预防黑腐病、霜霉病等病害，每 100 g 种子药剂用量为 3～4 g。同时，为预防软腐病，可用农抗 751 可湿性粉剂拌种，100 g 种子用药量为 1～1.5 g。

4. 播种育苗

需要在播种之前施足充分腐熟的粪肥，做成苗畦，开沟的时候行距在 10 cm 左右。必须浇足底水，等到水分完全渗下去之后，把娃娃菜的种子均匀地撒入沟内，覆土的厚度也是 1 cm。这种方式用种量要少一些，是 70～90 g/667 m^2。

及时清除病弱苗，确保苗齐。出苗后需间苗 1～2 次(图 5-31)，待长出 3 片真叶时，在中耕松土过程中定苗，株距为 8 cm。调整好苗床温度，白天以 18～25 ℃为宜，晚间以 13～15 ℃为宜。长出 3 片真叶后应及时追肥灌水，待长出 5～7 片真叶时(图 5-32)就可进行定植。

图 5-31　娃娃菜幼苗期

图 5-32　娃娃菜定植苗

三、田间管理

1. 定植

注意不要将植株栽得过深，定植后立即浇水。定植株、行距分别为 20 cm、30 cm，栽植 0.8 万～1.0 万株/667 m^2。定植时可采用机械移栽(图 5-33)或人工移栽(图 5-34)。

2. 间苗

娃娃菜是比较容易发芽的，播种后 3 d 就差不多能够齐苗，要及时间苗定苗。要合理地去掉病苗和残苗，保留株距 20 cm 左右即可。

3. 中耕除草

在苗期一般采用中耕机中耕 2 次。第 1 次在出苗现行(2～3 片真叶)时，结合中耕除行间杂草，耕深 5～8 cm；第 2 次在 5～7 片真叶时，深中耕，耕深在 15 cm 左右，可以增加土壤透气性、提高地温、防止土壤板结。莲座期适当控水

图 5-33　机械移栽

图 5-34　人工移栽

蹲苗。

除草可以采用化学除草和人工除草相结合的方式，一般在娃娃菜 5 叶后进行人工除草。

4. 温度、湿度管理

通过电或锅炉等加温设备确保白天以 18～23 ℃为宜，晚间以 10～12 ℃为宜。科学通风，控制湿度不得超过 75%。

5. 水肥管理

采用直播种植的，在浇足齐苗水后，未形成 6 片叶前无须浇水。若是沙质土壤，可在中间适当补浇一次。移栽种植的，要浇好定植水。浇水要遵循见湿见干原则，不要浇过多水，防止高温高湿条件下引发病害。

在各生长期内适当追肥。苗期主要靠基肥，结球初期（图 5-35）与中期是追肥的关键时期，均选用速效肥，并提前施入，施入尿素 5～7 kg/667 m^2。结球中期施"灌心肥"，施入化肥 10～15 kg/667 m^2 或农家肥 1 000～1 500 kg/667 m^2，有利于促进包心，让结球紧实。结球后期（图 5-36）再追肥 1 次，通常隔 5～6 d 浇水 1 次，保证水分充足。

图 5-35　娃娃菜结球初期

图 5-36　娃娃菜结球后期

四、病虫害防治

1. 防控原则

创造有利于各类天敌繁衍和不利于病虫草害滋生的环境条件，丰富生物多样性，维持农业生态系统平衡。

优先采用农业措施：选用抗病虫品种、严格种子种苗检疫、培育壮苗、加强栽培管理、中耕除草、耕翻晒垡、清洁田园、轮作倒茬、间作套种等。

利用物理和生物措施：利用灯光、色彩诱杀害虫，机械捕捉害虫，释放害虫天敌，机械或人工除草等。大力推广使用植物源生物农药。

2. 病害防控

(1)猝倒病(图 5-37)　主要发生在苗期，在苗床低温高湿条件下发生较为严重。出苗后即可发病，感病植株基部呈圆周状缢缩，幼苗在轻微外力下突然倒地。苗期湿度不要过大，保持见干见湿，同时尽量提高苗床温度。个别植株发病后，可用 72.2%普力克 500～600 倍液或 64%杀毒矾 500 倍液喷雾防治。

(2)软腐病　是娃娃菜的主要病害之一。植株感病后，莲座叶萎蔫下垂，严重时茎基部腐烂，莲座叶脱落，叶球外露，稍加外力即全株倒地；有的外叶叶缘焦枯，同时感病部位有细菌黏液，并放出一种恶臭味。发病初期用 72%农用链霉素可湿性粉剂 3 000 倍液或新植霉素 3 000 倍液喷雾或灌根，每隔 10 d 防治 1 次，连续防治 2～3 次。

(3)霜霉病　苗期和成株期均可受害(图 5-38)。幼苗受害，子叶正面产生黄绿色斑点，叶背面有白色霜状霉层，严重时子叶和幼茎变黄枯死。成株主要为害叶片，初期叶正面出现淡黄色斑点，后扩大变为黄褐色不规则病斑，叶背密生白色霜状霉。发病初期用 70%克露可湿性粉剂 800 倍液，或 50%甲霜灵可湿性粉剂 800 倍液，或 65%杀毒矾可湿性粉剂 500 倍液喷雾防治。

图 5-37　猝倒病

图 5-38　霜霉病

3. 虫害防控

(1)种植环境保障措施。清除杂草,在娃娃菜收获后对土地进行深耕,在灌溉过程中使用洁净的水源等方式均能够消灭或者减少各类虫卵,从而抑制病虫害的传播。

(2)利用生物防治措施。充分利用天敌进行防治,如用适量的多异瓢虫、七星瓢虫进行防控。瓢虫的投放可以集中在傍晚,此时气温较低,害虫活动稳定,且光线较暗,能够进一步提升防治效果。

(3)物理防控技术措施。温室种植娃娃菜时要做到及时通风,并降低温室湿度,可以达到防治多种虫害的作用。此外,可以通过害虫的趋光性特征使用诱虫灯进行杀虫。

(4)使用生物及植物源农药。蚜虫可用5%藜芦碱乳油、5%苦参碱乳油500～800倍液进行防治;菜青虫幼虫3龄前可用苏云金杆菌可湿性粉剂500～1 000倍液防治。

五、收获

当娃娃菜株高在30～35 cm,叶球纵径为15 cm,最大横径为7 cm,包球紧实时就应及时收获。若不及时收获可能会因温度太高而使娃娃菜大面积裂球或球心腐烂。可适当提早采收上市销售,以增加收入,尽量减少损失。在收获的时候应将植株从土中拔出,将菜根砍掉,并剥掉外围叶片,削掉过长叶梢,便可上市销售。

【经验交流】

1. 春季娃娃菜抽薹的原因是什么?

(1)品种选择不当　品种选择不当是导致先期抽薹的直接原因。娃娃菜属于结球类型的白菜,为种子春化感应型,即在种子萌动时就可以感受低温条件而通过春化过程。研究结果表明,娃娃菜冬性较弱,对通过春化的温度条件要求不严格,一般在2～10 ℃低温下,10～20 d可以完成春化过程。低温影响具有累积性,不需要连续低温。一旦通过春化阶段发育过程,在18～20 ℃高温下遇长日照可迅速抽薹开花,全部进入生殖生长阶段,失去白菜经济价值。不同的娃娃菜品种对温度的要求有一定的差异,有的耐寒性较强,有的耐寒性较弱,有的则严格要求温和气候。近年来,早春茬拱棚种植的娃娃菜普遍采用韩国进口的宝娃、春月黄、春贝黄、春玉黄等品种,这些品种的耐抽薹能力差异很大。因此,在栽培中应该选择耐抽薹能力强的品种。

(2)播种期、定植期过早　早播种、早定植可以提早成熟上市,抢占市场先机。但播种过早、定植过早,外部环境温度较低,若管理不当,娃娃菜苗期长时间处于低温条件,极易通过春化阶段而抽薹,特别在遇到持续低温和寒流多次侵袭的年份,更不能过早播种和定植。近年来的实践表明,2 月上旬前育苗、3 月中旬定植在拱棚的娃娃菜,发生先期抽薹的现象比较多,抽薹比率较高。

多年气温统计资料显示,1 月上旬的日平均气温为－14.1 ℃,日气温在－20 ℃,即使 2 月上旬在采光保温性能较好的日光温室育苗,如不采取加温措施,温室内夜温无法保证在 10～13 ℃及以上,娃娃菜即会播种后育苗期通过春化过程。

1 月中旬的夜间气温平均为－16.6 ℃,1 月下旬的夜间气温平均为－21.8 ℃,极端低温值达到－29 ℃,2 月上旬的夜间气温平均为－15.4 ℃。1 月中旬于日光温室育苗,虽采取了增温措施,但因 1 月中旬至 2 月上旬期间温室内夜温无法达到 10 ℃以上,且阴天和下雪天室内温度只能勉强保持幼苗不受冻,故娃娃菜在育苗期就基本通过了春化过程,定植后出现了严重的先期抽薹现象。

(3)栽培管理措施不当　除了上述为了早定植、早上市,提早播种育苗,使幼苗长期在低温条件下生长,导致育苗期就通过春化的情况外,还有在育苗到定植以后的栽培过程中,因管理措施不当,未创造与之相适应的生长发育条件而导致的先期抽薹。如育苗期,有的菜农经常对苗床通风,结果使小苗通过了不完全春化,当定植于拱棚中,再遇到低温寒流天气,即完全春化而抽薹;有的菜农将娃娃菜定植到拱棚后,白天通风降温、夜间保温措施不当,以及水分管理未跟上,导致生长温度过低,使幼苗通过春化而抽薹。

(4)定植后遇长日照条件,生长发育通过光照阶段　早春茬拱棚娃娃菜在育苗期和定植后完全通过春化,随着生长环境温度逐渐升高、日照时间逐渐加长,正好满足了娃娃菜通过光照阶段的条件,自然就会先期抽薹开花。

2. 娃娃菜抽薹防治措施是什么?

(1)选择适宜春播的品种　春季适宜大白菜生长的日数要比秋季短,应选择生育期短、冬性强、抗抽薹、产量高的品种。根据试验和生产调查,推荐金贝贝、高丽金娃娃、金童娃娃菜、金宝黄等品种,这些品种冬性强、耐抽薹、生育期相对较短。对于新品种,应先经过早春育苗和定植生产试验。

(2)适当提早育苗时间　早春娃娃菜在日光温室中育苗,如不采取加温措施,早的育苗时间应当掌握在 2 月中下旬,此期室外夜间气温仍在－15～－11 ℃。若采取采光和保温性能较好的二代温室育苗,则理论上可保证室内夜温在 10 ℃以上,从而防止和减缓娃娃菜苗期通过低温而春化,但白天通风时要注意观察室内温度,防止过度通风出现低温导致幼苗春化。另外,提早育苗时间应以定植时间来倒推,过早育苗就要提早定植,但如果生长温度过低,过早定植仍会发生低温春化抽薹现象;推迟定植,又会使苗龄过长,定植后也会发生先期抽薹现象。建议娃娃菜冬季日光温室育苗，从育苗期即促进营养生长，抑制花薹生长，苗龄长不宜超过 40 d。

(3)适时定植　拱棚早春茬娃娃菜定植时间一般选择在 3 月下旬比较安全，此时该区外界夜间温度平均在 0 ℃以上。若定植前提早扣盖拱棚则可以提高地温，并使定植后棚内夜间温度能保持在 5 ℃以上。进入 4 月外界气温回升较快，定植棚内升温也较快，娃娃菜在棚内生长经历的夜间低温时间逐渐缩短，虽也会经历 10 ℃以下的低温，但低温天数累计较少，植株不会完全通过春化阶段。

(4)加强大棚温度管理　定植后，拱棚一般不通风或少通风，以利于增加棚内温度，加快缓苗。随着气温的逐渐升高，通风时通风量应由小到大。有条件的可在夜间采取多层覆盖，遇到寒流低温天气采取增温措施，尽可能减少娃娃菜定植后经历的低温天数。

(5)加强肥水管理　如果栽植地保水保肥力差，土地比较瘠薄，娃娃菜营养生长不良，也会发生不结球抽薹的现象。春栽早熟品种，一般不蹲苗，应加强肥水管理，早追肥，肥水齐攻，一促到底，保证生育前期营养条件良好，促进营养生长，抑制发育，从而使其在花芽分化前就形成更多的叶片，降低抽薹概率。一般于幼苗期和定植后，施尿素 10～15 kg/667 m^2，使植株迅速形成莲座和叶球。莲座期以后随着气温升高，酌情增加浇水，保持土壤湿润，此期干旱会影响莲座叶的生长和球叶的分化，而有利于花芽分化，结球期气温高、日照长有利于花薹生长。因此，必须使营养生长速度超过花薹生长，应在莲座期施“发棵肥”，促进莲座叶和根系生长，结球前期、中期各施 1 次化肥，一般施尿素 15～20 kg/667 m^2。

项目二　根菜类和薯芋类蔬菜生产

子项目一　设施萝卜高产栽培

萝卜是十字花科萝卜属二年或一年生草本植物，营养丰富，产量高，耐储存，是新疆种植广泛的蔬菜，同时又具有清热生津、消食化滞、开胃健脾、顺气化痰的功效，深受广大群众的喜欢，市场需求度高。

大棚冬春生产萝卜，播种时期决定着萝卜的生长速度和收获时间，直接关系到菜农的经济利益。适宜播种时间在 1 月初。

一、播前准备

1. 地块选择

地块以土层深厚、土质疏松、排水透气良好、比较肥沃的沙壤土为好。不能连作，适宜的前茬作物为豆类、瓜类、葱蒜类。

2. 品种选择

结合当地气候、土壤、播种时间，选择抗病性好、抗病虫害能力强、丰产性高的品种(图 5-39)。常用品种有 791、大庆青萝卜、脆绿青萝卜。

图 5-39　萝卜种子

3. 整地施基肥

施腐熟厩肥 3～5 m^3/667 m^2，或者施用氮比例较大的复合肥 40 kg/667 m^2 左右，肥料撒施均匀后进行 30～40 cm 深耕。然后采用深沟高畦，利于排灌，畦高 20～30 cm，畦宽 60～80 cm。

4. 土壤封闭

整地后可每 1 hm^2 均匀喷洒 48%氟乐灵(2 250 g 药剂＋ 750 kg 清水)或 60%丁草胺乳油(1 500 g 药剂＋600 kg 清水)，以有效降低田间杂草量。

二、播种

1. 种子处理

采用温汤浸种法进行种子消毒，即用 50～55 ℃水浸种 25～30 min，搅拌降温至 30 ℃，再浸泡 2～3 h，待种子充分吸足水分，捞出晾干后播种；也可用 0.1%～0.3%高锰酸钾溶液浸泡 2 h，再用清水漂洗干净后晾干播种。如果购买的种子是已包衣种子，可直接播种。

2. 播种方法

采用穴播，每穴播种 4～5 粒，要使种子在穴中散开，以免出苗后拥挤。株距为 25～30 cm，平均行距为 40 cm，播深 2 cm，覆土 1 cm，播后及时浇水。

三、田间管理

1. 出苗前管理

播种一周内，大棚为密闭状态，控制好棚内温度和湿度，土壤见干时喷水，保持土壤湿润；白天棚内温度 25～30 ℃，夜间棚内温度 15～18 ℃，一般 3～5 d 即可出苗。出苗率达 80%以上时，可适当降低棚内温度，以防秧苗徒长。

2.出苗后管理

(1)出苗后温度控制在白天 22 ℃左右、夜间 17 ℃左右。此外还要注意通风换气,减少棚内的湿度、减少病害。

(2)在保证适宜温、湿度的条件下,尽可能延长光照时间,做到早揭盖草帘,并且及时清除棚膜上的积雪和灰尘,提高幼苗光合效率,防止光照不足引起幼苗徒长。

(3)及时查看出苗情况,如果有穴孔缺苗,要及时补苗。

3.间苗和定苗

遵循"早间苗、晚定苗"的原则,在 2～3 叶期时进行第 1 次间苗,在 4～5 叶期时进行第 2 次间苗(图 5-40)。在真叶 5～6 片时,进行定苗,去除弱苗,留一株壮苗。

图 5-40　萝卜幼苗期

4.水肥管理

(1)滴水　掌握土壤湿润、前控后促原则。播种后及时浇水,出苗前保持土壤湿润;幼苗期需水量不大,土壤见干见湿;进入生长期后,萝卜生长旺盛,浇水量要大一些,要浇匀浇透;莲座期要适当控制水分,使幼苗根部下扎,防止茎叶徒长;进入膨大期后,土壤保持湿润,浇水要均匀充分,防裂根。

(2)施肥　第 1 次间苗时滴水滴肥,每 667 m^2 滴水 45 m^3,滴施尿素 5 kg、磷酸一铵 5 kg、硫酸钾 5 kg;第 2 次滴水在萝卜 5～8 片莲座叶,即破肚时,每 667 m^2 滴水 45 m^3,滴施尿素 3 kg、磷酸一铵 5 kg、硫酸钾 3 kg;第 3 次滴水在萝卜根部膨大期,即萝卜露肩时(图 5-41),每 667 m^2 滴水 45 m^3,滴施尿素 2 kg,滴施磷酸一铵 3 kg,硫酸钾 3 kg;第 4 次滴水每 667 m^2 滴水 45 m^3,滴施尿素 1 kg,滴施磷酸一铵 2 kg;最后 1～2 水滴 45 m^3 即可。肉质根生长盛期可喷洒 1～2 次 0.2%磷酸二氢钾加 0.1%硼砂,利于增产,还可延长功能叶寿命,防止早衰(图 5-42)。

四、病虫害防治

1.农业防治

选择抗病品种。注意轮作,避免与十字花科蔬菜连作。高垄种植,利于排灌水,降低棚内湿度。

2.物理防治

在大棚内放置黄板诱杀蚜虫;在大棚外安装频振式太阳能杀虫灯诱杀菜青

图 5-41　萝卜露肩期

图 5-42　萝卜肉质根生长盛期

虫成虫。

3. 化学防治

(1)软腐病(图 5-43)　用 47%春雷·王铜可湿性粉剂 20～30 g,或 40%春雷·噻唑锌悬浮剂 40～50 g,兑水 30 kg 均匀喷淋叶片基部,每 7 d 喷 1 次,连喷 2～3 次。

(2)霜霉病(图 5-44)　发病初期用 50%多菌灵可湿性粉剂 2 000 倍液 50 g/667 m^2 喷雾防治,或用 80%代森锰锌 600 倍液喷雾预防。发现中心病株后,可选用 25%甲霜灵可湿性粉剂 750 倍液喷雾防治,或用 5%多抗霉素 500～600 倍液喷施防治。

图 5-43　软腐病

图 5-44　霜霉病

(3)蚜虫(图 5-45)　可用 5%藜芦碱乳油 500～800 倍液、5%苦参碱乳油 500～800 倍液进行防治。

(4)菜青虫(图 5-46)　在菜青虫卵孵化盛期,用苏云金杆菌(Bt)可湿性粉剂 1 000 倍液喷雾,或用 4.5%高效氯氰菊酯乳油 2 000 倍液 20 mg/667 m^2 喷雾防治。

图 5-45 蚜虫

图 5-46 菜青虫

五、收获

当根部直径 10 cm 左右、青萝卜根长 30 cm 左右、叶片转黄、达到商品标准时采收，采收前 2～3 d 浇 1 次水，以利拔收。在拔收过程中，要均匀用力，小心将萝卜从泥土中拔出，保持根、叶不损伤，整齐码放(图 5-47、图 5-48)。

图 5-47 萝卜收获(1)

图 5-48 萝卜收获(2)

【经验交流】

萝卜种植中常见有哪些问题？发生原因是什么？怎么防治？

(1)主要问题 萝卜在不良的环境与栽培条件下，常有畸形根(图 5-49)、裂根(图 5-50)、黑皮、黑心、糠心(图 5-51、图 5-52)及苦味、辣味等现象发生，使产量和品质降低。

①畸形根。在栽培过程中，若灌水太多，土壤板结，施用未腐熟的有机肥或厩肥中含有尿素过多，土壤耕层太浅或土中有石块、瓦砾等，都容易引起畸形根的发生。

②裂根。裂根的发生主要是由土壤水分供应不均匀所致。如土壤长期干旱，肉质根生长暂时停顿，突然降雨或灌水，根又迅速生长，易发生裂根。

图 5-49 畸形根

图 5-50 裂根

③黑皮和黑心。土壤板结，通气不良，或施用新鲜厩肥，土壤微生物活动强烈，消耗氧气过多等，造成根部窒息，部分组织缺氧。

④糠心。萝卜糠心又称空心，即肉质根木质部中心部分发生空洞的现象，与品种、肥水条件等有密切关系。生长速度快，肉质疏松的品种容易糠心。土温过高、缺水、呼吸作用强容易引起糠心；肉质根贮藏在高温干燥的场所，也易引起糠心。

⑤苦味与辣味。苦味是肉质根中含有苦瓜素，它是一种含氮的碱性化合物。产生苦瓜素的主要原因是单纯施用氮素化肥过多，而磷、钾肥不足。辣味是由肉质根中芥辣油含量增高所造成的。气候炎热干旱、有机肥不足时，往往产生较多的芥辣油，使辣味增重，降低品质。

图 5-51 萝卜糠心(1)

图 5-52 萝卜糠心(2)

(2)发生原因

①与品种有关。肉质根薄壁细胞大的品种，肉质根密致程度差，易出现糠心。

②与土质有关。沙质过重的土壤栽培的萝卜比壤土或黏土中栽培的萝卜会早出现糠心。

③供水不当。生长期间前期水分均匀,但后期干旱,尤其在肉质根形成期,土壤缺水,生长受阻,从而出现糠心。

④种植密度不合理。株行距较宽的条件下,肉质根生长过快,叶和根的生长失去平衡,使地上部制造的有机营养不足以供给地下部肉质根膨大生长的需要,容易出现糠心。

⑤施肥不合理。特别是后期追肥过迟,用量过多,加之肥料品种搭配不当,氮肥施得多,使萝卜地上部生长过于旺盛,块根肥大而引起糠心。

⑥采收过晚或已发生先期抽薹现象。

⑦采收、储运过程中造成裂皮、裂痕等伤口,使呼吸作用增强,养分消耗过大而糠心。

⑧贮藏温度过高。萝卜贮藏的适宜温度为1～3 ℃,超过3 ℃易萌芽生长导致萝卜糠心。

⑨贮藏环境干燥。理想的空气湿度为90%～95%,低于90%时,萝卜不断脱水使组织松软而糠心。

(3)防治对策

①选择不易糠心、肉质根密致程度高的品种。

②合理密植。

③科学施肥。春季萝卜施肥应以基肥为主、追肥为辅的原则,注重氮、磷、钾三要素的合理搭配。

④水分供应要均匀。防止土壤过干过湿,保持土壤湿度为70%～80%,尤其在萝卜生长后期,切忌土壤过干。

⑤适时采收。

⑥化学控制,一般在采收前半个月,喷洒一次50 mg/kg赤霉素溶液(不要喷洒过早,以免抑制肉质根膨大),或喷洒一次10 mg/kg萘乙酸溶液,既不影响肉质根生长,又能防止糠心,延迟成熟。若在喷洒10 mg/kg萘乙酸时,加5%蔗糖和5 mg/kg硼砂液,三者混合喷洒,防止糠心效果更好。

⑦采收运输中尽量减少破皮、断裂等机械损伤。

⑧注意临时贮藏的温度和湿度。

子项目二　冬春设施胡萝卜生产技术

胡萝卜别名红萝卜、番萝卜、丁香萝卜等,为一年或二年生草本植物,富含类胡萝卜素、核黄素、花青素、蛋白质等多种维生素和微量元素,具有多种保健作用和药用价值,俗称"土人参"。胡萝卜是全球十大蔬菜作物之一,集中分布在亚洲、欧洲和美洲地区。胡萝卜富含维生素A,维生素A是人体不可缺少的一种维生素，可促进生长发育，防治夜盲症、干眼症、上呼吸道疾病。胡萝卜营养丰富，既可熟食，又可生食，是家庭消费的常见蔬菜。

一、生产技术

温室栽培胡萝卜，可在 11—12 月播种，2—3 月定苗，采收时间为 4 月。在新疆一般采用大、中、小棚等设施进行胡萝卜早春设施栽培。

1. 品种选择

品种选择时要充分考虑当地的种植条件，结合品种特性，尽可能选择抗病能力强、耐高温、适应能力强的品种。秋播胡萝卜一般选择新黑田五寸参、坂田七寸(SK4-316)、三红胡萝卜等品种，春播胡萝卜则选择新黑田五寸、红誉五寸等品种。

2. 整地施肥

播种前 15 d 扣棚整地，清理前茬作物的残杂物后，及时深耕晒土，翻耕深度 30 cm；深翻后起垄，垄高 20 cm，垄面宽 45 cm，垄沟深 20 cm。结合整地深翻，施入经无害化处理的农家肥 60～75 t/hm^2、高钾复合肥(氮∶磷∶钾＝1∶0.4∶2.5) 450 kg/hm^2，土肥混匀，耙细整平。

3. 播种

采用田间直播方式播种(图 5-53)，用种量 1 500～1 800 g/hm^2，每垄播 2 行，按行距 35 cm、播种深度 1 cm、株距 3 cm 的标准条播。播种后覆土 1 cm 左右，适度压实浇水，覆盖地膜(图 5-54)。

图 5-53　胡萝卜机械播种

图 5-54　胡萝卜机械铺膜

4. 田间管理

(1)温度管理　棚内保持通风，尽量延长光照时间。苗期白天温度以 20 ℃为宜，夜间温度以 10 ℃为宜，不能低于 5 ℃。肉质根生长时期，棚内适温白天为 20～25 ℃，最高温度不超过 27 ℃，夜间温度不低于 10 ℃。

(2)间苗和定苗　出苗后，及时揭去地膜。苗齐后，及时间苗定苗(图 5-55、

图 5-56)。第 1 次间苗在幼苗 2～3 片真叶时进行,疏去过密苗、弱苗、伤苗、畸形苗,保持株距 3～5 cm;第 2 次间苗(定苗)在 4～6 片真叶时进行,定植 37.5 万～45.0 万株/hm^2,株距 6～10 cm。

图 5-55　胡萝卜种子

图 5-56　胡萝卜幼苗

(3)中耕除草　胡萝卜幼苗阶段棚内温度较高,杂草生长快,胡萝卜生长慢,结合间苗和定苗,中耕除草 2 次,及时拔除杂草。中耕应深浅适度,避免伤根。

(4)灌溉　灌溉水质应符合《绿色食品　产地环境质量》(NY/T 391—2021)的要求。采用滴灌技术浇水,滴灌设施铺设与播种一次完成。播种后浇水 1 次,隔 15 d 左右浇第 2 次水。幼苗期前促后控,幼苗 2～3 片真叶时小水轻浇,保持土壤湿润,幼苗 4～6 片真叶以后停止浇水。胡萝卜肉质根直径约 1.5 cm 时,根据土壤干湿程度进行浇水,然后每隔 15 d 浇水 1 次,采收前 10 d 停止浇水。

(5)追肥　追肥时,肥料施用应符合《绿色食品　肥料使用准则》(NY/T 394—2021)的要求。在胡萝卜肉质根直径约 1.5 cm 时,结合浇水追肥 1 次,冲施高磷高钾水溶肥 300 kg/hm^2。

二、病虫害防治

大棚胡萝卜常见病害有软腐病、黑腐病和灰霉病,虫害有蚜虫、菜青虫、小菜蛾、种蝇、黄曲条跳甲等。应坚持“预防为主,综合防治”的原则,以农业防治、物理防治和生物防治为主,严格控制化学农药的使用。

1. 农业防治

选用抗病优质品种,合理轮作,播种前晒垡;中耕除草,及时剔除田间病株,清洁田园;病株及时带出田外,集中进行无害化处理。

2. 物理防治

田间设置诱虫灯或色板,于晴天中午使用糖醋液(糖∶醋∶水=1∶1∶2.5)诱杀种蝇,并设置防虫网覆盖保护。

3. 生物防治

积极保护利用天敌防治病虫害，如用瓢虫防治蚜虫，使用苏云金芽孢杆菌等生物制剂防治病虫害。

4. 化学防治

虫害：防治金针虫、蝼蛄、蛴螬等地下害虫，可选用 50%辛硫磷乳油 200 mL 拌谷糠或玉米渣、香饼等 1～2 kg，用锅炒熟拌毒饵，在耕后耙前均匀撒施床面或撒施播种沟内；防治甜菜夜蛾可用 4.5%的高效氯氰菊酯 25 mL 加大英雄 25～30 mL 兑水 30 kg，于上午 9 时以前、下午 5 时以后害虫出来活动时喷雾，力求均匀一致，上下打透；用 10%吡虫啉可湿性粉剂或 5%虫螨克 1 500 倍液喷雾防治蚜虫。推广应用性诱剂和黄板诱杀害虫。

病害：发病初期，可用 100～200 mL/L 的农用链霉素，或 88%水合霉素可溶性粉剂 1 500 倍液，或 70%敌克松原粉 500 倍液防治软腐病；可用 70%甲基托布津，或 50%的多菌灵可湿性粉剂防治菌核病；用 80%代森锰锌可湿性粉剂 600～800 倍液，或 75%百菌清可湿性粉剂 600 倍液＋50%异菌脲可湿性粉剂 1 500 倍液喷雾防治黑斑病；用 15%三唑酮可湿性粉剂 1 500～2 000 倍液、10%苯醚甲环唑可湿性粉剂 3 000 倍液喷雾防治白粉病。

防治病虫害的同一种药剂或相同成分的药剂全生育期只能使用 1 次，采收前 15 d 严禁用药。

三、收获包装

6 月中旬至 7 月初，分批人工挖掘采收大棚胡萝卜。在挖掘采收后，按大小进行分级（图 5-57），剔除“青头”根、分叉根、开裂根、畸形根、病虫和机械损伤根等，剪除胡萝卜叶和尾根，用清水清洗，去除胡萝卜表皮泥土，再进行包装（图 5-58）。产品应符合《绿色食品　根菜类蔬菜》（NY/T745—2020）的规定。包装应符合《绿色食品　包装通用准则》（NY/T658—2015）的规定。

图 5-57　胡萝卜分级

图 5-58　胡萝卜清洗

【经验交流】

1. 如何进行胡萝卜病虫害绿色防治？

在绿色萝卜生长过程中，应当搞好田间管理工作主要包括科学整地及施肥，并运用以下防治方法。

(1)农业防治　选用适合当地气候环境的高产、抗病虫、抗逆性强、品质好的胡萝卜品种进行栽培。在无病地栽植时，可与葱蒜类蔬菜进行轮作。在此过程中，种植人员应当深翻晒土，增施基肥及追肥，合理密植，适当灌水。

(2)物理防治　一旦发现胡萝卜感染病虫害，可使用黄板诱杀蚜虫和白粉虱，使用银灰色反光膜驱避蚜虫，使用黑光灯、高压汞灯、频振式杀虫灯和糖醋液诱杀蛾类、小地老虎、蝼蛄等。

(3)生物防治　种植人员可通过释放害虫天敌防治害虫，例如赤眼蜂可防治地老虎，七星瓢虫可防治蚜虫和白粉虱。

2. 胡萝卜发生根部开裂、地下根分叉或者弯曲的原因有哪些？怎样预防？

(1)主要原因　胡萝卜在种植中经常会发生根部开裂(图 5-59)、地下根分叉(图 5-60)或者弯曲等情况，这些情况的发生与日常的施肥、浇水、病虫害防治以及土壤条件有着很大关系。

图 5-59　胡萝卜裂根

图 5-60　胡萝卜叉根

①肥料施用不合理。通过长期对比，研究者认为产生胡萝卜畸形和开裂的主要原因之一是肥料施用不科学。如果施用没有完全腐熟的有机肥，在后期的腐熟过程中容易产生热量，造成胡萝卜地下根生长点受损，产生畸形和开裂。另外，有时施肥不均匀，造成胡萝卜地下根朝着养分密集的区域生长，也容易产生畸形，严重了就会产生开裂。再一点是氮肥使用量大，胡萝卜长得过快、过旺，也会造成根茎开裂。

②水分管理不当。胡萝卜不是非常喜水，只要经常性保持土壤潮润就可

以。有时候遇到天气干旱，突然大水漫灌或者突然一场大雨，使得根部迅速膨大，而根部的表皮生长较慢，就很容易产生开裂和畸形。

③土壤耕翻不平整。土壤不疏松或者板结，甚至土里面有砖块等硬物也是造成胡萝卜畸形和根部开裂的一个原因。过去种胡萝卜较少，人们都是把土深挖，然后用铁耙一点点地把土里的砖头瓦块清理干净，就是为了预防畸形和开裂。此外如果土壤板结，胡萝卜根部不能下扎，也会分叉产生畸形。

④病虫害防治不科学。施用没有完全腐熟的有机肥，肥里容易带有蛴螬等害虫，或者种植胡萝卜的土壤带病虫，如果不及时防治，这些害虫咬食胡萝卜地下生长点，容易抑制胡萝卜根茎膨大，产生胡萝卜畸形和开裂。

(2)胡萝卜畸形和开裂的预防　了解了胡萝卜产生畸形和根部开裂的原因，结合围场的种植经验，采取如下措施预防胡萝卜产生畸形和开裂。

①适时播种。我国各地气候千差万别，要根据当地适宜时间播种。西北地区一般在 6 月上旬，华北地区一般在 6 月中下旬至 7 月上旬播种。胡萝卜的生长期大约是 110 d，在当地背阴处土地开始封冻前 110 d 长成便可。胡萝卜是播种生长在伏季高温期，块茎发育膨大在秋凉季节。如果播种过早，胡萝卜生长期延长，发生畸形和开裂、抽薹现象会增加。

②科学施肥。胡萝卜需肥不是很多，如施肥过多，不仅造成浪费，还会影响胡萝卜生长，造成胡萝卜畸形、空心。胡萝卜生长中对钾肥需求量较大，其次是氮肥和磷肥。在种植中可以适当多施用一些充分腐熟的有机肥，少施用一些高钾复合肥。一般用 2500 kg/667 m^2 的腐熟牛羊粪和草木灰混合有机肥，加上 1 袋复合肥。有机肥在深耕时施用，复合肥在胡萝卜苗期随水冲施。

③合理浇水。胡萝卜对水的需求前期不是很大，重点在后期根部膨大时。平时只要保持田间潮润，过干过湿都容易产生根茎的畸形，甚至产生病害。需水时浇小水，收获前半个月要停止浇水，这时候浇水最容易开裂。

④整地均匀。选用沙壤土，播种前进行深翻，一般最少要耕 30 cm 深，深翻的同时施入底肥。然后将深翻后的土地平整均匀，不允许出现高低不平或土壤中有砖头瓦块。需要提醒的是，尽可能不要在黏性土壤种植，黏性土壤透气性差，胡萝卜畸形率较高。

⑤严控地下病虫害。秋季收获胡萝卜后，农户都会在冬季进行深耕晒土，这样不仅可以冻死土壤中的线虫、蛴螬等虫害，还可以提高土壤的疏松度。此外，如果栽种地块病害较多，如在南方地区，建议田间提前用杀菌药剂进行杀菌灭虫。

胡萝卜种植除了注意预防畸形和产生根部开裂的问题，选种用种也不能忽视。有些农户在头一年种植结束后，剩下种子第二年接着用，这样很不科学，因为胡萝卜种子太小，陈种出芽率非常低，而且苗弱、苗小，还容易发生病害。另外，胡萝卜种植后期最好及时进行机械或者人工垄间培土，避免胡萝卜顶部外露，产生叶绿素后形成青头，影响胡萝卜品质。

子项目三　马铃薯机械化优质高效栽培

马铃薯是茄科茄属一年生草本植物，别称洋芋、地蛋、土豆等，其营养价值高、适应力强、产量大，是全球第三大重要的粮食作物，仅次于小麦和玉米。马铃薯是块茎繁殖，可入药，性平味甘，对调解消化不良有特效，可以辅助治疗胃痛、痄肋、痈肿、湿疹、烫伤等疾病。从外观上，薯皮分为白色（图 5-61）、紫色（图 5-62）、粉红色（图 5-63）、红色（图 5-64）、黑色（图 5-65）和黄色（图 5-66），薯肉为白色、淡黄色、黄色、黑色、青色、紫色及黑紫色。

图 5-61　白色马铃薯

图 5-62　紫色马铃薯

图 5-63　粉红色马铃薯

图 5-64　红色马铃薯

图 5-65　黑色马铃薯

图 5-66　黄色马铃薯

一、生产技术

1. 土地选择

选择土层深厚、结构疏松、通透性好、排灌方便的地块，一般以有机质含量高的壤土、沙壤土为宜，要求土壤有机质含量≥2%，速效氮含量≥60 mg/kg，速效磷含量≥25 mg/kg。为避免影响马铃薯产量和品质，选择地块时不宜与茄科作物、块根作物轮作，不宜连作，前茬作物以麦类、玉米、豆类为宜。

2. 施肥和整地

马铃薯为喜肥作物，不合理的施肥结构和施肥量对马铃薯的产量与品质有一定影响，因此，应采取测土配方施肥技术，遵循“基肥为主、追肥为辅，重施底肥，早施追肥”的原则，合理施肥。

在前茬作物收获后，选用 1LF-435 或 1LFT-450 或 1LYFT-460 型液压翻转犁及时进行深翻整地，耕翻深度以 30 cm 为宜。施底肥时应将腐熟有机肥和化肥混合使用，每 667 m^2 施腐熟有机肥 2～3 t、磷酸二氢钾 15～20 kg、尿素 10 kg，施用氮肥要根据土壤肥力适量施用，不宜施入过多。土壤深翻后选用动力驱动耙耙地，深度在 20 cm 左右。播前整地使土壤呈上虚下实状态，达到“松、碎、齐、平、净、墒”六字标准。

3. 品种选择

根据气候条件和种植习惯，选择抗逆性强、生育期 90～100 d 的优良马铃薯品种，如陇薯 4 号、希森 6 号、希森 4 号、夏坡蒂等。早熟马铃薯也可选择费乌瑞它系列的荷兰七号，中晚熟品种可选择紫花白等。

4. 种薯处理

机播马铃薯应在 3 月中旬至下旬出窖，挑选具有本品种特征，表皮无龟裂、无病斑的块茎作为种薯进行切块(图 5-67)，每个切块至少有 2～3 个芽眼、重 40 g 左右，立即用 70%甲基托布津 1 g 或滑石粉 40 g 拌 100 kg 种薯(图 5-68)，切刀等工具应用 75%酒精或 0.2%～0.5%高锰酸钾溶液消毒，切刀轮换使用。

切块放置在室外有散射光的背风处(避免阳光直射)2～3 d,使切口充分愈合,切面干后播种。

图 5-67　种薯切块

图 5-68　拌种

二、播种技术

1. 播种期

适当早播有利于块茎的形成,提高产量。当 10 cm 地温稳定在 5 ℃时即可播种,一般年份马铃薯适宜的播种期在 3 月中下旬至 4 月中下旬,具体播种时间可依据当年的天气情况适当调整。

2. 播种方式

选择单垄双行播种、覆膜、铺滴灌带、施基肥一体的播种机(图 5-69、图 5-70),播种时 1 垄 1 带,常用机型为 2BMQ-2/4 或 2MBQ-3/6 的铺膜播种机(2 膜 4 行),要求垄宽 75 cm、高 30 cm,垄间距 30 cm,使用幅宽 90 cm、厚度为 0.01 mm 的降解膜或马铃薯专用降解膜,滴灌带要求孔间距 4 cm。播种时 1 垄 2 行,垄上行距 20 cm,株距 16～18 cm,播深 10～12 cm,1 穴 1 株,播种 180～200 kg/667 m^2。滴灌管铺设与马铃薯播种同时进行,支管铺设应尽量放松扯平,自然畅通,不宜拉得过紧,不宜扭曲。播种后,选用 2TD-S2 型马铃薯上土机在 10～15 d 进行膜面覆土,覆土厚度 3～5 cm,防止出现烧苗,后期不需要再培土。播种密度为 4 000～5 000 株/667 m^2。

图 5-69　播种

图 5-70　播种、覆膜、铺滴灌带、施基肥一体机

三、田间管理

1. 滴水滴肥

整个生育期需滴水 7～8 次，追肥和滴水同步进行，采用水肥一体化作业方式。播种后 7～10 d 滴出苗水，如果土壤墒情不好，播种后又遇天热、干旱，播后 3 d 内必须滴出苗水，随水滴施微生物菌肥 2～3 kg/667 m^2，主要起生根灭菌作用；第 2 次滴水在 5 月中、下旬植株封垄时进行，667 m^2 随水滴施尿素 2～3 kg、大量元素水溶肥 3～5 kg、硫酸钾或腐殖酸钾 2～3 kg；第 3 次滴水在 6 月上旬初花期进行，667 m^2 随水滴施硫酸钾或腐殖酸钾 2～3 kg。前 3 次滴水每次滴 30 m^3/667 m^2。第 4 次滴水在 6 月下旬盛花期（图 5-71）进行，此期马铃薯植株开始结薯（图 5-72），需水较多，滴水 40 m^3/667 m^2，保持土壤最大持水量的 70%～80%，之后根据土壤墒情隔 10～20 d 滴 1 次水，保持土壤湿润，每次滴水 30 m^3/667 m^2。具体滴水次数根据土壤墒情而定，气温高中午不滴水，应选择早晚或夜间滴水，8 月上中旬停止滴水。

图 5-71　马铃薯盛花期

图 5-72　马铃薯结薯期

2. 田间除草

一般 5 月中旬马铃薯株高 10～15 cm、禾本科杂草 2～3 叶、阔叶杂草 2～4 叶时，将 23.2%砜·喹·嗪草酮、0.136%赤·吲乙·芸苔与安融乐（卵磷脂·维生素 E 助剂）混合施用，药后 14 d 对禾本科杂草防效达 90%及以上，对阔叶杂草的防效达 95%以上，且对作物不产生药害。每 667 m^2 用 23.2%砜·喹·嗪草酮 70g、0.136%赤·吲乙·芸苔 3 g、安融乐 3 mL，兑水 30 kg，机械叶面喷雾，每隔 7～10 d 喷施 1 次，连续喷施 2 次。

四、病虫害绿色防控技术

马铃薯常见的病害有晚疫病、环腐病、早疫病，常见的虫害为马铃薯甲虫。

坚持以农业、物理、生物防治为主，化学防治为辅的原则。

(一)农业防治

根据当地条件，做好秋翻冬灌、轮作倒茬，选用抗病虫害品种，适期播种，合理密植，加强栽培管理；重施基肥，培育健壮植株；及时中耕除草，清理带病残体，集中做无害化处理。

(二)化学防治

1. 配套机具

选用 3WX-200 或 3WX-650 或 3WQ-3000 型喷雾机对马铃薯病虫害进行喷雾防治。喷雾机使用前后，都要进行维护，及时用清水冲洗几遍，将药液箱、液泵、喷头和管道内残存的药液清洗干净，防止二次污染。另外，在喷雾防治时要避开正午和雨天。

2. 喷雾浓度

(1)晚疫病　由致病疫霉引起的真菌性病害，一般在收获前 1 个月左右发病，主要危害马铃薯茎、叶片(图 5-73)、块茎(图 5-74)，感病时叶片背面可以看到白色霉斑，严重时造成植株死亡，影响产量。

在晚疫病发生初期，立即拔除病秧，装入袋中带出大田深埋处理，并及时用药防治，可撒施石灰对病株周围土壤进行消毒，并选用 72%霜脲·锰锌可湿性粉剂 500～700 倍液，或 25%嘧菌酯悬浮液 1 000 倍液喷雾防治，每隔 7～10 d 防治 1 次，连续防治 3 次。注意药剂交替使用，避免连续喷施同一种药剂。

图 5-73　马铃薯晚疫病(叶片)

图 5-74　马铃薯晚疫病(块茎)

(2)环腐病(图 5-75、图 5-76)　影响环腐病流行的主要环境因素是温度，病害发生最适宜土壤温度为 19～23 ℃，超过 31 ℃病害受到抑制，低于 16 ℃推迟出现症状。植株感染环腐病，一般表现为萎蔫型和枯斑型，基部复叶先发病。带病块茎切开可见维管束变为乳黄色至黑褐色。植株感染环腐病，在出苗后就会有病症。

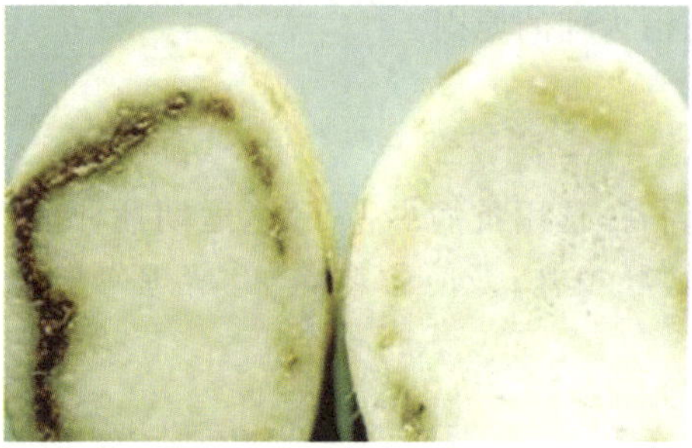

图 5-75　马铃薯环腐病块茎症状

图 5-76　马铃薯环腐病田间症状

发病初期一般在 5 月上、中旬，可用 500 g/L 氟啶胺悬浮剂 1 800 倍液喷施防治，隔 7～10 d 喷施 1 次，连续喷施 2～3 次。

(3)早疫病　主要发生在叶面(图 5-77)，也可侵害叶柄、茎和块茎(图 5-78)，病斑近圆形，深褐色，内有同心轮纹，病斑上有少许黑色霉状物，下部叶片先发病。一般在开花前 2～3 周(6 月初)发病。

图 5-77　马铃薯早疫病叶片症状

图 5-78　马铃薯早疫病块茎症状

田间发生早疫病，可用甲基托布津、异菌脲、百菌清等防治，或叶面喷施 250 g/L 嘧菌酯悬浮剂 800～1 300 倍液，或 80%代森锰锌可湿性粉剂 600～800 倍液，或 10%苯醚甲环唑水分散粒剂 1 500 倍液，或 70%丙森锌可湿性粉剂 600～800 倍液防治，隔 7～10 d 喷施 1 次，连续喷施 3 次，注意药剂交替使用。

(4)马铃薯甲虫　一般 5 月中下旬出土，马铃薯甲虫(幼虫见图 5-79，成虫见图 5-80)危害马铃薯叶片和嫩尖，危害高峰期在 6 月上旬至 7 月上旬，此时正值马铃薯始花期至薯块形成期，危害严重地块可造成绝收。

可选用苏云金杆菌乳剂 500 倍液，或 22%噻虫·高氯氟微囊悬浮剂 650 倍液，或 5%高效氯氰菊酯 100 倍液等叶面喷雾防治。选择在 1～2 龄幼虫大发生期喷雾防治，一般防治 2 次，每隔 10～15 d 防治 1 次，注意药剂交替使用。

图 5-79 马铃薯甲虫幼虫

图 5-80 马铃薯甲虫成虫

五、收获贮藏

(一)收获时间

待马铃薯植株大部分叶片变黄或枯萎、匍匐茎开始干缩、薯块停止生长时及时收获。收获时间一般在 8 月下旬至 9 月中上旬,收获前 15 d 停水。

(二)配套机具

1. 马铃薯打秧

在收获前 10 d 左右,用 1JH-100 型马铃薯打秧机将秧苗清理干净,留茬 1～2 cm,促进薯皮老化,以便减少收获时的损失。

2. 残膜回收

马铃薯秧苗清理干净后,对地表裸露的残膜可采用圣泰 STC-1.4 残膜回收机械回收,回收率可达 82%,将残膜交给回收站加工利用,以减轻土壤白色污染。

3. 机械采收

可采用 4UX-500 型侧输送马铃薯挖掘机(图 5-81)收获,该机械的挖净率≥98%,明薯伤薯率≤3%,挖掘出的薯块不被土埋,以便人工捡拾干净。一般产量为 3 500～4 000 kg/667 m^2。

(三)贮藏

马铃薯收获后尽快装袋(有的有泡沫网袋,图 5-82),入库,窖藏期间要做好排气、散热、保温、防冻工作,贮藏温度以 3～5 ℃为宜,相对湿度为 80%。

图 5-81　马铃薯机械收获

图 5-82　马铃薯收获后套泡沫网袋

【经验交流】

1. 什么是马铃薯脱毒？脱毒种薯是怎样产生的？

马铃薯脱毒是指经过一系列物理、化学、生物或其他技术措施清除马铃薯体内的病毒，获得经检测无病毒的种薯。脱毒种薯是马铃薯脱毒快繁种薯生产体系中各种级别种薯的统称。国家制定有马铃薯脱毒种薯的标准。

脱毒种薯的产生过程如下：将准备脱毒品种的薯块在室内进行催芽、消毒处理；在超净工作台无菌条件下，切取 0.2 mm 左右茎尖分生组织，移植于试管中培养出试管苗；试管苗经过病毒检测和真实性鉴定，筛选出真实且不带病毒的脱毒苗；经过切段快繁和在温室、网棚内繁殖，获得脱毒微型小薯或原原种；再繁殖即可获得原种，原种再繁殖成一级种薯和二级种薯，经过上述途径获得的种薯统称为脱毒种薯。

2. 如何防治马铃薯空心病？

马铃薯空心病在较大的薯块上发生较多。初时薯块中心组织呈水渍状或透明状，有的中心出现褐色坏死斑。后期在块茎中心附近形成一个空洞。多数空洞呈透镜状或星状，其边缘多呈角状；有的在块茎内部出现裂缝；也有的空心形状呈球形或不规则形。空洞内壁呈白色、淡棕褐色至稻草黄色，形成不完全的木栓化层。通常，空洞随着块茎的生长而扩大。有时空心部位可见有霉菌，但很少由此而造成腐烂。马铃薯空心病属于生理性病害，往往由块茎发育过于迅速、组织扩展不均衡所致。

导致这种现象的原因有多方面：①植株群体结构不合理，引致一些薯块生长过于旺盛，内外组织发展不均衡，往往空心严重；②钾肥缺乏的影响，钾肥在临界含量以下可能是导致易患空心的因素之一；③水分供应不合理，前期水分缺乏，其后突然变为适于快速生长的环境条件，也会诱使块茎产生空心。在生长季节或栽培管理适于薯块迅速膨大时，空心最为严重。很显然，迅速生长的块茎，其空心率比生长较缓慢的高。

防治措施：①栽植发病率低的抗性品种是；②密度合理，避免缺苗，调节株间距离，增加植株间的竞争，从而阻止块茎过速生长和膨大，降低空心的发病率；③加强栽培管理，保证植株生长的水分供应，避免出现旱涝不均的情况，促进块茎均衡一致的发育速度；④增施钾肥，减少空心发病率。

项目三　葱蒜类蔬菜生产

子项目一　韭菜种植技术

韭菜是百合科葱属、多年生宿根性蔬菜，原产于我国。因抗寒耐热、适应性强，全国普遍栽培。韭菜以食叶为主，但韭花也为佳菜，炒食、作馅、调味皆可，深受广大消费者喜爱。尤其冬春韭菜鲜嫩芳香，近年来价格极高，经济效益十分可观，发展速度较快。

一、对环境条件的要求

1. 温度

韭菜喜冷凉，耐霜冻，能耐－5～－4 ℃的低温，叶子在－7～－6 ℃时才枯死，以根茎越冬。土壤解冻时，即返青萌发。韭菜叶片生长温度为 12～24 ℃，以 15 ℃最适，不耐高温，在 24 ℃以上时植株光合作用降低，生长缓慢，粗纤维增多，品质变劣。韭菜种子在 3～4 ℃时即可缓慢萌发，10 ℃以上发芽迅速。植株在适宜的温度范围内，温度越高，生长速度越快。

2. 光照

韭菜是长日照植物，植株通过低温春化后，必须在夏季长日照下才能抽薹开花结籽。而在营养生长期要求光照强度适中，光照过强则叶片纤维粗硬，品质不好，光照过弱则叶片发黄、叶小、产量低，但因水分多、纤维少，味、色较好，食用品质提高。

3. 水分

韭菜的根系吸收力弱，要求土壤保持湿润，才能满足植株生长发育的需要。但韭菜怕涝，土壤湿度过高，易使根系缺氧、腐烂。

4. 土壤营养

韭菜对土壤的适应性强，在沙土、壤土、黏土中都可栽培，对轻度盐碱地也能适应，但土壤酸碱度以pH5.5～6.5最为适宜。栽培时宜选择表土深厚、富含有机质、保水力强的肥沃土壤。

二、栽培技术

1.选用适宜品种

冬春保护地栽培韭菜，因栽植密度较大，环境温湿度较高，管理不当，灰霉病发生较重。因此，应选用抗寒、抗热、耐湿、抗倒伏、直立性强，并适于当地食用习惯的品种。一般的韭菜品种完全“回根”后，才能覆盖栽培，否则生长不良，极易发生病害。而某些“雪韭”品种，保护地栽培可以不“回根”，但应养好根，覆盖前50～60 d不收割，使下部部分叶片枯黄脱落，增加根茎养分积累，严霜前趁鲜嫩时收割一刀，收割后及时覆盖，经20～30 d，又可收割，到春季可收割2～3茬，如791、津引1号等品种。如想集中在春节上市，春节前应尽量少割，产量才能提高。

2.育苗地的准备与播种

韭菜对土壤和前茬作物要求不严格，但应防止与葱蒜类蔬菜连作。韭菜幼苗培育可采用育苗移栽和直播两种方法。育苗畦为平畦，一般宽1.4 m，长度不限。直播为平畦，东西方向，畦宽2～2.5 m，长30 m左右，两畦间隔0.8～1.0 m。畦做好后应施足基肥，一般每667 m^2施优质腐熟圈肥7 500～10 000 kg、过磷酸钙50～75 kg，尿素10～15 kg，随即在畦面喷施辛硫磷800～1 000倍液或40%乐果乳剂800倍液，防治韭蛆成虫。基肥与畦土掺匀，整平备播。

韭菜播种期不严格，10 cm土温上升到2～3 ℃，日平均气温达6 ℃以上时即可播种。育苗移栽多采用撒播，用种量为7.5～10 kg/667 m^2。直播多采用条播或穴播，用种量约3 kg/667 m^2。

3.苗期管理

韭菜播种后，一般经20～30 d可齐苗。在苗期管理上应重点抓好浇水、追肥、除草3项工作。

浇水：韭菜子叶细弱，弯曲出土，阻力较大，只有保持土壤湿润和疏松，才利于出土和生长。直播在幼苗出土前一般不浇水，幼苗出齐后畦面干旱可浇小水，或播种后覆盖地膜，保湿增温。如地面“落干”，出苗不齐，宜小水轻浇，忌大水漫灌，直至出齐为止。大雨后，要及时排水，防止积水死苗。

追肥：苗期追肥以氮肥为主，苗高4 cm左右时，追尿素10 kg/667 m^2，随水冲入。苗高15 cm时，适当控水进行蹲苗，以防徒长，共追肥1～2次，追肥前先行拔草，防止杂草和韭苗争夺养分。

除草：韭菜幼苗生长缓慢，利于杂草滋生，而株间间隙小，无法利用机具进行灭草，只好人工拔除，虽费时费工，但这是生产绿色食品蔬菜的必要选择。

4. 定植

韭菜一般在苗高 15～20 cm，具有 4～6 片真叶时即可定植(图 5-83)。定植畦式及规格同直播畦(图 5-84)。栽植密度由品种的分蘖能力和栽培方式确定，分蘖力强的品种宜稀植。穴栽行距 20 cm，穴距 15 cm，每穴 10～15 株。

图 5-83　韭菜苗定植前修剪

5. 定植后管理

图 5-84　韭菜定植

早春韭菜生长，主要是利用根茎中贮藏的养分进行。因此，韭菜生长好坏、产量高低取决于韭根的强弱。壮根是高产的基础，养根壮秧则成为冬春韭菜生产的关键。

定植缓苗后，气温渐高，雨水增多，不适于韭菜的生长。立秋以前，一般不进行追肥、浇水和收割。同时要防夏季大雨泡秧。8 月中旬以后，气温开始下降，为韭菜生长的旺盛期。此期要重施 1 次肥，施腐熟的豆饼 100～150 kg/667 m^2。追肥方法是将粉碎并充分发酵的豆饼撒于畦内行间，并喷药防止韭蛆，然后锄地使土肥混匀。随即浇 1 次大水，以后每 5～7 d 浇水 1 次，连浇 3～4 次。9 月中、下旬，可结合浇水，再追复合肥 15～20 kg/667 m^2。10 月上旬停止施肥浇水，以防贪青徒长，影响营养物质积累和正常“回根”。

6. 植株调整

夏季天气炎热多雨，二年生以上的韭菜，株高叶茂易倒伏，严重影响通风透光，植株也易发病。为促进韭菜生长和营养积累并防止倒伏和感病，一般在 7 月中下旬大追肥之前支架。也可将韭叶适当采收上市，以防止植株倒伏引起腐烂。

7.二年生以上韭菜的养根及管理

韭菜的根株可连续生产栽培 3～5 年。当春季停割后，韭根养分已消耗很大，应结合浇水、中耕追肥 1 次，施圈肥 7 500 kg/667 m^2 以上。由于韭菜"跳根"的习性，对多年生韭菜应在早春结合追肥适当培土，厚度以"跳根"高度而定，一般每年培土 3～4 cm 即可。

三、适时覆盖与培土

韭菜的覆盖期应根据设备情况、保护方式、预计上市时间、品种特性等灵活掌握，以在预定收获期达到最大产量。一般夜间有草苫覆盖的保护栽培，可于收割前 40～50 d 覆盖，单层拱棚覆盖期可早可晚。11 月上中旬韭叶枯死，在土壤未冻结前，每两个畦立一道风障，韭畦两端也要立风障。11 月下旬至 12 月上旬开始覆盖。覆盖前先将枯叶搂掉，把畦面整理干净，将韭根附近土扒出置于行间(图 5-85)，使鳞茎外露，经日晒、冷冻 4～5 d 后，灌一次杀虫剂，将土复原。1～2 d 后浇一次大水，并撒施尿素 15～20 kg/667 m^2，水渗下后撒一层干土，然后盖膜。薄膜的东、西、南三面用土封严，北面用砖压住，薄膜盖好后夜间再盖上棉被或草苫等。

冬春覆盖保护生产，主要靠根株中积累的养分和土壤中所贮的水分进行生长，因此，第一、第二茬一般不进行追肥浇水，第三茬在苗高达 8～10 cm 时，随水施硫酸铵 10～15 kg/667 m^2。但追肥离收获的时间应在 30 d 以上。

培土可使叶鞘伸长和软化，增长韭白，提高品质，兼有防寒保温作用。具体方法是当韭菜长出地面 4～5 cm 时，选晴暖天气，从畦的一端揭开薄膜，用铁锄将预先晾晒的暖细干土撒在韭菜畦的行间，用小锄或划沟将行间垄土推拉，培于韭丛株间，随即盖膜。以后随着韭株的生长，采取同样的方法进行培土。一般培土 3 次，总厚度 10 cm 左右。

四、收割与留茬

韭苗高 30 cm 左右时即收割(图 5-86)。收割时选晴暖天气，用韭刀贴近地面收割，留茬以距地面 2～3 cm 为宜，以后每割一茬应比前一茬提高 1～2 cm，农谚"扬刀一寸，等于多施一次粪"。留茬高度要一致，切忌深一刀浅一刀，勿使鳞茎受伤，以利于下茬整齐生长。第一茬生长缓慢，需 50 d 左右。随着气温升高，生长速度加快，收割间隔期缩短，第二茬需 25～30 d，第三茬为 20 d 左右。一般产韭菜 2 500～4 000 kg/667 m^2。

图 5-85　韭菜扒土堆于行间

图 5-86　韭菜收割

五、病虫草害防治

韭菜是多年生蔬菜，占地时间长，病虫草害严重，不仅影响当年生产，而且影响几年的生产。因而，应搞好病虫草害的防治工作。

1. 韭菜疫病

叶片受害，初为暗色水浸状病斑，病部缢缩，叶片变黄、凋萎。防治方法如下。①轮作：栽培地、育苗地应选择 3 年内未种过葱蒜类蔬菜的地块。②排涝：平整土地，及时整修排涝系统，大雨后畦内不能积水，消灭涝洼坑。③培养健壮植株：栽苗时选壮苗，剔除病苗，注意养根，勿过多收获，收割后追肥，入夏后控制灌水等，使植株生长健壮。④植株调整：入夏降雨前应摘去下层黄叶，将绿叶向上拢起，以免韭叶接触地面，以加强株间通风，防止病害发生。⑤药剂防治：发病初选用 25%甲霜灵可湿性粉剂 600～1 000 倍液，或 58%甲霜灵锰锌可湿性粉剂 500 倍液，或 64%杀毒矾可湿性粉剂 400～500 倍液，每隔 5～7 d 喷洒 1 次，连续 2～3 次。也可用上述药剂浇于植株根茎部，或栽植时选用上述药液蘸根。

2. 韭菜灰霉病

受害叶片正反两面均发生白色至浅灰褐色小点，而后扩大成椭圆至菱形，后期病斑融合成大片，潮湿时外表密生灰绿色绒毛状霉层，并发黏。防治方法如下。

①及时清除病残体，每次收割时剥下病叶，集中深埋。②注意棚内通风，控制浇水，减少叶面结露。③药剂防治：对新叶和周围土壤喷 1 次 50%速效灵可湿性粉剂 1 500～2 000 倍液，或 50%扑海因可湿性粉剂 1 000～1 500 倍液，或 70%代森锰锌可湿性粉剂 350 倍液，或 75%百菌清可湿性粉剂 500 倍液，或 50%多菌灵可湿性粉剂 300 倍液，或 50%托布津可湿性粉剂 300 倍液。连续喷 2～3 次，轮换使用不同农药效果好。

3. 韭蛆

春秋两季为害严重，幼虫先为害韭株叶鞘、幼茎及芽，然后向根茎下部为害，致使韭叶枯黄而死，重者鳞茎腐烂，整墩死亡。防治方法如下。①进行冬灌、春灌，消灭幼虫，灌水时可加农药毒杀。②药剂防治：成虫羽化盛期(4 月下旬)喷灭杀毙 6 000 倍液，或 20%氧戊菊酯 3 000 倍液、75%辛硫磷 1 000 倍液。上午 9 时至 10 时施药效果较好。在幼虫为害盛期(5 月上旬)，用 75%辛硫磷乳油 500 倍液，或 40%乐果 800 倍液灌根防治。

4. 韭菜的草害及化学防除

人工除草是绿色食品蔬菜生产的主要除草方法，即在田间有草时，及时用农具或手工铲除；另外，一、二年生杂草多以种子繁殖，如果在杂草开花结籽前除去，翌年就会大量减少繁殖。药剂除草：如按一般无公害蔬菜生产，而非绿色食品蔬菜生产，韭菜地也可以用除草剂除草。应用时应根据杂草出苗快、韭菜出苗慢的特点，在韭菜未出土前喷 1 次除草剂，可杀死先萌发的杂草，而对后萌发的韭菜则比较安全。

新播韭菜芽前除草，用 33%除草通乳油，100～150 mL/667 m^2 兑水喷雾，有效期 45～50 d。48%地乐胺乳油 200 mL/667 m^2 兑水喷雾，施药后浅中耕，使药剂与土壤混合，有效期 30 d。此外，还可用 50%除草剂 1 号可湿性粉剂 150 g/667 m^2，30%毒草胺乳油 500 mL/667 m^2，60%杀草胺乳油 300～400 mL/667 m^2 等。

老根韭菜抗药性强，韭菜每次收割后，除大草，松土，待伤口愈合后，可用 48%氟乐灵乳油 100～150 mL/667 m^2，或用 50%扑草净可湿性粉剂 100～150 g/667 m^2、33%除草通乳油 100～200 mL/667 m^2、48%地乐胺乳油 200 mL/667 m^2、50%除草剂 1 号可湿性粉剂 150 g/667 m^2、50%扑草净可湿性粉剂 75 g/667 m^2、50%利谷隆可湿性粉剂 50 g/667 m^2，上述药剂任选 1 种，进行土壤喷雾。

【经验交流】

1. 如何防治韭菜“跳根”？

韭菜“跳根”是韭菜在生长过程中常见的现象，主要表现为韭菜的生根位置和根系每年上移 1.5～3 cm。这是因为韭菜根系着生在盘状茎的周围，每年茎盘上层新分蘖基部又产生新根，生根位置和根系随着茎盘逐年上移。“跳根”的高度与韭菜采收次数和分蘖次数有关。“跳根”现象发生时，根系裸露地表，根系的生成和吸收能力下降，在强光干燥时容易死亡；盘状根茎外露、散撮甚至植株倒伏。防治方法有以下几种：

(1)韭菜栽培定植深度要合理　研究表明，韭菜定植越深，分蘖能力越弱，“跳根”也缓慢；定植过浅，韭菜的分蘖能力强，“跳根”发生较快，很快就会导致韭菜的根系生长到地面以上，影响韭菜的种植使用年限。一般韭菜的定植深度在 5～6 cm 最为适宜。这样的定植深度，既不影响植株的分蘖，同时又能预防植株"跳根"导致种植年限过短的问题，将韭畦的更新年限延长到 5 年左右。

(2)培土　培土在韭菜种植过程中每年都要进行，主要是在早春土壤解冻、新芽萌发前，选晴天中午进行。生产上需结合铺粪、客土等及时培土，满足根系生长需要。每次培土的高度不宜太高，一般为 3 cm，以埋住新根为宜。经多次培土的韭畦垄加高，当出现不便浇水耕作时，可将韭菜整体更新。所需要的培土要在前一年准备好，并施入适量的有机肥、草木灰。要求土质肥沃、物理性好，过筛后堆在向阳处晒暖。如果韭菜地是黏重土，可培沙土以改良土壤，同时深锄地使培土与原土混合。适当的培土能够延长韭菜的寿命，并且能够减少韭菜倒伏的情况。

(3)剔根、紧撮　3 年以上的植株需要进行剔根、紧撮等特殊管理，在早春韭菜萌发期培土前进行。剔根使韭菜丛株附近表土疏松，提高地温(图 5-87)。可采取倒扒沟的办法剔根，用竹签或木棍等工具将韭菜根际土壤扒开，挖掘深、宽各 6 cm，将株丛中间的土壤剔出，深度要达到根部为止，直至露出根茎，剔除枯死的根蘖和细弱的分蘖。将剔除挖出的土壤放在行畦间摊开晾晒 1～2 d，然后再收紧、捏拢根茎，填入细土埋好。培土时，最好施入适量的草木灰(图 5-88)，以防治根蛆。

图 5-87　韭菜扒土晒根

图 5-88　韭菜田施草木灰

2. 种植韭菜田间管理关键是什么?

(1)水肥管理　春播韭菜定植时一般在夏季，是需要及时浇定植水的，主要促进韭菜缓苗。新叶长出后浇缓苗水，以后以中耕保墒为主。雨季排水防涝，防止韭菜烂根死秧，并且要在雨后及时中耕除草。

立秋前后，随着韭菜生长加快，应该加强肥料施入，施用优质粪肥 1 000～1 500 kg/667 m^2。处暑到秋分这段时期，分 3 次追施氮肥 60 kg。冬季在浇水的同时，可以顺便施用尿素 20 kg/667 m^2。

(2)中耕除草　韭菜田易发生草荒，尤其在高温雨季，发现杂草要及时清理，避免田间杂草丛生，土壤养分流失，影响韭菜生长。一般建议大家在蹲苗前中耕1次，中耕深度在2～4 cm，在雨季时连续中耕2～3次。结合中耕，及时清除田间的杂草。

3.种植韭菜的田间管理要点是什么？

（1）及时摘花　韭菜到夏季会长花薹，韭菜薹非常消耗韭菜的养分，造成秋季韭菜生长受到影响，所以当韭菜出现花薹的时候必须及时摘除，避免养分流失。

（2）浇越冬水　韭菜入冬后根系活动基本停止，叶片经过几次霜冻枯黄凋萎，被迫进入休眠。为确保韭菜地下根茎不受到冻害，利于韭菜第二年春季返青生长，一般在土壤开始上冻时浇一次越冬水。早浇因地面尚未结冻，土壤水分容易蒸发，不能蓄水。晚浇因地面结冰难消，根系容易因缺氧窒息死亡，浇水时间要把握好。

子项目二　高蒜氨酸大蒜种植技术

一、土地选择

1.高蒜氨酸大蒜适宜种植区域选择

新疆白皮大蒜种植地方应选择海拔1 300～1 800 m的山区或近山区，土壤种类为高山草甸土、褐色森林土、黑钙土等，要求土层深厚保水能力强，无盐碱，光照充足，环境条件冷凉，全年无霜期达130 d以上的地块。

同时，为保证高品质无污染大蒜产品，大蒜种植地块应选周围3 000 m以内无工矿企业等污染，远离高速公路和车流的主干道，天山雪水灌溉为主，农牧结构合理，有机肥料多，农药使用量少、土壤未受污染的区域，有条件的地方可使大蒜生产达到绿色蔬菜标准。

2.土地准备

大蒜是浅根性作物（图5-89），根系吸收能力弱，适宜种植于富含有机质、平整、疏松、肥沃、灌水方便的沙壤土地块。春季返碱的土壤不宜种蒜。大蒜忌连作，不能重茬，也不宜与韭菜、洋葱、大葱等作物重茬连作，应相隔2～3年轮作倒茬。小麦、豆类、瓜类、薯类、白菜类、根菜类、茄果类皆可作为其理想的前茬。

图5-89　大蒜根系

需要深耕和施肥，这样更有利于大蒜生长。

深耕时深翻土壤 20～30 cm，整平土壤，入冬前蓄足底墒水，早春浅耕细耙，将地整成待播状态。如果采用水浇地，可以做畦，畦宽 3 m。农业发达地区采用节水滴灌，整平土地即可。

撒施基肥，一般施充分腐熟的优质有机肥 3～4 kg/667 m^2＋尿素 45 kg/667 m^2＋磷肥 45 kg/667 m^2＋钾肥 50 kg/667 m^2。肥料与耕层土壤充分混匀，整平。施肥过程中切记避免化肥用量过大，以免抑制大蒜生长，影响产量，同时，有机肥一定要充分腐熟，以避免生肥发酵烧伤蒜根，并引发蒜蛆等虫害的发生。

二、选种与播种

1. 选种

种植应选上一年采收经过冬储藏的白皮大蒜蒜种（图 5-90），不宜选择内地种植在新疆销售的大蒜留种，内地大蒜品种对低温要求严格，经新疆储藏越冬的大蒜容易来年种出马尾蒜，所以选种留种一定要严格，避免发生损失。

图 5-90　白皮大蒜蒜种

应根据品种特性，选头大、瓣大、瓣齐的蒜头作种。播种前掰瓣并剔除霉烂、虫蛀、破碎的蒜瓣，按大小分为 3 级。播种时先播一级种瓣（百瓣重 500 g 左右），再播二级种瓣（百瓣重 400 g 左右），三级种瓣（百瓣重小于 300 g）一般不作种。不同级别种子要分别栽种，不要混栽。

蒜种播种前采用药剂浸种（干旱且灌溉条件差的地区，播种前不宜浸种）。第一种方法，用 30％多菌灵可湿性粉剂或 25％多菌灵水剂，加水配成 500 倍液，将蒜种浸泡 15 h，晾干水分后立即播种。1 kg 药液浸泡蒜种 1 kg。第二种方法，播前晾晒蒜种 2～3 d，后用 40 ℃温水浸泡一昼夜，捞出后晾 2～3 h，用精甲·咯菌腈 20 mL 放入背负式喷雾器，加入 3 kg 左右的清水，搅匀后喷洒在蒜瓣上，待种瓣不粘手时即可播种。第三种方法，在播前用0.3%的磷酸二铵水溶液浸种6 h，随浸随种。以上浸种方法可以选用，不必全用，但需要注意，浸过的蒜种只宜湿播，不宜干播。

2. 播种时期选择

新疆白皮大蒜种植一般采用春播，北疆山区一般在4月初进行播种，清明前后5 d为大蒜的适播期。南疆地区可以提早10～15 d。

3. 播种与株行距

(1)种植密度　根据品种的特点做到适当密植，行距20～25 cm，株距8～10 cm。一般2.5万～3万株/667 m^2，用种量100～120 kg/667 m^2。早熟品种适当密些，以3.5万株/667 m^2 左右为好；中晚熟品种应适当稀些，以2.5万/667 m^2 左右为好。

(2)播种方法　可以采用人工点播与机器播种，播种时穴深5～8 cm，大瓣蒜深播，小瓣蒜浅播。蒜种茎盘向下播入土中。种瓣方位：除按确定株距摆瓣外，要求蒜瓣背腹线要与行向平行，应尽量采用南北行向播种。各播种行的蒜瓣应相互搭配错开。播种后用耙子背顺沟方向轻搂，平沟盖土，并及时浇水，促进发根，压实土壤，后覆土3 cm防止跳蒜(图5-91)。

图5-91　大蒜播种

新疆大蒜栽培一般不盖地膜(图5-92)，地膜栽培的大蒜，往往表现为大蒜蒜头产品不耐储藏，如果作为短期上市菜用的鲜蒜，可以尝试地膜栽培(图5-93)。如果做蒜种和长期储藏销售的大蒜，一般不宜采用地膜栽培。

图5-92　大蒜田间不盖地膜

图5-93　大蒜地膜栽培

三、田间水肥一体化管理

1.发芽期管理

大蒜蒜种播下去后，一般不浇水（干旱年份可以根据土壤情况适当浇水助蒜种出苗），根据土壤墒情，及时去除田间杂草，及时观察播种后蒜种顶土情况。现行苗齐后及时浅中耕1次，保持土壤表干里湿，但在底墒不足不能及时出苗的情况下，可浇1次小水，并及时中耕除草。

2.幼苗期管理

蒜种顶土出苗后，要及时观察出苗情况，做好补苗补种工作，防止缺苗。同时根据行距，在两行间铺设滴灌带，以便今后浇水。

幼苗期历时25～30 d，此时期需要适当降低土壤温度，促进根系向纵深发展，防止幼苗徒长。前期以中耕保墒、延迟退母为主。后期增加肥水，促进幼苗生长，当幼苗2～3片叶时，第一次中耕除草，3周后，再浅中耕1次。5～6叶期，停止中耕，以免伤根，一般人工拔草1次。

大蒜长到退母期（图5-94）后植株开始独立生活，花芽、鳞芽开始分化，进入旺盛生长期。一般5叶1心时喷施2次氨基酸叶面肥和磷酸二氢钾增加营养，此时种瓣自身营养已消耗完，根系吸收能力弱，青黄不接，适时补充叶面肥，可防止叶尖发黄，促进新陈代谢，有利于大蒜根系的扩展生长。大蒜因其弦状根吸水能力较弱，此期要及时浇水，一般大蒜在5叶1心时上头水，二水在地表稍干时紧跟1次，地表干时及时中耕，以防止土壤板结。随后根据天气情况一般7～10 d浇水1次，每2次水追施1次复合肥15～20 kg/667 m^2，共追肥2次。

3.抽薹期管理

一般大蒜在长到9～11片真叶后开始抽薹（图5-95），蒜薹采收前3～5 d停止浇水，使植株稍显枯萎，以使“口松”易采薹。采薹宜在晴天中午以后进行，这时植株有些萎蔫，薹松软，韧性强，易抽出，薹不易折断。注意采薹时少伤茎叶，以免影响蒜头生长。采薹后立即浇水1次，并施高氮复合肥15～20 kg/667 m^2，以满足蒜头膨大对养分的需要。以后6～8 d浇1次水，收获前1周停止浇水。

图5-94　大蒜退母期

图5-95　大蒜田间抽薹

4.高蒜氨酸专用肥应用

抽薹后大蒜进入鳞芽膨大生长期,此时养分开始向蒜头运输,可适时施用有利于蒜氨酸合成的肥料,氨基酸复合肥的应用能有效提高大蒜蒜头蒜氨酸的含量。

四、大蒜采收

大蒜收获前一周应停止浇水,以免造成土壤湿度过高,容易造成蒜皮腐烂。挖蒜的时候要注意距离大蒜 4 cm,深度 5 cm。挖深了会带很多泥,处理起来比较麻烦。挖浅会直接铲蒜,影响产量。也可采用机械收蒜,收割时要小心处理,防止大蒜受伤影响商品性状。

大蒜采收后应放在地面通风良好的地方(图 5-96),均匀地铺在地上,及时翻晾,充分晾干,遇雨及时遮蔽。

图 5-96 大蒜采收

五、大蒜留种

选择大蒜种子尤为重要,做到精心挑选,严格把关,选出好的种蒜至少要过 4~5 遍。首先要在蒜田中选择长势最好的大蒜,把抽蒜薹时间和抽完薹时间记录好,一般留种的大蒜在抽完薹后 20~25 d 采收最好,此时大蒜根系正处于生长期,根系完整叶片整齐,茎盘没有脱落,生命力强,关键要看最上部的两片叶子是绿色,没有黄叶,茎盘处没有虫蛀迹象。刚挖出的大蒜在 20 ℃就会出现晒伤,温度低(−1 ℃)出现冻伤,蒜种挖出后成东西方向排列,蒜头向北与太阳反向摆放,以第二排的蒜叶盖住第一排的蒜头,依次摆放。晾晒 10 d 左右,把蒜头从假茎根部剪下,再晾晒半月左右,晾晒时大蒜的厚度不能超过 10 cm,晾晒过程中不能淋雨,以防发生霉变。

六、大蒜的储藏

刚出土的大蒜最怕太阳光直射,在原地晾晒八九成时去头或编辫,每 40~50 头一辫,再把蒜种拿到通风的种子存放库房,库房应通风干燥,室内设挂藏支架,入库后,将充分干燥的蒜头或蒜辫挂搭在支架上。及时打开窗户通风,防止大蒜二次返潮。注意:晾晒过程中避免长时间日照,容易造成种瓣失水变软脱皮。

蒜种入库贮藏期间要放温度计,室内温度保持在 8~15 ℃最安全,相对湿度在30%～40%，温度过高易出现“葱头蒜”温度过低易出现“马尾蒜”。当湿度显示20%左右时，应在库房地面洒水，而湿度过高(高于相对湿度65%以上)会使大蒜种子发霉。切忌大蒜受冻、受热、受潮。

七、冬季蒜苗栽培

蒜种在冬季贮藏后，可以根据市场需求进行蒜苗的栽培，满足冬天绿色蔬菜的市场供应。北方地区一般在保护地内进行。

1. 整地与播种

选择合适的品种，播种前进行整地，施加底肥。要一次性施足底肥，一般每667 m^2 施腐熟的土渣粪肥80～100担、尿素20 kg、磷肥50 kg、钾肥15 kg或优质三元素复合肥50 kg。

2. 冲苗

蒜苗长出后大约一周，进行浇水冲苗。蒜苗育苗前，如果蒜苗田地面变硬，要轻轻浇水。如果遇到阴雨连绵的日子，土壤湿度过大，要及时排水，防止蒜种腐烂，影响大蒜的正常生长。

3. 水肥一体化技术

育苗期间进行浇水、覆膜、疏松土壤等水肥一体化技术。根据土壤的含水率进行浇水，可先浇水一次，增加土壤的水分。但在浇水时要小水滴灌，防止过多的水导致根腐病的发生。蒜苗育苗阶段是水肥一体化技术的关键时期，蒜苗田无护根，要疏松土壤，促进蒜苗根系的发育。

大蒜生长需要更多的营养，所以在冬天施肥很重要。当幼苗长到3片左右叶片时，要及时追肥，如果营养不足，大蒜容易出现叶片发黄、早衰现象。播种约半个月后，应根据大蒜生长的营养要求，适当追肥。

4. 采收

当蒜苗长大后，可以根据市场需求及时采收上市，一般在蒜烂母期后当蒜苗叶片长到7～8片叶即可采收上市。

八、病虫害防治

1. 大蒜疫病

大蒜疫病发病比较多，主要危害叶片、叶鞘，发病后出现水浸状浅黄色不规则病斑，湿度大病斑腐烂，隐约可见白色霉状物，湿度越大，传播速度越快，危害非常大。

防治方法：要防治大蒜疫病，就要注意追肥，避免大蒜徒长，防止积水增加田间湿度，避免偏施氮肥，增施磷钾肥，合理种植密度并及时中耕除草，加强田间通透性。发病后，可以选用甲霜灵、腐霉利、多菌灵等药剂做茎叶喷施。

2. 大蒜白腐病

该病在春季开始发病，主要危害叶片、叶鞘、鳞茎，叶片发黄、长势虚弱，多由下部叶片开始发病，最后整株枯黄死亡。鳞茎染病出现较多白色霉状物并腐烂，所以一旦发现带菌蒜种，一定不能播种。

防治方法：发病初期，可使用多菌灵、甲基托布津、扑海因等药剂喷淋根部；或使用异菌脲做茎叶喷雾，能够有效防治白腐病。后期使用百菌清、代森锰锌等药剂喷施，可防治多种病害。

3. 细菌性软腐病

先从叶缘或中脉发病，沿叶缘或中脉形成黄白色条斑，病部呈黄褐色软腐状。后期会导致全株枯黄死亡。

防治方法：发病时可用噁霉灵、络氨铜、枯草芽孢杆菌等喷淋防治。

4. 疫霉根腐病

该病主要危害大蒜根和鳞茎，发病初期根呈水渍状，逐渐变褐腐烂，剖开鳞茎后，靠近根盘的鳞茎变褐色；染病植株叶片从底部开始向上逐渐变黄，干枯死亡，植株明显矮化，蒜薹细短或不抽薹，严重病株不能形成产量或整株死亡。

防治方法：发病后可用络氨铜、枯草芽孢杆菌、噁霉灵等喷淋茎基部防治。

5. 蒜蛆

该病以幼虫蛀入大蒜鳞茎，引起腐烂、叶片枯黄、萎蔫，甚至成片死亡。

防治方法：主要通过播前土壤处理、药剂拌种、发生初期喷淋等进行防治，有效药剂有辛硫磷、毒死蜱等。

6. 蒜线虫病

大蒜根部长出根结、根瘤，导致根毛稀少，根毛松软，破碎后呈麻团状松散纤维，含水量少，无黏液。根结初期呈白色，后期变成黑褐色。

防治方法：播种前先用温水泡蒜种 2 h，再放 50 ℃的热水浸泡 11～20 min。或者播种前用 90%晶体敌百虫 1 000 倍液浸种 24 h。

7. 大蒜病毒病

又称花叶病，主要通过蚜虫和蓟马传播，应采用脱毒大蒜作种。

防治方法：发病初期喷洒 7.5%菌毒吗啉胍水剂 500 倍液，或 5%菌毒清可湿性粉剂 400 倍液，或 24%混脂酸·铜水乳剂 800 倍液，或 20%吗啉胍·乙铜可湿性粉剂 500 倍液，隔 10 d 左右 1 次，连续防治 2～3 次。

【经验交流】

1. 种植大蒜田间管理的关键是什么？

(1)病虫害防治　大蒜病害主要是叶枯病、大蒜锈病、白粉病，可喷 40%的多菌灵等杀菌剂防治。虫害主要是蒜蛆，可用高效、低毒、低残留农药药液灌根。总苞变白时及时提收蒜薹，假薹松软时收刨大蒜。

(2)中耕除草　大蒜播种至出苗前喷除草剂，例如扑草净，对防除蒜地的马唐、灰灰菜、蓼、狗尾草等有效。蒜苗幼苗生长期，当杂草刚萌生时即进行中耕，同时也除掉了杂草，对株间难以中耕的杂草也要及早拔除，以免与蒜苗争肥。

2. 种植大蒜田间管理的要点是什么？

(1)水分管理　一般播种1周即齐苗。追施齐苗肥后，若田土较干，可灌水1次，促苗生长，至蒜烂母期，蒜苗分化的叶已全部展出，叶面积增长达到顶峰，根系也已扩展到最大范围，蒜薹的生长加快，此期是需肥水量最大的时期，应于追孕薹肥后及时浇灌抽薹水。

(2)施肥管理　大蒜出齐苗后，施1次农家肥提苗，忌施碳铵，以防烧伤幼苗。早熟品种蒜头膨大期相应较长，为促进蒜头肥大，须于蒜薹采收前追施速效氮钾肥。

子项目三　洋葱生产

一、品种选择与栽培时期

1. 品种选择

洋葱的品种类型从皮色分，有黄皮种、红皮种、紫皮种、白皮种等。

2. 栽培时期

一般在4月中下旬直播或移栽定植(图5-97)，按15～18 cm行距开沟，沟深5 cm，机播或点播，株距13～15 cm，播种量1～1.5 kg/667 m^2，30 000～35 000株/667 m^2，一般早熟品种宜密植，红皮品种宜稀植。定植的一般深度以2～3 cm，埋没小鳞茎部位为准，具体栽植深度还与土壤质地、栽植时期有关，一般黏土宜浅，沙土宜深，春栽宜浅(图5-98)。

图5-97　洋葱育苗移栽

图5-98　洋葱田间定植

二、播种管理

1. 施基肥

选择地势平坦、便于排灌、土壤肥沃、土壤疏松的土地进行耕种，不要连作。选择好种植区后，耕深 25～30 cm，耕深一致，避免重耕漏耕。

在播种之前，每 667 m^2 施用优质农家肥 2 000 kg，磷酸二铵 15～20 kg，尿素 10 kg。在整地之后，要铺一块 1.2～1.5 m^2 的平地，然后再浇水。

2. 播期和播种量

当地温度、光照和选择的品种特性，决定了洋葱的播种时间。如果选用不当，将会对洋葱的品质和产量产生一定的影响。早熟的秧苗生长较快，第二年较容易出现早抽薹。

如果播种过迟，则幼苗太小，难以越冬，而生长后期则会延迟，从而影响到茎叶的发育，使其无法完全膨胀。适宜的播期是在平均温度低于 15 ℃之前 40 d 播种，也就是 8 月底至 9 月上旬。

3. 种子处理

用 50 ℃的温水浸泡 30～60 min，继续搅拌，取出种子，用水冲洗，置于阴凉的地方，等半干后再播种。

4. 播种方式

播种前要用少量的水浇灌苗床，等水分完全渗透后，播种于苗床，再用 1 cm 厚的土壤覆盖。

三、水肥管理

1. 浇水

洋葱直播后，如果中途地表干裂，可以再浇水，直至苗出来为止。在二叶期按株距 13～15 cm 间苗，然后中耕蹲苗，蹲苗期约 1 个月。洋葱的成熟管状叶转为深绿色，叶肉肥厚，叶面的蜡质增多，心叶颜色加深，是结束蹲苗的标志。以后鳞茎迅速膨大，从洋葱鳞茎开始膨大以后，浇水要勤，一般每隔 8～9 d 浇水 1 次，收获前 10 d 停止浇水。

2. 施肥

洋葱出苗后（定植时）一般不追肥，在茎叶生长量增大、鳞茎开始膨大时浇水追肥（图 5-99），施硫酸钾复合肥（或冲施肥）30～40 kg/667 m^2。在鳞茎膨大盛期宜追肥 3～4 次，每次施硫酸钾复合肥 30 kg/667 m^2。

四、采收和储存

洋葱成熟的标志为葱叶逐渐变黄，假茎松软倒伏，鳞茎外层鳞片变干即可采收。在收获后，把洋葱放在干燥的地方晾 2～3 d(图 5-100)，使其表面变干，然后贮存，贮存温度 0～5 ℃，相对湿度 70%。

图 5-99　洋葱追肥

图 5-100　洋葱采收

五、病虫害防治

(1)洋葱锈病　用 20%粉锈宁乳油 1 000 倍液喷雾，7～10 d 防治 1 次，连续防 2～3 次。

(2)洋葱霜霉病　用 75%百菌清可湿性粉剂 600 倍液，或 64%杀毒矾可湿性粉剂 500 倍液喷雾，7～10 d 防治 1 次，连续防 2～3 次。

(3)洋葱白腐病　用 50%多菌灵可湿性粉剂 500 倍液喷雾，7 d 防治 1 次，连续防 2～3 次。

(4)洋葱疫病　用 68%金雷多米尔 1 000 倍液喷雾，7～10 d 防治 1 次，连续防 2～3 次。

(5)洋葱灰霉病　用 50%扑海因可湿性粉剂 1 500 倍液喷雾，10 d 防治 1 次，连续防 2～3 次。

(6)根蛆　可在发病初期每 7～10 d 喷 1 次 48%乐斯本乳油 1 000～1 500 倍液，连喷 2～3 次。

【经验交流】

1. 种植洋葱田间管理的关键是什么？

(1)水肥管理　洋葱定植约 20 d 后进入缓苗期，由于定植时气温较低，不能大量浇水，浇水过多会降低地温，使幼棵缓苗慢。同时刚定植幼苗新根尚未萌发，又不能缺水。所以，这个阶段对洋葱的浇水次数要多，但每次浇水的量要少，一般掌握的原则是不使秧苗萎蔫，不使地面干燥，以促进幼苗迅速发根成活。控制浇水的方法叫“蹲苗”，蹲苗要根据天气情况，土壤性质和定植后生长状况来掌握，一般条件下，蹲苗 15 d 左右。当秧苗外叶深绿、蜡质增多、叶肉变厚、心叶颜色变深时，即结束蹲苗开始浇水。以后一般每隔 8～9 d 浇 1 次水，使土壤见干见湿，达到促进植株生长、防止植株徒长的目的，采收前 7～8 d 要停止浇水。

(2)施肥　洋葱对肥料的要求，每 667 m^2 需氮 13～15 kg、磷 8～10 kg、钾 10～12 kg。注意磷、钾肥的施用，切忌氮肥过重，以免造成地上部生长过旺而出现抽薹或使鳞茎膨大延迟。春播洋葱幼苗出土前后要保持土壤湿润，勤浇水，勤中耕。叶生长盛期及鳞茎膨大期是洋葱需肥量、需水量最大的时期，应适时施肥、浇水，每 667 m^2 分别追施硫酸铵 15 kg、磷酸二铵 20 kg、硫酸钾 3～5 kg。洋葱定植后至缓苗前一般不追肥，越冬后结合浇越冬水，施农家肥 1 000～1 300 kg/667 m^2。到春季返青时结合浇返青水，再施一次返青肥。

2. 种植洋葱田间管理的要点是什么？

(1)松土　疏松土壤对洋葱根系的发育和鳞茎的膨大都有利，一般苗期要进行 3～4 次，每次浇水后进行；茎叶生长期进行 2～3 次，到植株封垄后要停止中耕。中耕深度以 3 cm 左右为宜，定植株处要浅，远离植株的地方要深。

(2)除薹　对于早期抽薹的洋葱，在花球形成前，从花苞的下部剪除，或从花薹尖端分开，从上而下一撕两片，防止开花消耗养分，促使侧芽生长，形成较充实的鳞茎。实践证明，对于先期抽薹的植株，采取除薹措施后，仍可获得一定的产量。

项目四　绿叶菜类蔬菜生产

子项目一　芹菜墙体立体无土栽培

一、芹菜育苗

1. 种子处理

种子在 50～60 ℃水浸泡 10 min，15～20 ℃水浸泡 12 h，3～4 d 发芽，50% 种子出芽后播种。

2. 苗床整备

最好采用穴盘播种。苗床宜浇灌底水，种子宜掺细砂或白菜种子，覆土厚度宜为 0.5 cm。高温季节宜在阴天或傍晚播种，低温季节宜在晴天播种。播种后用塑料薄膜覆盖苗床，高温季节播种后在苗床上覆盖遮阳网。

3. 苗期管理

高温季节，早晚要浇水，雷雨过后要及时浇水降温；低温季节在晴天的早晨浇水。间苗1～2次，保持苗间距3 cm，3片真叶时用尿素浇水，7～10 kg/667 m^2。秋季芹菜苗龄40～50 d，芹菜越冬期为60～70 d，春芹菜50～60 d，早春大棚80 d，在日光温室中栽培60 d。

二、设施的准备与安装

墙面立体无土栽培装置由栽培板主体、支管、回液槽、回液管、潜水泵、插植孔、营养液池和供液主管构成，采用混合基质，蔬菜幼苗定植于专用的插植杯中。

PVC斜插式墙体基质栽培采用PVC斜插栽培板与PVC斜插管组合，PVC斜插栽培板是一种新型的墙体栽培系统，PVC斜插管内放置基质供作物生长。这种系统采用的是三层整合墙体栽培板，立体基质栽培的墙体分为单面墙体和双面墙体，墙体栽培一般是靠着墙安装或者是沿路安装，它的厚度大约只有10 cm，双面墙种植有30 cm左右，单面墙有20 cm左右。该栽培方式可作为隔断墙来使用，同时也有美化墙体的作用，比较适合生态餐厅、生态园，或者其他一些景观场所等。

墙面栽培板系统包括立面支架，一组或一组以上由若干行若干列栽培装置相互连接拼合并固定于所属立面支架的栽培墙面，以及用于向栽培墙面供液的供液管；每个栽培装置由面板、网芯以及卡扣组成，面板上设有可以相互嵌合的凸槽及凹槽，栽培装置之间通过相邻面板的凸槽及凹槽相互连接拼合形成一个平面，网芯卡合于对应面板中，植物通过卡扣卡合于栽培装置的网芯中，整体组成一面植物墙（图5-101、图5-102）。

图5-101　栽培墙面

图5-102　植物墙

管道式墙培无土栽培是一种水培设施（图5-103），采用立体结构方式，主要以种植叶菜类作物为主，该栽培模式生产的蔬菜洁净、无污染，可直接采摘食用。

三、基质的调配

将基质按比例调好，全有机型的每 1 m^3 基质中混入 10 kg 消毒鸡粪、5 kg 豆饼；有机无机型的每 1 m^3 基质中加 7 kg 消毒鸡粪、3 kg 专用肥。芹菜定植在插植杯内（图 5-104）。

图 5-103　管道式墙培

图 5-104　芹菜插植杯

插植杯由 50 mm 的 PVC 管材切割而成，长度为 15 cm，上下表面各与水平方向成 30°、60°的夹角，这可以保证插植杯下表面与竖直墙面完好接触时，插植杯上表面是水平的。基质用量为 150 mL/插植杯，插植杯下端应紧密填充基质，这样在缓苗期间浇水时基质不会被浇下去，上端基质应稀松填充，有利于移苗。幼苗定植一周后，将插植杯插入蔬菜墙表面的插植孔内。

四、定植后管理

营养液配制。每 1 L 营养液由以下组分组成：硫酸镁 0.65～0.70 g，硝酸钙 0.31～0.33 g，硝酸钾 1.01～1.05 g，尿素 0.82～0.85 g，磷酸二氢钾 0.30～0.35 g，氯化钠 0.30～0.33 g，硫酸锰 20～25 mg，硫酸锌 15～16 mg，硫酸铜 18～20 mg，硫酸亚铁 8～10 mg，硼酸 4～6 mg，其余为去离子水。添加自来水配制，并用磷酸调节营养液的 pH 至 6.0～6.5。

滴灌规律为从早 8 时至晚 18 时，每小时滴灌 10 min，滴灌系统为发丝管，单管流量为 10 L/h，在植株生长后期，枝叶繁茂，根系发达，适当延长每次供液时间到 15～20 min。

为促进缓苗，需保持基质湿润，7 d 浇 2 次水。芹菜喜水，晴天应浇足水，以杯底透水为宜，冬季可适当减量。控制好白天温度在 16～28 ℃，夜间 6～10 ℃。另外，芹菜栽培中通常采取臭氧灭害仪或紫外线消毒器进行灭菌，用防虫网封锁放风口，以避免害虫传播。

五、采收

当植株高度在 50～60 cm 时，可以劈收叶片，也可以一次收获。

六、病虫害防治

1. 芹菜斑枯病

斑枯病又称晚疫病（图 5-105、图 5-106），是芹菜的主要病害，病原菌侵染叶片、叶柄和花茎，致使叶片枯黄，造成严重减产和品质下降。

防治方法　使用无病种子，无病田留种；温汤浸种，药剂拌种；选择抗病品种；清除田间的病残体，进行土壤消毒，重病地实行 2～3 年轮作；注意调控温湿度，冬春棚室栽培注意保温排湿，昼温高于 20 ℃，要及时通风，夜温控制在 10～15 ℃，缩小昼夜温差，减少结露；夏季可将棚膜拆去，改成防雨棚，在大棚外覆盖遮阳网，通风散热，遮阳避雨。

药物防治　发病初期就得开始喷药。70%代森锰锌可湿性粉剂 800～1 000 倍液；75%百菌清可湿性粉剂 600～700 倍液；50%异菌脲可湿性粉剂 1 000 倍液，70%丙森锌可湿性粉剂 800 倍液，30%醚菌酯悬浮剂 2 000 倍液，50%可湿性粉剂 800 倍液；45%噻菌灵悬浮剂 1 000 倍液；43%戊唑醇悬浮剂 8 000 倍液；40%氟硅唑乳油 8 000 倍液等都可以。通常每隔 7～10 d 喷 1 次，连续喷施 2～3 次见效。棚室喷雾会大幅度增加湿度，影响小环境，可采用 5%百菌清粉尘剂，每次 15 kg/667 m^2；6.5%甲霜灵粉尘剂；45%百菌清烟剂，每次 3 kg/667 m^2。

图 5-105　芹菜斑枯病叶柄症状

图 5-106　芹菜斑枯病叶片症状

2. 芹菜早疫病

早疫病是芹菜的主要病害。病原菌侵染芹菜叶片、叶柄，产生病斑，致使叶片或整株枯黄，造成严重减产，降低品质。

防治方法：同晚疫病。

3. 芹菜灰霉病

芹菜灰霉病是芹菜常见病害（图 5-107），田间和储运中均可发生，表现为茎叶腐烂，严重降低产量和产品品质。芹菜叶片、叶柄、茎软化腐烂，多由植株基部、边缘或伤口处开始发病，形成不定型褐色、黑褐色斑块，初水浸状，后湿腐溃烂。叶片发黄枯萎，高温高湿时，病斑上生灰色霉状物。

图 5-107　芹菜灰霉病

防治方法　病田一定要彻底杀菌灭菌，清除田间病残株，及时增温散湿，增加光照，合理施肥，增强芹菜抗病力。发病初期及时喷药：腐霉利可湿性粉剂 1500～2 000 倍液；50%乙烯菌核利水分散性粒剂 1 000～1 500 倍液；40%施佳乐悬浮剂 1 000～1 500 倍液，65%甲霉灵可湿性粉剂 800～1 000 倍液；50%多霉灵可湿性粉剂 1 000～1 500 倍液；50%异菌脲可湿性粉剂 1 000～1 500 倍液。间隔 7～10 d 喷 1 次，一般 2～3 次后见效。棚室可施用百菌清粉尘剂或腐霉利烟剂等。为延缓灰霉病菌抗药性的产生，注意轮换使用不同类型的药剂，避免长时间施用同一类药剂。

4. 芹菜枯萎病

芹菜枯萎病是一种维管束病害，病株根茎、叶柄维管束组织坏死，叶片黄化枯萎。病株通常从下部叶片、外层叶片褪绿变黄，最后蔓延至整株。

防治方法　种植抗病品种。引进抗病品种时需注意，枯萎病病原菌有多个生理小种，优势小种变化，能使抗病品种丧失抗病性。在发病田进行葱类或莴笋轮作 2～3 年，可显著降低土壤中的枯萎病菌量，但不能与胡萝卜和甜玉米轮作。病田用过的农机具需要清洗消毒后才能用于无病田。苗床播种前可撒施多菌灵药土，移栽苗可用多菌灵药液浸根。发现病株要及时拔除，用多菌灵药液或甲基硫菌灵药液浇灌病穴。

5. 芹菜软腐病

芹菜软腐病（图 5-108）多从叶柄基部的裂口或伤口处开始腐烂，出现淡褐色水浸状小斑点，迅速上下扩展，发展到后期形成长条状褐色斑块，半透明。病部薄壁组织溃烂，仅剩表皮和维管束，并有黄白色黏稠物，散发恶臭。

防治方法　选择抗病品种。病田避免连作，可换种豆类、麦类、水稻等作物，减少病原菌数量。定植、松土或除草时避免伤根，及时防治虫害，减少伤口。

不用大水漫灌，雨后及时排水排湿，多与地区可起垄作畦栽培。秋冬季，芹菜要扣棚覆膜，防止低温冷害。发现病株及时拔除，病穴撒生石灰消毒。

图 5-108　芹菜软腐病

药物防治　发病初期喷药，喷药特别注意喷到近地面的叶柄和茎的基部。药剂有 72%农用链霉素可溶性粉剂 4 000～5 000 倍液；77%氢氧化铜可湿性粉剂 800 倍液；50%琥胶肥酸铜（DT）可湿性粉剂 1 000 倍液；60%琥・乙磷铝（DTM）可湿性粉剂 1 000 倍液；14%络氨铜水剂 400 倍液；45%代森铵水剂 900 倍液。

【经验交流】

1. 种植芹菜田间管理的关键是什么？

（1）水肥管理　芹菜在生长旺盛期时，应保持基质的湿润。芹菜根系浅，应保证营养液充足供应。叶片生长旺期应追肥，以氮肥为主，适当使用磷钾肥，促进根系生长。

（2）去除老叶　前期芹菜长得比较慢，叶片商品性不高，长到一定程度要及时去除老叶，注意去除老叶时不要伤到芹菜的根部。

2. 种植芹菜田间管理的要点是什么？

（1）喷施生长调节剂　在芹菜生长旺盛期内，可以按照 30～40 g/667 m^2 的赤霉素或 1 000～1 500 倍液的 15%多效唑（或使用矮壮素、助壮素以及调环酸钙等）的用量浓度，连喷 2～3 次，每隔 7～10 d 喷施 1 次，可以很好地促进芹菜的营养生长、抑制芹菜的生殖生长，不仅具有抑制芹菜过早抽薹开花的作用，而且还能取得一定的增产提质效果。需要注意的是，在喷施植物生长调节剂时，应当在芹菜采收前 10～15 d 停止使用，以防发生药物残留。

（2）及时采收　芹菜采收宜早不宜迟，否则等到花薹长出后就会影响芹菜的口感和品质，同时及时早收也是预防芹菜早抽薹最有效、最直接、最简单的方法，芹菜的收获时间是在花薹长出之前，这不仅能够保证芹菜的高品质，也能减少芹菜抽薹所带来的不利影响。

子项目二　鱼菜共生生菜栽培

鱼菜共生是一种复合耕作体系，它使水产养殖与蔬菜生产这两种农耕技术，通过巧妙的生态设计，达到科学的协同共生，从而实现“养鱼不换水而无水质优患，种菜不施肥而正常成长”的生态共生效应。鱼菜共生技术原理简单，让动物、植物、微生物三者之间达到一种和谐的生态平衡关系，实际操作性强，可适合于规模化的农业生产，也可用于小规模的家庭农场、农村庭院生产或者都市农业。鱼菜共生耕作体系有以下几种模式。

(1)闭锁循环模式　核心三元素——鱼、菜、硝化细菌。养殖池排放的水经硝化床微生物处理后，以循环的方式进入蔬菜栽培系统，经蔬菜根系的生物吸收过滤后，处理后的废水返回养殖池，水在养殖池、滤液床、种植槽三者之间形成一个闭路循环(图 5-109、图 5-110)。

(2)开环模式　养殖池与种植槽(或床)之间不形成闭路循环，由养殖池排放的废水作为一次性灌溉用水直接供应蔬菜种植系统而不形成回流，每次只对养殖池补充新水。在水源充足的地方可以采用该模式。

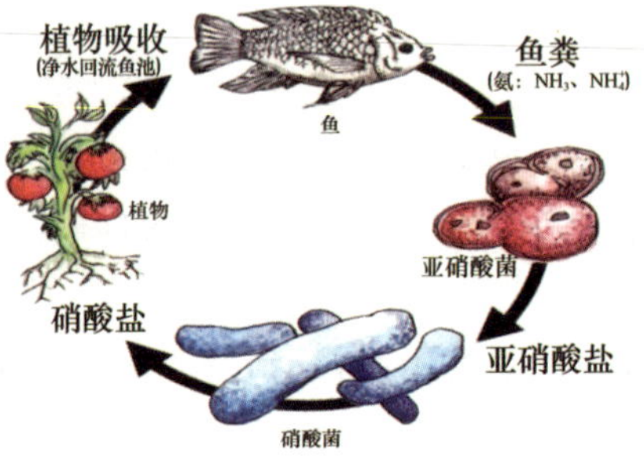

图 5-109　闭锁循环模式示意图

图 5-110　闭锁循环模式效果图

一、基地环境条件

(1)宜选择产地生态环境良好，远离公路、铁路或工厂、矿区等污染源的地块种植，绿色食品种植区与常规种植区应建立直径在 1 km 以上的缓冲隔离带，以确保种植地点不受污染气流等因素影响。

(2)玻璃温室(图 5-111)具有透光率高、光照均匀、密封性能好、通风面积大、屋面排水效率高、构件强度大等优点。玻璃温室大棚是以轻钢结构为骨架材料，在钢结构上镶嵌铝合金型材来固定玻璃，覆盖材料为玻璃，主体结构所采用的钢材都是经过热镀锌的，铝型材是配套定制的。常规用的覆盖玻璃为浮法钢化玻璃，顶部覆盖多采用 5 mm 厚度的单层玻璃或是 8 mm 厚度的 PC 阳光板，四周多为 4 mm＋9 mm＋4 mm、5 mm＋6 mm＋5 mm、5 mm＋9 mm＋5 mm 厚度的中空玻璃。整个鱼菜共生系统的养殖池塘在温室大棚内建设(图 5-112)，便于控制养殖温度。温室养殖便于对水温的控制，水温会影响和控制鱼的生长速度。整个鱼菜共生系统一般是以养殖为重点，可以采用分塘式的养殖，便于提供最优化的养殖环境，也有较少的采取大塘养殖的情况。蔬菜生产主要栽培模式为浮筏栽培和基质栽培。

图 5-111　玻璃温室

图 5-112　鱼菜共生系统的养殖池塘

二、鱼菜品种选择与生菜育苗

1. 品种选择

鱼菜共生生产必须同时考虑鱼类和蔬菜种类的最佳选择以及最适宜的种养技术。

除了个别需要高氧和超级纯冷水的鱼类如鲑鱼等难以养殖外，大多数的淡水鱼都可以使用鱼菜共生培养。

常见的鱼类有罗非鱼、鲫鱼、观赏鱼、鲶鱼、鲤鱼、鲈鱼、蓝鳃鱼、虹鳟鱼等。选择鱼的种类时，应注意以下几点：能忍受高密度养殖环境、适应本地气候、长得快、不互相攻击，尤其不攻击小鱼。

许多蔬菜种类都可以在鱼菜共生系统中栽培。常种植的蔬菜有罗勒、叶用莴苣、绿叶蔬菜类、西红柿、甘蓝、甜菜、白菜、辣椒、黄瓜等。

叶用莴苣即生菜，可周年多茬次栽培，智能温室环境调控好，一年可以种植10茬；一般温室秋冬栽培9月初无土育苗，10月初定植，12月采收；冬春季12月育苗，2月定植，3月下旬至4月采收。生菜选用抗病、优质、丰产、抗逆性强、商品性好的品种，高温季节栽培要选耐高温不易抽薹的品种，并采用遮阳网覆盖栽培。生菜代表性品种有波士顿生菜（奶油生菜）、比布生菜（贝比生菜）、松叶生菜、紫叶生菜、罗莎皱叶生菜、罗马直立生菜、大速生菜、红橡叶生菜、绿橡叶生菜、紫叶翡翠菜等。

2. 生菜海绵块无土育苗

生菜可采用营养液膜栽培（NFT）、浮根栽培，亦可用岩棉等基质栽培。种子经精选晾晒后浸泡催芽。先用凉水浸泡5～6 h，然后放到20～27 ℃温度条件下见光催芽，当大部分种子露白后即可播种。

海绵播种育苗(图 5-113),选择加工裁剪成 2.5 cm^3 大小的方块状海绵块,在每块海绵块上剪或割制 1 条深 1 cm 左右裂缝,然后放入清水中浸泡,使其吸足水分。在保护地内,将苗床地面整平夯实,铺上薄膜,防止土传病虫害。在薄膜上放置 60 cm×24 cm×6 cm 的育苗盘,盘内垫一层黑地膜(最好经清洗消毒过)防止营养液渗漏。将吸足水但挤不出水的海绵块紧密排列于育苗盘中,使海绵块的缝一侧朝上、一侧朝下,然后把种子小心地播入海绵裂缝,每块海绵缝中嵌入生菜种子 1 粒,嵌的深度以海绵块高度的 1/3 为宜,以便于叶伸展出块和根系穿块伸长。播好后,盖上薄膜,保持湿润的环境,促进出芽。把播种后的海绵块浸于盛有薄层营养液的育苗盒或盘中(图 5-114),盒或盘中注 0.5 cm 以下深度的营养液,然后把海绵块整齐地排放于营养液盒中,可进行浇液管理,直至长成具有发达根系的壮苗,即可移栽至管道系统或漂浮系统,也同样可用于人工基质栽培系统。育苗期间对海绵块进行阶段性地喷浇营养液。

图 5-113 生菜海绵块无土育苗

图 5-114 生菜无土育苗

苗期管理要点:

(1)从播种到子叶伸展,需 5～7 d,此期间要保持小环境及海绵块的温度,辅以少量的通风,以促进种子萌发、出块和子叶伸展。若是高温季节,则要进行低温处理或者以 0.000 5%赤霉素处理,以克服高温休眠,促进萌动。

(2)子叶伸展后,应及时浇营养液。在配制营养液时,由于育苗的蔬菜种类不同,以及肥料条件不同等因素,选择的营养液配方也有所不同。生菜苗期营养液配方(表 5-1)。

表 5-1 生菜苗期营养液配方 mg/L

肥料名称	用量	肥料名称	用量
硝酸钙	658	硫酸铵	237
硝酸钾	550	硫酸镁	537
硫酸钙	78	磷酸一钙	589

上述营养液配方是无土栽培成株用的配方，育苗用的营养液，从成分、配方以及配制技术等方面都与栽培成株的要求基本相同，只是育苗使用的浓度应比栽培成株浓度要低，应为成株标准浓度的 1/2 或 1/3。

三、鱼菜共生系统组成及要求

鱼菜共生系统组成主要包括：鱼池、过滤系统、增氧设备、自动喂食器、紫外线杀菌设备、蔬菜栽培设施等(图 5-115)。将水的 pH 控制在 6～7，温度控制在 18～30 ℃，并将氧、氨、亚硝酸盐、硝酸盐控制在相对适宜的浓度。

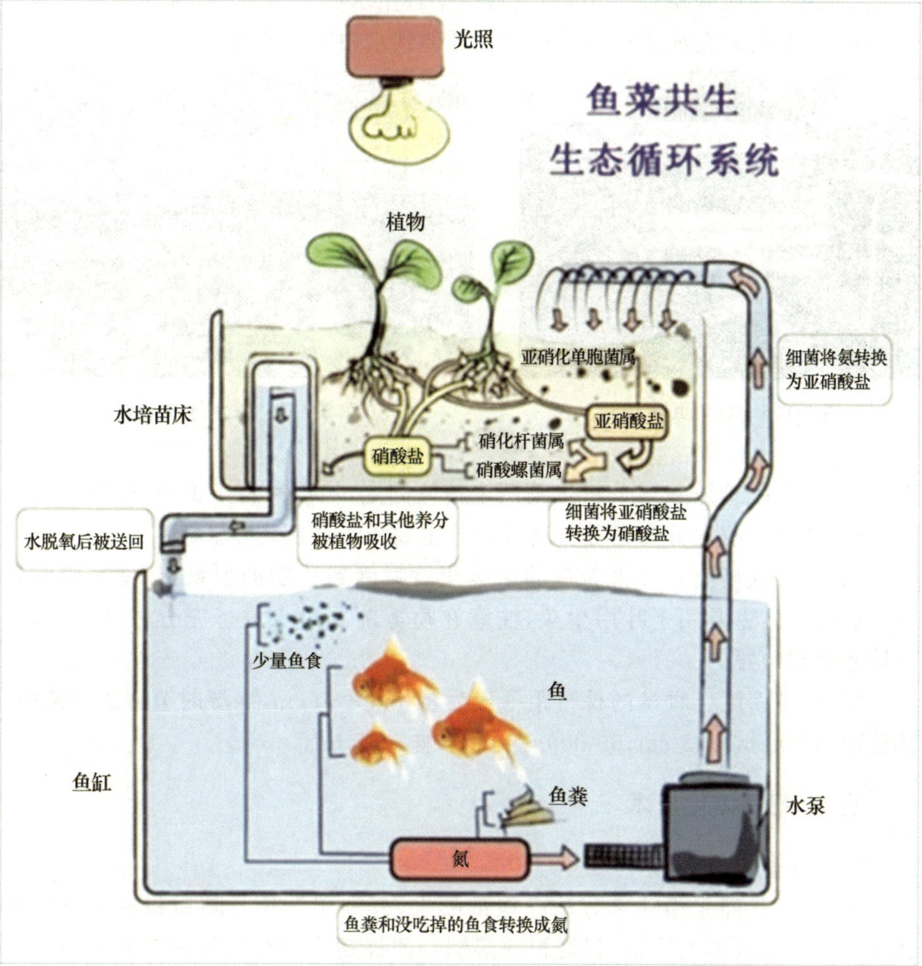

图 5-115　鱼菜共生系统组成

四、定植及管理

为了实现鱼菜的合理搭配和大规模种养，国际上的主流做法是将鱼池和种植区域分离(图 5-116)，使鱼池和种植区域通过水泵实现水循环和过滤。主要的技术模式有如下几种：

(1)基质栽培　将生菜幼苗长到一定大小，就可以定植于水槽支架基质中，起苗时，应选择健壮、无病苗，注意少伤根，并做到随起随种。将生菜种在砾石或陶粒等基质中，可起到生化过滤和固态肥料过滤的作用。

(2)深水浮筏栽培(图 5-117)　将生菜种于水槽上，通过泡沫等漂浮材料将其托起，生菜的根会向下通过浮筏的孔延伸到水中吸收养分。

图 5-116　鱼菜共生模式

图 5-117　深水浮筏栽培

(3)营养膜管道栽培　将生菜用定植篮固定，然后种植于 PVC 管道上方的开口内，让根吸收水分和营养。这种方式主要用于茎用生菜。

(4)气雾栽培　直接将养鱼的水雾化后喷洒到植物的根系上，使其吸收营养。这种方式主要用于叶用生菜，注意在喷雾前要对水进行充分过滤净化，以免堵塞喷雾装置。

(5)定植密度　种植的株行距一般为 30 cm×30 cm，高湿时节可适当疏植，株行距为 30 cm×35 cm，50 000～56 000 株/667 m^2。

五、水肥一体化技术

1. 水分管理

定植后，立即采用喷雾方法在根部喷水，有利于缓根。随后根据天气情况调节营养液的流速与流量，保证根部湿润。团棵期后根据长势调节营养液的流量，保持叶片干爽。

2. 追肥

在种植后，采用生菜水培营养液，每 1 000 mL 所述营养液含有以下有效成分:硝酸钙 500～600 mg,硝酸钾 400～500 mg,磷酸二氢铵 200～300 mg,硫酸镁 400～500 mg,硫酸铵 120～220 mg,磷酸一钙 450～550 mg,硼酸锌 80～160 mg,EDTA 铁钠 15～25 mg,硫酸亚铁 60～120 mg,硼酸钠 50～100 mg。pH 调至 6～7,配制好的营养液,缓慢随水施用。营养液 pH 天天测量,如有改变,可用磷酸、醋酸、硼酸或硫酸调整。

六、采收

当生菜心叶与外叶平齐至现蕾以前为采收时期。一般选在晴天下午采收,采收时用利刀从根部处平砍后去除茎下部叶片,保留 5～8 片上层叶。采收后,按生菜质量分级标准分级包装、销售。在鱼菜共生模式下,水培蔬菜每 1 m^2 水面可定植 30 棵,一年可以种植 10 茬,成熟后用活体的方式运输销售,经济价值比一般蔬菜高 2～3 倍。

七、病虫害防治

生菜主要病虫害有菌核病、霜霉病、软腐病、蚜虫、小菜蛾等。按照“预防为主,综合防治”的植保方针,坚持农业防治、物理防治和生物防治为主,化学防治为辅。坚持农业预防方法,培育适龄健壮苗,及时清洁田园,摘除病株、病叶,清除枯叶,集中掩埋。应用黄板诱杀蚜虫,30～50 块/667 m^2。应用杀虫灯诱杀小菜蛾,2～3 盏/667 m^2。不同病虫害的药物防治如下所述。

1. 菌核病

发现有病叶株率达 10%或病株率达 1%时用药防治。可用 40%菌核净可湿性粉剂 800 倍液,或 70%甲基托布津 800 倍液,或 50%多菌灵 500 倍液喷施,重点喷施茎基部叶片。每隔 7～10 d 防治 1 次,连续 3～4 次。

2. 霜霉病

当生菜底层 2～3 片叶发现有霜霉病病斑时用药防治。可选用 72%霜脲锰锌可湿性粉剂 1 000 倍液,或 25%甲霜灵可湿性粉剂 600 倍液,或 47%加瑞农可湿性粉剂 800 倍液,均匀喷雾防治。每隔 7～10 d 防治 1 次,连续 3～4 次,重点喷施底层叶片背面。

3. 软腐病

在发病初期,可用 72%农用链霉素 3 000～4 000 倍液,或 47%加瑞农可湿性粉剂 750 倍液,或 50%代森铵 1 000 倍液,或新植霉素 3 000～4 000 倍液,每隔 5～7 d 喷施 1 次,连续 3～4 次,重点喷洒病株基部及近地表处。

4. 蚜虫

当田间蚜虫密度达 500 头/百株时用药防治。可用 10%吡虫啉可湿性粉剂

2 000 倍液，或 50%抗蚜威可湿性粉剂 2 000～3 000 倍液，或 2.5%溴氰菊酯乳油 3 000 倍液，或 40%氰戊菊酯乳油 3 000 倍液喷雾。喷雾时，喷头向上，重点喷施叶的反面。

5. 小菜蛾

掌握在卵孵化盛期至幼虫 2 龄期用药。可用 10%溴虫腈悬浮剂 1 200～1 500 倍液，或 5%氟虫腈悬浮剂 2 500 倍液，或 40%菊杀乳油（或 40%菊马乳油）1 500～2 000 倍液，或 10%氯氰菊酯乳油 2 000 倍液，或 20%杀灭菊酯乳油 2 000 倍液喷施。

【经验交流】

1. 在鱼菜共生具体的实践操作中，如何把握种植蔬菜和养殖鱼类的规模和比例？

鱼菜共生系统是把鱼的粪便等排泄物作为有机肥提供给水培蔬菜做营养，水培蔬菜在吸收营养的同时对鱼池或鱼缸排出的水质起到了一定的净化作用，最后又使之循环回流到鱼池或鱼缸。在生产中种植普通蔬菜与常规养殖密度情况下，需注意鱼及菜之间比例的动态调节。在阳台或者庭院鱼菜共生系统中，可以自己建造一个小型的鱼池，选择金鱼、锦鲤等冷水鱼。

一般 1 m^3 水体可年产 25 kg 鱼，同时供应 10 m^2 的瓜果蔬菜的肥水需求。家庭式的鱼菜共生体系，一般只需 2～3 m^3 水体配套 20～30 m^2 蔬菜栽培面积，基本可满足 3～5 人家庭蔬菜及鱼类水产的消费需要。

2. 鱼菜共生种植生菜田间管理的关键是什么？

(1)保持良好的水质　水是鱼菜共生系统的关键。它是将所有基本营养物质输送到植物的媒介，为鱼类提供生境。5 项主要参数对于监视和控制水质至关重要：溶解氧（5 mg/L）、pH（6～7）、温度（18～30 ℃）、总氮和水碱度。

(2)补充钙质、钾质和铁质　一般植物的生长需要 13 种营养元素，而鱼类的饲喂能提供约 10 种适量的营养元素，蔬菜所需的钙质、钾质和铁质含量往往过低，需要另外补充。鱼菜共生系统中钙质和钾质的补充是在调整 pH 酸碱度时，所加入的钙氢氧化物和钾氢氧化物中来取得，铁质通过添加螯合铁来补充。

(3)病虫害防治　生菜种植中主要的病虫害有霜霉病、菌核病、斑枯病和蚜虫等。生菜可以适当稀植，及时排除积水，增加苗间透光透气性，能有效防止霜霉病、斑枯病的发生。除此之外，勤摘除老叶、病叶，也是一种物理防治手段。利用波尔多液 200 倍液，或者 65%代森锌 500 倍液喷施，每 10 d 喷施 1 次，也能够有效防治霜霉病、斑枯病。在播种前，用 10%盐水漂去种子中的菌核，对预防菌核病有一定功效。

3. 鱼菜共生种植生菜田间管理的要点是什么？

（1）避免过度饲喂，并清除任何剩余食物。鱼菜共生栽培应当注意废物和吃剩的食物对水生动物危害极大，因为它们会在系统中腐烂，腐烂的食物会引起疾病，并耗用所有溶解氧。

（2）合理选择植物和安排间距。生菜属于生长期较短的蔬菜，适当采收后补植生菜能够营造自然遮阴条件，有利于鱼类的生长。

（3）保持动植物间的平衡。采用批量耕作系统有助于确保水生动物和蔬菜的稳定收成，维持生产水平，保持鱼和植物间的平衡。

项目五　特色蔬菜及其他类蔬菜生产

子项目一　温室芦笋生产技术

芦笋原名石刁柏，百合科属多年生宿根植物，生命周期一般为15～20年，管理条件好的可达20年以上。每年春夏季节，由根部发出粗大的嫩茎（图5-118），芦笋嫩茎有鲜美芳香的风味，柔软可口，具有低糖、低脂、高维生素和高纤维素的特点。据测定，芦笋含有较多的硒、钼、镁、锰、铬等微量元素，对癌症、心脏病、高血压、心动过速、疲劳症、水肿、膀胱炎、排尿困难等病症有一定的辅助疗效，常食有抗疲劳、助消化、延年益寿的作用，作为高档蔬菜和保健食品，在国内外市场深受消费者青睐。

一、类型与品种

芦笋从嫩茎色泽区分，可分为绿色（图5-119）、白色（图5-120）、紫色（图5-121）及粉红色几类。目前市场上比较受欢迎且质量较高的类型主要是绿芦笋和紫芦笋。

图 5-118　芦笋田间照片

图 5-119　绿芦笋

图 5-120　白芦笋

图 5-121　紫芦笋

芦笋原产于地中海东岸及小亚细亚，至今欧洲、亚洲大陆及北非草原和河谷地带仍有野生种，已有 2 000 年以上的栽培历史，17 世纪传入美洲，18 世纪传入日本，20 世纪初传入中国，世界各国都有栽培。目前我国是芦笋生产的大国，很多省份都有栽培。山东省曹县被誉为“中国芦笋之乡”。

二、芦笋种植技术

1. 栽培条件

满足芦笋生长发育的气候、土壤生态条件的特殊要求，主要是指芦笋产地的气温、光照、降水量等气候生态和土壤质地、肥力等土壤生态条件应大致与芦笋内在生理生态要求相当。芦笋既耐寒又耐热，其种子发芽始温 10 ℃，适温 25～30 ℃，高于 35 ℃发芽受阻。根系耐寒性很强，也较耐湿。植株生长最低温度 5～6 ℃，20～30 ℃生长最快，15 ℃以下生长缓慢。根系发达，地下茎可入土 3 m，分布面广，喜欢疏松、肥沃、地下水位低、排水好的土壤。喜微酸性土壤，pH6～7 最适生长。pH 在 5.5 以下时，根系发育不良，必须加以改良，碱性大和酸性大的土壤均不利于生长。土壤中的盐类浓度以 0.4～0.5 mg/kg 为宜，0.3 mg/kg 以下或 0.7 mg/kg 以上时均不适宜。在 0.3 mg/kg 以下，植株抗性差，容易发生茎枯病和褐斑病，同时茎、叶衰老快。不宜连作，前作为果园、桑园、棉花、薯类及各种林木地块均不宜种植。土壤有机质含量不低于 0.5%，最好是在 3%～10%，土壤孔隙度 64%。100g 土壤中以钾含量 30～80 mg，镁 81 mg，钙 206 mg 为宜。施用钾肥过多，会使钾与镁比例失调，发生缺镁症。

2. 适时育苗

(1)可春播，也可秋播；可直播，也可育苗移栽。苗床选择土层深厚，有机质丰富，地下水位低，四周无树木和高大建筑物，阳光充足，排水良好的沙壤土地块。苗床翻地时施足基肥，用含楝生物肥 80 kg 或生态有机肥(含楝)50 kg+复合肥 50 kg，整细整平，做成畦。营养钵育苗，先在床底铺一层有机肥，然后用药剂拌细土，撒施于苗床上防治虫害。为缩短苗龄，培育壮苗，可采用草钵、纸钵或塑料钵育苗（图 5-122）。或者穴盘无土育苗（图 5-123）。

图 5-122　芦笋营养钵育苗

图 5-123　芦笋穴盘育苗

当地温在 15 ℃以上时开始播种。长江流域露地春播在 4 月上中旬，秋播在 7 月下旬，但需搭棚遮阳。保护地育苗可提早在 3 月中旬，播后搭棚盖膜保温，防雨淋冲刷。6 月定植，翌年起产，见效快，值得推广。

（2）播前种子处理。先用清水除去浮在水面的不充实种子，然后搓洗几次，除去部分蜡质后再浸种。一年可分两期播种，春季于 3 月下旬至 4 月下旬、夏季 8 月中旬至 9 月中旬播种。种子在播前用 25～30 ℃温水浸 3 d，每天换水一次，然后沥干，用纱布包好在 25～30 ℃下保湿催芽（图 5-124、图 5-125），待部分种子露白时即可播种；或用 1∶500 的金消康 1 号（50%氯溴异氰尿酸）水溶液浸泡 24 h，浸泡时药液必须高出种子 2～3 cm，浸泡结束后沥去药液即可播种，此方法处理的种子可有效防治田间的各种病害。利用营养钵育苗或大田直接播种育苗。

图 5-124　芦笋种子

图 5-125　芦笋种子催芽

(3)培育壮苗可采用两种方法。一是温室营养钵育苗。于1月初在日光温室内做苗床,营养钵选用8 cm×8 cm的专用育苗钵,每钵正中播1粒种子,3个月后待苗高30 cm左右、钵体上生出5条小茎、肉质根达10条时即可定植。二是大田直接播种育苗。于3月上中旬在大田按行距60～80 cm、株距20 cm挖穴播种,每穴点播2粒种子,播后覆土2～3 cm厚,出苗后要及时打孔降温,以防烫苗。4月下旬应及早放苗,促进苗快速生长。4月下旬可将温室培育的芦笋苗移栽到大田,行距、株距与大田直接育苗的方法相同,栽苗深度为6～8 cm。

培育健壮的芦笋根株一般假植栽培,需采用定植后1～3年的根株,并选用早熟、多茎的绿芦笋品种。

芦笋根株的假植:

①假植土壤处理与假植密度。假植前施入500 kg生物有机肥/667 m^2,并深翻30 cm,使生物有机肥与土壤均匀混合。一般每333 m^2可假植芦笋根株1万～1.2万株。南北行向,每120 cm宽为一小畦,每小畦假植8行芦笋。小畦之间起垄埂,埂宽40 cm,高15 cm,采笋时作为工作行使用。

②根株的挖取与贮藏。秋霜后,当芦笋茎枝枯黄时即可挖取芦笋根株,上冻前必须挖出。挖根株时应尽量不伤根或少伤根,保持根系长25 cm以上。挖根株时应从芦笋株行的一端开始,先挖深30 cm,然后从下部掏取根株。若用机械挖取,应在芦笋株行一侧25～30 cm处开一深沟,然后顺芦笋株行底部扎犁,把根翻出来,抖掉根部的土后进行贮藏待栽。贮藏时,应把根株置于0～5 ℃的温度下,促使其休眠,以根株不受冻害和不风干为宜,低温贮藏至少需15 d。

③假植前芦笋根株的处理。假植开始时,用$(30～50)\times10^{-6}$的赤霉素液浸根或均匀地喷洒在根株上,以打破休眠,促使鳞芽萌动。为预防根株在高温高湿条件下染病腐烂,可用8%的腐钠合剂150～200倍液泼施,进行根株或土壤消毒处理。

④假植操作程序。假植应在11月下旬前完成。首先在温室一端留出40 cm,再开挖深30 cm、宽80 cm的假植畦,最好在底部铺一层牛粪,上面再覆土1 cm厚,其次将根株拢缩在一起,按8行紧密地排列起来,使根株朝向一边且稍有倾斜,但鳞芽必须朝上,保持平整。在假植时,要用细土及时填充根株之间的空隙。待每小畦栽完后,用少量的水将细土冲入根系空间,但忌水量过大,以免影响地温,不利于出笋。最后,在根株上覆土6～8 cm厚即可。在距第一畦40 cm处开挖第二畦,用同样的方法操作。假植之后应立即扣棚,加强管理,促进鳞芽萌发,及时出笋。

⑤假植后的管理。芦笋假植后管理的重点是温度、湿度的合理调控。日光温室内应配置干湿温度计和土壤温度计,并及时观察记载,根据实际情况采取

措施，严加管理。a. 温度调控。刚进棚的芦笋需要较高的温度条件以打破根株自身的休眠状态。抽茎前，白天棚内温度应不低于 25 ℃，夜间土壤温度应不低于 8 ℃。芦笋嫩茎长出地面后，当棚内温度超过 25 ℃时，应进行通风，午后要适时盖草苫保温，使夜间温度不低于 8 ℃。晴天上午 9 时左右应揭开草苫，下午 4 时左右要及时盖草苫，保持棚内温度不散失。若阴天或雪天延续时间长，应在棚内短期加温。b. 湿度调控。棚内的相对湿度控制在 85%左右。当表土见干时进行浇水，以轻浇为宜，有条件的可进行喷灌。

3. 田间管理

分幼年期和采收期管理，栽后 2 年内为幼年期，以后进入采收期。幼年期管理以增粗促壮为目的，要求茎粗达 1.5 cm 及以上，以培土除草、浇水施肥为主(图 5-126)。行间大，可间作绿肥或矮秆豆科作物，有利于改土增肥，还可抑制杂草增长。间作要以芦笋为主体，防止间作植物与其争肥和争光。

采收期管理应采养兼顾，防止早衰，促进连年稳产高产。在 6 月初(惊蛰前)施入催芽肥，以速效性肥料为主。每 667 m^2 用 30～40 kg 精制有机肥、楝素生物肥 80 kg 或生态有机肥(含楝)100 kg，开沟埋施，不伤根茎。采收时每隔 10～20 d 施一次采笋肥，施楝素生物肥 30～50 kg/667 m^2 或生态有机肥(含楝)50 kg/667 m^2。采收期间的追肥以速效性肥料为主，采笋肥可穴施或条施，间隔 15 d 左右 1 次效果较好，可喷施芦笋叶面肥，注意叶面肥成分要含有硼、钙等中微量元素。

8 月下旬施秋发肥，又称“复壮肥”。其施肥用量占全年的半数以上。方法是在两垄之间开沟均匀撒施，每 667 m^2 施精制有机肥 30～40 kg，楝素生物肥 90～100 kg，然后覆土。若秋发肥施用量不足，在 11 月份再补施含磷钾较多的农家肥作腊肥，保温防冻(图 5-127)。

图 5-126　芦笋田间管理

图 5-127　水肥一体化

采收白芦笋，应在幼芽抽生前培土，使嫩茎软化，培土一般在开始采收前 10～15 d，土温达 10 ℃以上时进行。

4.病害防治

(1)茎枯病　芦笋茎枯病(图5-128)是一种毁灭性病害,分布广。茎枯病普遍发生,危害严重时,发病率达50%～90%,成片枯死,甚至全田毁灭。

防治方法　防治芦笋茎枯病,应采取以农业防治为主的综合防治技术,有效控制此病扩展蔓延,提高芦笋的产量与品质。首先选择适宜芦笋种植地,减少菌源。其次防止病菌传播和侵染,合理施肥,施足基肥,合理配施氮、磷、钾肥。芦笋嫩茎出土后,喷施多菌灵、甲基托布津、代森锰锌、吡唑醚菌酯乳油等,促进芦笋生长健壮,增强抗病能力,减轻发病。最后加强田间管理,使用药剂防治。

(2)褐斑病　芦笋褐斑病(图5-129)是芦笋的主要病害之一,分布广泛,多发生于我国南方地区。

图5-128　芦笋茎枯病

图5-129　芦笋褐斑病

防治方法　首先减少菌源,加强栽培管理。其次药剂防治,可用金消康1号1 000倍液和禾命源抗病防虫型1 500倍液混合喷雾防治,也可用金消康2号600倍液喷雾防治。

(3)紫纹羽病　此病主要危害芦笋的根部。植株根部受病菌侵染后,根部腐烂,仅残留根的表皮,呈现赤紫色。由于根部腐烂,地上部植株矮小,茎、枝和拟叶变黄,最后全株凋萎枯死。

防治方法　首先选择适宜的种植地。其次加强田间管理,减少菌源。最后药剂防治,可用金消康1号1 000倍液和禾命源抗病防虫型1 500倍液混合喷雾防治,也可用天诺金消康助剂1号3 500～5 000倍液来灌根防治,还可用金消康2号600倍液喷雾防治。

(4)枯萎病　芦笋枯萎病是一种土壤传染病害,此病发病率不高,但一旦染病,常全株枯死,是芦笋的重要病害。

防治方法　首先可以轮作,加强田间管理。其次药剂防治,可用50%多菌灵 500～600 倍液进行土壤消毒和发病期间喷洒，也可用 70%代森锰锌可湿性粉剂每 667 m^2 175～250 g 兑水喷雾防治。

(5)锈病　此病是欧洲、美洲等地芦笋的主要病害，亚洲地区较少见。

防治方法　芦笋锈病的防治，应选用以抗病品种为主的综合防治技术。首先选用抗病品种，减少菌源。其次加强栽培管理。最后药剂防治，可用金消康 1 号 1 000 倍液和禾命源抗病防虫型 1 500 倍液混合喷雾防治。

(6)病毒病　芦笋生长发育期间，植株被病毒侵染后，一般不表现明显症状，田间症状多表现为植株生长瘦弱，拟叶变小、扭曲、黄化，嫩笋抽发力渐退，纤弱，产量明显降低(图 5-130)。

防治方法　芦笋病毒病的防治，应选用以抗病品种为主的综合防治技术。重病区选育和栽培抗病毒品种。防治种子带毒，从无病株上采种。田间发现蚜虫，立即治蚜防病。利用茎尖组织培养技术，培养脱毒苗，从抽笋期开始定期或不定期喷施高锰酸钾(600～1 000 倍液)、5%菌毒清水剂(300～500 倍液)等针对性药剂，减弱或阻止病原病毒粒体入侵或在寄主体内转运增殖的物质，并配合喷施新高脂膜 800 倍液增强药效。

(7)生理病害　芦笋茎在不良的生育环境条件，常出现生理病害。发病后，一般减产 20%～40%，降低了芦笋的品质，造成很大经济损失。

防治方法　芦笋生理病害是由多种因素综合影响而发生，在防治上应采用综合防治措施。首先选用优良品种，如选用空心率低的品种。其次选地，选择地势较高，排水良好，土质疏松、杂质少的沙壤土种植芦笋。再次加强肥水管理，彻底清园。最后防治病虫害。

5. 虫害防治

危害芦笋的害虫主要有两大类 10 余种。一类是地下害虫，包括蝼蛄、蛴螬、地老虎、金针虫等；另一类是食叶或蛀茎害虫，包括斜纹夜蛾、甜菜夜蛾、银纹夜蛾、甘蓝夜蛾、木囊蛾(图 5-131)、棉铃虫、蚜虫、蓟马、十四点负泥虫等。

图 5-130　芦笋病毒病

图 5-131　芦笋木囊蛾

芦笋的虫害主要是夜蛾类、蚜虫、蓟马和蝼蛄。

(1)夜蛾类　防治方法:诱杀成虫,可用黑光灯或糖醋液诱杀;药剂防治应在初龄幼虫未分散或未入土躲藏时喷药,成龄后抗药性很强,往往难以杀灭。一般根据预测,产卵高峰后 4～5 d 喷药效果最佳。傍晚喷药比白天好,可选用的药剂有:90%敌百虫晶体 1 000 倍液、40%乐斯本 1 000 倍液、5%抑太保 1 000 倍液。

(2)蚜虫、蓟马　防治方法:清洁田园,勤除草,及时灌水;药剂防治可用 25%菊乐合剂 2 000 倍液、10%吡虫啉 1 000～1 500 倍液喷雾。

(3)蝼蛄　防治方法:用 90%敌百虫 30 倍液搅拌,适量加水,拌潮为度,施用 1.2～2.5 kg/667 m^2,在无风闷热的傍晚撒施效果最佳。用 3%辛硫磷颗粒剂 1 kg,拌细沙 3 kg 撒施在苗床内。

6.采收

芦笋经头年的培育管理,第 2 年春季就进入采收期。必须在 4 月下旬至 5 月上旬,每丛选留母茎 2～3 支,才能获得高产。一般产量可达 1 000 kg/667 m^2,丰产田块高达 2 000 kg/667 m^2。当嫩茎长 24～27 cm,顶部鳞片沿未散开,直接割取绿芦笋(图 5-132 和图 5-133);如果采收白芦笋,须在早春嫩茎出土前培土 30 cm 左右成垄,当早晚看见垄土表面出现裂纹,即可扒垄用芦笋刀割取白芦笋。

图 5-132　采收方法

图 5-133　芦笋采收

在田间发现土面有裂缝或湿润圈,为有嫩茎上升的标志,即扒开表土,按嫩茎的位置插入掘笋刀至笋头下 17～18 cm 处切断,不能损伤地下茎或鳞芽。出芽盛期时,早晚各采收 1 次。采割的嫩茎立即装入盛器,用黑的湿布覆盖,防变绿色(指白芦笋)。采收绿芦笋要求笋尖鳞片不松散,每天早晨将长到 21～24 cm 的嫩茎齐土面割下。温度高时,每天采割 2 次。

【经验交流】

1. 芦笋施肥有什么特点？

芦笋正常生长需要多种营养，在大量元素中以氮、钾较多，而磷较少，在中微量元素中，钙、锌、锰、氯是不可缺少的。进入采笋期的芦笋(即 2 年生以上)，采笋期和秋发期各为 3～4 个月，实验证明，每生产 1 000 kg 芦笋约需纯氮 17 kg，磷 4.5 kg，钾 15 kg，三元素的比例约为 3.8∶1∶3.3。具体施肥方法：年初重施有机肥，而施化肥则前轻后重。

巧施促芽肥：可将全部有机肥一次性重施，也可施入总量的 80%，每 667 m^2 年产芦笋 1 000 kg 的地块，需用根力多(CL)25-5-15 芦笋专用肥 50 kg/667 m^2，结合春季笋田松土，距株行边 30～40 cm 处，开 10 cm 沟施入，埋土封平。

补施接力肥：在采笋期的 4 个月的时间内，必须多次追施接力肥，采笋初期气温低，可开沟土施，随着气温的升高，可结合灌水冲施，以水调肥，建议追施 25-5-15 芦笋专用肥 150 kg/667 m^2，后期冲“长的好”芦笋专用水溶肥。

在采笋期的 4 个月的时间内，必须多次追施接力肥，采笋初期气温低，可开沟土施，随着气温的升高，可结合灌水冲施，以水调肥，建议追施芦笋专用肥 150 kg/667 m^2，后期冲“长的好”芦笋专用水溶肥。

重施秋发肥：采芦笋结束后，转茎留棵，要重施秋发肥，冀中南地区一般在 8 月下旬至 9 月上旬。开沟施入 22-10-10 芦笋专用肥 70 kg/667 m^2，同时施入剩余的有机肥。

2. 芦笋栽培中有效的农业防治手段有哪些？

(1)清理田园　2 月份全面清理田间茎秆，清扫病残枝叶并集中处理。8 月上中旬采笋结束后，结合整理垄背，彻底清理残桩和地上母茎；秋发阶段，定期摘除田间病残枝叶。

(2)适时打顶　及时摘除植株顶部，留到 110 cm 株高，改善田间的通风透光程度，调节田间温湿度，减少病虫害的发生。

(3)科学施肥　增施充分腐熟的有机肥，改善土壤的物理化学性质，增强土壤的透气性，促进作物根系的健康生长。

(4)科学浇灌　芦笋喜湿怕涝，耐旱，防止田间积水，防止根部腐烂病害发生。

3. 芦笋病虫害物理防治有哪些方法？

(1)黄板、蓝板诱杀　田间悬挂黄色粘虫板诱杀蚜虫、飞虱等害虫，挂蓝色粘虫板诱杀蓟马等害虫。粘虫板规格 25 cm×40 cm，悬挂 30～40 块/667 m^2。

(2)银灰膜驱避或诱杀　铺银灰地膜或张挂银灰膜条避蚜虫，每 60 m^2 悬挂 40 cm×40 cm 的银灰膜一张。

(3)杀虫灯诱杀　利用频振式杀虫灯诱杀鞘翅目、鳞翅目等害虫；杀虫灯悬挂高度一般为灯的底端离地 1.2～1.5 m，每 1 hm^2 悬挂 1 盏。

子项目二　红甜菜立柱式栽培技术

红甜菜属黎科甜菜属，其生长形态与甜菜相似，但块根与叶柄、叶脉是红色，俗称紫菜头(图 5-134)。红甜菜叶片较甜菜小(图 5-135)，肉质块根有球形、扁圆形、长圆形、长柱型，表皮光滑呈深紫色，根肉紫红色，肉质脆嫩，可食用。红甜菜在我国多地有不同规模的种植。

图 5-134　红甜菜

图 5-135　红甜菜植株

红甜菜具有耐寒、耐热、耐旱、耐肥的特点，在凉爽、湿润的气候条件下生长量高、品质好。原产于欧洲地中海沿岸，从阿拉伯通过丝绸之路传入我国。其白梗、绿梗的普通品种已种植多年，而且全国栽植，作为叶类菜食用，也可提取食用色素。红甜菜可生食、熟食，也可加工成罐头，肉质脆嫩，略带甜味。西餐中多用作生食，制作沙拉。传统的食用方法是把肉质根煮烂，做成菜泥，加上调料拌匀食用。

一、认识立体栽培

立体栽培也叫垂直栽培，是立体化的无土栽培，通过搭设架床进行多层次立体栽培。立体栽培根据承载的栽培容器不同，有柱式立体栽培(图 5-136 至图 5-138)、盆栽式立体栽培、管道式立体栽培(图 5-139)、墙式立体栽培、槽式立体栽培(图 5-140)、袋式立体栽培等。

柱式立体栽培是在不影响地面栽培的情况下，通过四周竖起来的柱形栽培容器等向空间发展。常见的将是圆柱作为植物生长的载体，充分发挥有限地面的生产潜力，为节约土地资源和可持续发展农业提供适用的栽培模式。

图 5-136　柱状立体栽培

图 5-137　螺旋柱状立式栽培

图 5-138　温室柱式栽培

图 5-139　管道式立体栽培

盆式立体栽培，立柱长 2 m，上面套着 12 个 PC 树脂盆，每个盆里都栽着无土栽培蔬菜。柱的上端是淋滴装置，含有营养液的水被水泵抽出，通过管网和淋滴头，喷洒到立柱最上端的塑料盆里，并逐层往下流，流到最底下的营养液会被回收，流回水泵，供循环使用。据估算，柱式立体栽培 667 m^2 的产量可达到常规栽培模式的 5 倍，并能节省大量人力。

简易柱式栽培(图 5-141)，短柱套有四五个塑料盆，柱子的顶端是淋滴头，底座的蓄水槽里装着一个小水泵，能把水和营养液打到顶端，再由淋滴头喷洒下来，构成循环系统。水泵是自动化的，用户可以自主设定每天的喷水频率、喷水时间，不必费心照料。

二、日光温室内插管式立柱栽培设施安装配置

立柱栽培主要有水培型叠盆式立柱、基质型叠盆式立柱和插管式立柱栽培等类型。于蔬菜定植前将有机肥料和部分无机肥料混入栽培基质，生产过程中浇灌清水或普通化学肥料溶液，以此替代常规的无土栽培营养液，避免了营养液的配制、pH 及 EC 调控等操作，技术简单且栽培成本低。

图 5-140 槽式立体栽培

图 5-141 简易柱式栽培

1. 适合立体栽培的日光温室要求

有后屋面，后墙平整并在一个水平面上，后墙高度 2 m 以上，走道宽度 70 cm 以上，冬季阳光可充分照射在后墙面，温室结构符合西北型二代节能日光温室建造技术标准，温室蔬菜生产使用滴灌系统或管道浇灌。棚内种植作物不受限制。棚过长，冬季升温慢，后墙立体栽培的红叶甜菜易受到低温的侵害，且管理不便；棚过短，进行立体无土栽培的栽培管过短，种植数量少，经济效益不显著。

2. 插管式栽培柱的基本结构及其构件制作

插管式栽培柱的主体由中心柱、海绵、无纺布、侧壁板、铁丝箍等构件组装而成。栽培柱中心是一根长方体形聚苯乙烯泡沫塑料方柱，起支撑作用，称作中心柱，规格为 200 cm×12.5 cm×12.5 cm，聚苯乙烯泡沫塑料材料的密度为 20 kg/m^3。中心柱外侧是一层大孔隙的低密度海绵，2 cm 厚，与栽培柱等长。海绵外是一层无纺布，可阻止蔬菜根系和基质进入海绵。最外层是 4 块聚苯乙烯泡沫塑料侧壁板，规格为 200 cm×18 cm×2 cm，每块侧壁板上打 2 列定植孔，共 15 个，两列定植孔交错排列。

用自制打孔器在侧壁板上烫出定植孔。用直径 50 mm、壁厚 2 mm 的钢管制作打孔器，将钢管先端削薄，并用型材切割机截成 37°的马蹄形，后部焊接一截直径 20mm 的钢管作手柄，并套绝缘塑料管。打孔时，将打孔器先端在电炉上加热，而后将其摁压在侧壁板上的预定位置，即可烫出一个倾斜的定植孔。

图 5-142 定植过程

栽培柱侧壁板外用铁丝箍捆束，铁丝箍呈边长 20 cm 的正方形，搭接处焊牢。定植时，在定植孔上安插插管(图 5-142)，插管由直径 50 mm 的 U-PVC 硬质塑料管经型材切割机切割而成。

3. 基质配制

日光温室立体无土栽培采用的基质除了购买的成品基质外，也可就地取材，用菇渣、炉渣、蛭石和各种作物秸秆等配制成既便宜又环保的有机生态型无土栽培基质。

具体基质配方有 3 种。第一种是将草炭、玉米秸秆和炉渣按照 2∶6∶2 的比例进行混合。第二种是将玉米秸秆、蛭石和菇渣按照 3∶3∶4 的比例进行混合。需要注意的是玉米秸秆必须进行粉碎发酵。基质混合均匀后用 50%多菌灵可湿性粉剂 20g/m^3、40%辛硫磷乳油 4g/m^3 的比例配成水溶液后喷洒基质，使药液与基质充分混匀，基质含水量达到 60%～70%(即手捏可成团，手松开团不散)，用塑料膜密封 3～5 d 进行灭菌杀虫。第三种是将草炭和蛭石按 1∶(1.5～2.0)的比例配制栽培用复合基质，为提高基质肥力，每立方米基质可混入 10 kg 消毒烘干鸡粪。

可以在基质中混入适量无机肥料，如每立方米基质加入 1 000 g $NH_4H_2PO_4$、1 500 g $(NH_4)_2SO_4$ 和 1 500 g K_2SO_4，也可加入 KNO_3 1 000 g、[$Ca(H_2PO_4)_2 \cdot H_2O + CaSO_4 \cdot 2H_2O$]600 g、$ZnSO_4 \cdot 7H_2O$ 14.2 g、石灰或白云石粉 3 000 g。同时，适量补充微量元素，每 1 m^3 混入 $MnSO_4 \cdot 3H_2O$ 14.2 g、$CuSO_4 \cdot 5H_2O$ 14.2 g、Na_2Fe-EDTA 23.4 g、$Na_2B_4O_7 \cdot 10H_2O$ 0.4 g、$(NH_4)_6Mo_7O_{24} \cdot 4H_2O$ 2.4 g、$FeSO_4 \cdot 7H_2O$ 42.5 g，将各种微量元素肥料分别加水溶解，浇在基质上，混匀。

三、栽培管理

红叶甜菜立体柱式栽培(图 5-143)可以直播，或者育苗移栽。在立式栽培中基于红甜菜特性的考虑，推荐采用直播方式种植，按照立体栽培管道的布局情况，每穴播 2～3 粒种子，株距控制在 30 cm。

图 5-143　立体柱式栽培

1. 定植

在插管中加入半量基质，而后将用穴盘培育的蔬菜幼苗放入插管，再加入少量基质将插管填满，不要用手大力按压，以防幼苗根系受伤，导致缓苗时间延长。将插管暂时放入塑料周转箱等容器中，积累一定数量后再将插管插到栽培柱侧壁板上的定植孔中，定植后立即供液。

2.营养液管理

使用绿叶菜通用营养液配方。1 L水中加硫酸铵0.24 g,硫酸镁0.54 g,硝酸钙1.26 g,硫酸钾0.25 g,磷酸一钾0.35 g。微量元素加入硫酸铁0.12 g,硼酸、硫酸锰、硫酸锌、硫酸铜等分别为0.0006 g。

红叶甜菜耐旱怕涝,在生育期要注意水肥的管理,滴灌滴水不宜过勤,一般应控制在5～7 d滴水1次,以免造成烂根。同时结合叶片的采收,每次随水滴施尿素,以增加叶片的产量。

3.防治病虫害

(1)红甜菜黑脚病　黑脚病是红甜菜苗期主要病害之一,俗称立枯病、猝倒病(图5-144)。种子发芽后,到幼苗2～4对真叶时期最容易发生,发病症状为幼根或子叶下胚轴水浸状褐色、浅褐色病斑,进而变为深褐色、黑色,感染部位变细变黑坏死,导致死亡。黑脚病一般在土壤低温多湿时发病严重,可导致大面积发病,以至于毁种。红甜菜黑脚病可通过杀菌剂拌种来防治,如用福美霜或多菌灵拌种,或包衣后播种。

(2)红甜菜苗期害虫　由于红甜菜春季播种早,出苗早,在地面没有其他作物的情况下,害虫就集中到了红甜菜,且红甜菜营养丰富,适口性好,更容易遭害虫侵袭。春季主要害虫有甜菜象甲、地老虎等。在甜菜象甲发生初期,用48%毒死蜱(乐斯苯)乳油1 500倍液+菊酯类(氯氰菊酯、溴氰菊酯、三氟氯氰菊酯等)2 000倍液+10%吡虫啉可湿性粉剂1 000倍液进行均匀喷雾,能够有效防治甜菜象甲的发生危害。地老虎幼虫1～2龄躲藏在甜菜心叶里取食危害,3龄后开始入土,因而地老虎要在入土前用菊酯类药物进行防治。如果地老虎在3龄以后已经入土,防治较难。红甜菜苗期防虫应在出苗后,及时观察、及时发现、及时防治。如果错过防治时机,有可能造成毁灭性灾害,在红甜菜生产中由甜菜象甲造成毁苗的事多有发生。

(3)红甜菜褐斑病　红甜菜褐斑病(图5-145)与甜菜褐斑病相似,在高温高湿条件下发病,首次出现病斑的时期约为7月中旬前后,8、9月份便会出现外层叶片病斑连片、焦枯、大面积死亡的情形。一般红甜菜的抗病性较弱(与糖用甜菜比较)。褐斑病的防治一定要在首次病斑出现前,否则将降低防治效果。目前防治红甜菜褐斑病的药剂有多种,常用的主要有甲基托布津可湿性粉剂、多菌灵可湿性粉剂、灭病威、百菌清可湿性粉剂等。应在7月中旬至8月中旬,分3次喷药,方可达到较好防治效果。

(4)红甜菜中后期虫害　红甜菜中后期虫害主要有甘蓝夜蛾、草地螟、叶甲等,这些害虫由于气候和迁徙的不同,发生没有规律性,应及时观察,当虫口密度较大,危害较重时,也需喷药防治。

图 5-144 红甜菜黑脚病

图 5-145 红甜菜褐斑病

(5)丛根病 如发现丛根病,应在下一年封闭该种植区,以免继续造成损失,同时限制了丛根病病区的进一步扩大。

四、采收

在播种后 40～60 d,叶片长到 7 片时即可进行叶片的采收。每次剥叶 3～4 片,宜勤收、勤采,在采收过程中始终保持 3～4 片大叶,以保证植株的正常光合作用。

【经验交流】

如何进行红叶甜菜夜蛾的防治?

夜蛾在每年发生 4～5 代,以蛹在土中越冬,7 月下旬至 8 月中旬为第 1 代,8 月下旬至 9 月下旬进入第 2 代,8 月上旬是第 1 代幼虫危害盛期。以幼虫危害,咬食叶片,啃食叶肉,造成孔洞或缺刻,大龄幼虫有的钻蛀到寄主内,危害更具隐蔽性。2 龄幼虫集中为害,幼虫可成群迁移,它们警惕性强,稍受惊扰就会吐丝落地,假死。3～4 龄后的幼虫,白天隐藏在植株下部或土缝当中,傍晚出来取食为害,3 龄后的幼虫可分散为害。随虫龄增大,食量增加,危害加重,防治困难。

在做好夜蛾虫情监测的同时,积极推广绿色防控技术,对高虫量达标田块,及时组织开展科学防治。

(1)农业防治 根据初孵幼虫群集危害的特性,结合农事操作,及时摘除卵块及初孵幼虫叶片、消杀卵块和虫窝,降低田间害虫发生数量。

(2)物理防治 利用其趋光性、趋化性及交尾产卵特性。利用杀虫灯、食诱剂、性诱剂等诱杀成虫。

(3)药剂防治　红甜菜夜蛾幼虫体壁厚,排泄效应快,抗药性强,防治上一定要掌握及早防治,在初孵幼虫未发生危害前喷药防治。在发生期每隔 3～5 d 田间检查一次,发现有点片的要重点防治。喷药应在傍晚进行。及时防治,将害虫消灭于 3 龄前。对达标田块,于卵孵化高峰至 1～2 龄幼虫盛期防治,间隔 5～7 d 再用药 1 次,防治药剂可选用乙基多杀菌素、短稳杆菌、苏云金杆菌、夜蛾核型多角体病毒等生物农药,以及抑太保、灭幼脲、氯虫苯甲酰胺、虫螨腈、虫酰肼、茚虫威等高效低残留化学药剂。注意药剂交替使用以及严格遵守农药安全间隔期。

子项目三　水果苤蓝栽培技术

图 5-146　绿苤蓝和紫苤蓝

水果苤蓝原产于地中海沿岸,由叶用甘蓝变异而来。水果苤蓝根系浅,茎短缩,叶丛生于短缩茎上。叶片长椭圆形,蓝绿色,叶面平滑,有蜡粉,叶缘有缺刻,略成波状;叶柄细长。生长至一定程度后,茎部膨大形成的肉质球茎即食用器官,圆形或高长圆形,肉质白色,皮多为绿色、绿白色或浅黄绿色,少数品种为紫色(图 5-146)。总状花序,花冠黄色。种子近圆形,红褐色或黑褐色,千粒重 2.67 g。

苤蓝最大产地在内蒙古、黑龙江。苤蓝除了含有丰富的维生素 C 和维生素 E,还含有大量的钾,同时苤蓝含有大量的水分和膳食纤维,可以润肠通便,防止便秘,排除体内毒素,可以提高免疫力。尤其是将新鲜的苤蓝打成汁服用,对胃病有辅助治疗作用。它所含的维生素 C 等营养素,有止痛生肌的作用,能促进十二指肠溃疡的愈合。

一、选择良种

选择适应性广、抗逆性强、耐热、品质优良、增产潜力大的品种。目前表现较好的品种有 2 个。

(1)利浦　从荷兰引进,球茎扁圆形,表皮浅黄绿色,叶片浅绿色,株型上倾,适宜密植,单球茎重 500 g 左右,口感脆嫩、微甜,品质极佳,抗病性较强,定植后 60 d 可采收。

(2)紫苤蓝　球茎圆形或高圆形,表皮紫色,叶片绿色,果肉白色,品质较好,病害轻,定植后 60 d 可采收。

二、栽培季节

水果苤蓝喜温和、湿润的气候,较耐寒,也可忍受高温,球茎生长适温为白天 15～20 ℃、夜间 10 ℃左右,球茎膨大期如遇 30 ℃以上的高温,则肉质茎老化,多纤维。水果苤蓝生长期间,充足的光照可使其生长健壮,产量高,品质好。水果苤蓝对土壤选择不严格,较耐肥,所以栽培时宜选用疏松、通气性良好、腐殖质丰富、保水和保肥力强的沙壤土。球茎膨大期如水分不足,会降低品质和产量。

我国北方中部地区一般春、秋两季栽培,春季栽培于 1—2 月上中旬播种,3 月中旬至 4 月上中旬定植,5 月中旬至 6 月上中旬收获。秋季栽培于 6 月底至 7 月上中旬播种,7 月下旬至 8 月上中旬定植,9 月下旬至 10 月上中旬收获。北方高寒地区,露地栽培(图 5-147)为春夏播种,秋季收获。随着保护地栽培技术的普及,水果苤蓝可进行春保护地、春露地、秋露地、秋冬保护地周年栽培(图 5-148、图 5-149)。南方温暖地区于秋冬季和冬春季栽培。

图 5-147　水果苤蓝大田栽培

图 5-148　水果苤蓝大棚栽培

图 5-149　水果苤蓝铺膜栽培

三、播种育苗

北方春、秋两季均可播种,南方适于秋播。温暖地区秋播于 9—10 月育苗移栽;华北地区秋播于 7 月上中旬播种育苗;高寒地区露地栽培于 5 月上旬播种育苗。最好采用穴盘育苗或营养钵育苗，精量播种，一次成苗。春季用 72 孔穴盘，夏、秋季用 128 孔穴盘。基质用 1 份草炭＋ 1 份蛭石，或草炭、蛭石和废菇料各 1 份，覆盖料一律用蛭石，1 m^3 基质加入尿素 1.2 kg 和磷酸二氢钾 1.2 kg，肥料与基质混拌均匀后备用。播种前需检测发芽率。穴盘育苗采用精量播种，种子发芽率应大于 90%，温汤浸种法浸泡处理种子后播种，1～2 粒/穴，覆盖蛭石厚度约 1 cm。覆盖完毕后向苗盘浇透水，以水分从穴盘底孔滴出为宜，出苗后及时查苗补缺。也可采用普通苗床育苗。苗期管理一般间苗 1～2 次，施粪水 1 次和适当浇水，以保持幼苗稳长而不旺长，否则会引起早期抽薹。苗龄 30 d 左右，5～6 片真叶时定植。育苗再定植大田的用种量为 750 g/hm^2。

四、田间管理

1.整地施肥

最好选前茬没有种植过甘蓝类蔬菜的地块，施入腐熟的农家肥 6 t/hm^2 左右，地力生生物复合肥 800～1 200 kg/hm^2 或三元复合肥 800 kg/hm^2，用苦参碱(重茬统克) 15 kg/hm^2 拌肥防治地下害虫，耕翻深度 28 cm 左右，耙碎耙平，做成 1.3 m 的宽畦。

畦的形式要根据土质、季节和品种等情况而定。地势高、排灌方便的沙壤土地区，可开浅沟或平畦栽培；土质黏重、地下水位高、易积水或雨水多的地区，宜做高畦或跑水的平畦。

2.科学定植

可成片种植(图 5-150)，也可种在温室的前脚或与其他作物间作，注意不要遮光。定植时要剔除过大的苗，以防先期抽薹(图 5-151)。每畦 3 行，行距 35～45 cm，株距 30 cm，密度 82 500～90 000 株/hm^2。用穴盘或营养土块育苗的，伤根少或不伤根，定植后成活率可达 100%。用苗床育苗的，定植前 1 d 把苗地浇透水，次日带土坨起苗，当天定植完毕，否则不利于缓苗。在阴天或傍晚定植。定植后立即浇水，第 2 天再浇 1 次透水，以利于缓苗。

3.水肥管理

定植后每 2 d 浇 1 次小水，连浇 2～3 次。缓苗后中耕 1～2 次，然后蹲苗 10 d 左右，以利根系生长，蹲苗后及时浇水。到球茎开始膨大时，每 3～5 d 浇 1 次水，要均匀、小水勤浇，保持地皮不干，土壤湿润，以利于快速膨大。要防止浇水不均、过干或过湿，否则球茎着生时松时紧，最终长成失去商品价值的开裂或畸形球茎。待球茎心叶不再生长，即接近成熟时，不再浇水，防止球茎破裂。种植田除定植前施足基肥外，至球茎开始膨大时，根据长势追肥。定植后 10～15 d，结合浇水，点施提苗肥，可施尿素约 75 kg/hm^2，以促苗快长；在球茎开始

图 5-150　成片种植

图 5-151　合理密植

膨大时进行追肥，追施尿素 150 kg/hm²。球茎膨大盛期，追施尿素 225～300 kg/hm²。叶面喷施 0.3%磷酸二氢钾液 2～3 次，尽量喷在叶背面。

4. 病虫害防治

水果苤蓝的病虫害与甘蓝类蔬菜相同，故不宜与甘蓝类蔬菜重茬。

(1)虫害　虫害有菜青虫、小菜蛾(图 5-152)、菜蚜、菜螟、甘蓝夜蛾和菜粉蝶(图 5-153)等。菜青虫是为害水果苤蓝的最主要害虫，通常以幼虫从叶背啃食叶肉，3 龄以后可将叶子吃成孔洞或缺刻，严重时仅留叶脉。幼虫造成的伤口，易使软腐病菌侵入而引起病害。可在小苗定植后用敌杀死 1 000 倍液或灭幼脲 800～1 000 倍液喷施防治，1 次/周。

图 5-152　小菜蛾

图 5-153　菜粉蝶

菜蚜在水果苤蓝叶上刺吸汁液，形成褪色斑点，使叶片变黄，卷缩变形，此外，蚜虫可传播多种病毒病，造成极大的危害。可用 50%抗蚜威可湿性粉剂 1500～2 000 倍液或 10%扑虱蚜可湿性粉剂 3 000～5 000 倍液防治，每 7～10 d 喷 1 次。菜螟以幼虫啃食菜心，3 龄以后蛀食根部，受害苗因生长点受破坏而停止生长或萎蔫死亡，造成大量缺苗。可在小苗定植后用敌杀死 1 000 倍液防治，每 7～10 d 喷施 1 次。

(2)病害　主要病害有细菌性软腐病、霜霉病等。

①水果苤蓝细菌性软腐病。症状：从球茎处发病，外部表现为植株萎蔫，球茎内部湿腐，直至腐烂呈泥状，致使整个植株塌倒溃烂。病部散发出臭味。发病规律：病菌可在窖藏种株、土壤或病残体上越冬，借雨水、灌溉水、带菌粪肥或昆虫等传播，从自然裂口、虫伤口、病痕及机械伤口等处侵入。病菌发育适温 25～30 ℃，喜高湿环境，不耐强光和干燥。

防治方法：

a.农业措施。高畦覆盖地膜栽培，施足充分腐熟的有机肥，适时、适量追肥。均匀灌水，避免大水漫灌，雨后及时排水，以防湿度剧烈变化而导致球茎开裂。注意防治地蛆和黄条跳甲等害虫，以减少伤口。发病初期拔除病株，并在病穴及四周撒少许石灰消毒。b.药剂防治。可用 72%农用硫酸链霉素 4 000 倍液，或 47%加瑞农可湿性粉剂 700 倍液，或 78%科博可湿性粉剂 500 倍液，或 40%细菌快克可湿性粉剂 600 倍液，或 50%消菌灵可溶性粉剂 1 200 倍液，或 53.8%可杀得干悬浮剂 1 000 倍液等防治细菌类病害的药剂灌根，200 mL/株，1 次/周，连续防治 2～3 次。

②水果苤蓝霜霉病。症状：最初叶正面出现灰白色、淡黄色或黄绿色周缘不明显的病斑，后扩大为浅褐色或黄褐色病斑，病斑因受叶脉限制而呈多角形或不规则形，湿度高时叶背密生白色霜状霉。病斑多时相互连接，使病叶局部或整叶枯死。发病规律：病菌随病残体留在土壤中，或留种株上，或附着于种子上越冬，借风雨传播，进行多次再侵染。孢子囊形成要求有水滴或露水，因此，连阴雨天，空气湿度大，或结露，持续时间长时，此病易流行。平均最低气温较高的年份发病重。早播、脱肥或病毒病重等条件下发病重。

防治方法：

a.农业措施。施足底肥，增施磷、钾肥。早间苗，晚定苗，适度蹲苗。小水勤浇，雨后及时排水。清洁田园，清除病苗，拉秧后也要把病叶和病株清除出田外深埋，并深翻土壤，可减少病菌在田间的传播。b.药剂防治。发病初期可用 72%霜康可湿性粉剂 800 倍液，或 72.2%霜霉威水剂 600 倍液，或 78%科博可湿性粉剂 500 倍液，或 72%克霉星可湿性粉剂 500 倍液，或 52.5%抑快净水分散粒剂 15 倍液，或 72%霜脲·锰锌可湿性粉剂 1 200 倍液，或 70%代森锰锌可湿性粉剂 500 倍液等药剂喷雾，每 6～8 d 喷 1 次，连喷 2～3 次。

五、适时采收

水果苤蓝定植后 60 d 左右心叶停止生长时，应及时采收。为保持新鲜、美观，每个苤蓝留1个叶片。

【经验交流】

1. 种植水果苤蓝田间管理的关键是什么？

(1)施肥　水果苤蓝对养分的需求量比较大，是一种喜肥性植物，施肥时需要根据需肥特性、生长情况以及种植季节来科学进行。施基肥，不同生长期进行追肥，在施肥方面主要以氮肥为主，适当使用磷钾肥即可。等到结球时，需要适当补充磷肥和钾肥，增强植株的抗性，还需要适当补充钙、镁、锌等微量元素肥。

(2)浇水　水果苤蓝的生长需要大量的水分，种植的过程中需要进行多次浇水。浇水需根据土壤的湿润程度来合理进行，不宜过湿，但也要湿透。田间不宜出现积水现象，如果有，要立马进行排水。

2. 种植水果苤蓝田间管理的要点是什么？

(1)中耕蹲苗　缓苗后中耕松土1～2次，然后控制浇水蹲苗10 d左右，以提高地温有利于根系生长。结合中耕还可以人工拔除杂草，不要用除草剂，否则会污染产品及土壤。

(2)调节温度　水果苤蓝喜温暖和湿润的气候条件，球茎生长适宜温度白天18～22 ℃，夜间10 ℃左右。球基膨大期如遇30 ℃以上的高温，肉质易纤维化。

参考文献

[1] 缪粉英,周如美,张瑛.阳台蔬菜的栽培特点及关键技术[J].长江蔬菜,2014(4):36-38.

[2] 郭栋.阳台蔬菜栽培管理技术[J].山西农经,2017(10):54.

[3] 虞强华.新疆低产土壤的改良与培肥[J].石河子科技,1996(4):23-25.

[4] 徐晓磊.有机硅功能肥开启土壤治理修复新篇章 农业部耕保中心与河北硅谷肥业开展耕地土壤培肥改良与治理修复战略合作[J].中国农资,2018(5):23.

[5] 刘克桐,蔡新.巴州种畜场农田土壤养分状况分析及改良培肥对策[J].新疆农业科技,2011(2):49-50.

[6] 冯雪.果园土壤盐碱化怎样治理[J].农家参谋,2014(1):17.

[7] 苏挺.暗管排盐对园林绿化土壤的改良效应分析[J].山西农经,2016(10):54.

[8] 乔建明,王洪军,李举文,等.土壤盐碱地现状、改良利用及盐碱治理在新疆农业发展中的意义[J].新疆农垦科技,2015(10):54-56.

[9] 王斌,马兴旺,单娜娜,等.新疆盐碱地土壤改良剂的选择与应用[J].干旱区资源与环境,2014(7):111-115.

[10] 魏荣彬.绿色食品蔬菜栽培技术[J].吉林蔬菜,2014(11):11.

[11] 郑继超.绿色蔬菜生产中的农业措施[J].河南农业,2009(13):32.

[12] 马小梅,苗翠香,王树芳.绿色蔬菜生产技术[J].现代农村科技,2009(15):15.

[13] 王萍,何腾兵.贵阳市蔬菜基地土壤特性的区域变化规律[J].贵州农业科学,2007(1):36-39.

[14] 杜岩.设施土壤次生盐渍化危害及解决途径研究[D].扬州大学,2014.

[15] 唐高霞,金春花.土壤酸碱度对蔬菜生长的影响[J].吉林农业,2006(1):27.

[16] 吴现兵,白美健,李益农,等.蔬菜水肥一体化研究进展分析[J].节水灌溉,2019(2):121-124.

[17] 张红梅,金海军,丁小涛,等.水肥一体化对大棚土壤生态及黄瓜生长、产量和品质的影响[J].上海农业学报,2019(1):1-6.

[18] 马朝红,方建坤.蔬菜土壤养分积累状况与环境风险[J].长江蔬菜,2000

(12):43-45.
[19] 廖玉芬.浅析重金属污染土壤的治理途径[J].中国农业信息,2016(17):3-4.
[20] 程珂,杨新萍,赵方杰.大气沉降及土壤扬尘对天津城郊蔬菜重金属含量的影响[J].农业环境科学学报,2015(10):1837-1845.
[21] 徐秋桐,顾国平,章明奎.有机肥对土壤中抗生素降解的促进作用[J].浙江农业学报,2015(3):417-422.
[22] 杨立萌,李展赫,王佳,等.家用绿色无土蔬菜生产智能箱设计与实现[J].江西农业,2017(1):96.
[23] 李鑫,魏清刚,朱春亮,等.山东省蔬菜重金属污染现状及其防控对策[J].山东农业科学,2019(8):133-137.
[24] 张莉,罗晴珊,王茜,等.我国华东地区城郊蔬菜重金属污染现状和对策[J].江西科学,2017(4):569-573.
[25] 周克强,陈先荣.蔬菜生产技术[M].北京:中国农业大学出版社,2011.
[26] 黄晓梅. 蔬菜生产技术(北方本)[M].3 版.北京:中国农业大学出版社,2015.
[27] 高龙,殷学云.戈壁日光温室茄子有机生态型无土栽培技术规程[J].上海蔬菜,2018(4):25-27.
[28] 李培之,范世杰,马兴云.温室茄子袋式无土栽培技术[J].蔬菜,2009(3):18-19.
[29] 王振龙.无土栽培教程[M].2 版.北京:中国农业大学出版社,2014.
[30] 朱海艳,高方,阎苗苗.华池县日光温室甜瓜有机生态型无土栽培技术[J].蔬菜,2013(9):53-55.